Prell-Leopoldseder

Einführung in die Budgetierung und Integrierte Planungsrechnung

Einführung in die Budgetierung und Integrierte Planungsrechnung

MMag. Sonja Prell-Leopoldseder

Johannes Kepler Universität Linz

2. Auflage

Zitiervorschlag: *Prell-Leopoldseder,* Einführung in die Budgetierung und Integrierte Planungsrechnung[2] (2017) Seite

Bibliografische Information der Deutschen Nationalbibliothek

Die Deutsche Nationalbibliothek verzeichnet diese Publikation in der Deutschen Nationalbibliografie; detaillierte bibliografische Daten sind im Internet über http://dnb.d-nb.de abrufbar.

Hinweis: Aus Gründen der leichteren Lesbarkeit wird auf eine geschlechtsspezifische Differenzierung verzichtet. Entsprechende Begriffe gelten im Sinne der Gleichbehandlung für beide Geschlechter.

ISBN 978-3-7073-3669-6 (Print)
ISBN 978-3-7094-0868-1 (E-Book-PDF)
ISBN 978-3-7094-0869-8 (E-Book-ePub)

© Linde Verlag Ges.m.b.H., Wien 2017
1210 Wien, Scheydgasse 24, Tel.: 01/24 630
www.lindeverlag.at

Druck: Hans Jentzsch & Co GmbH
1210 Wien, Scheydgasse 31
Dieses Buch wurde in Österreich hergestellt.

PEFC zertifiziert
Dieses Produkt stammt aus nachhaltig bewirtschafteten Wäldern und kontrollierten Quellen
www.pefc.at
PEFC/06-39-15

Gedruckt nach der Richtlinie „Druckerzeugnisse" des Österreichischen Umweltzeichens, Druckerei Hans Jentzsch & Co GmbH, UW Nr. 790

Vorwort

Das vorliegende Werk wurde speziell für die Lehrveranstaltung „Budgetierung" an der sozial- und wirtschaftswissenschaftlichen Fakultät der Johannes Kepler Universität in Linz entwickelt und gibt eine Einführung in die Theorie und Praxis der Budgetierung und Integrierten Planungsrechnung.

Ziel dieses Lehrbehelfes ist es, den Studierenden die Notwendigkeit und die Operationalität eines integrierten Planungs- und Budgetsystems näherzubringen. Dementsprechend soll dieses Lehrbuch den Studierenden als geeignete Lernunterlage dienen. Aufgrund der erworbenen theoretischen Grundlagen der Unternehmensplanung und Budgetierung wissen die Studierenden, wie der Budgetierungsprozess abläuft, sie kennen die Instrumente der integrierten Planung und sind in der Lage, selbständig ein integriertes Unternehmensbudget zu erstellen.

Jedes Kapitel bzw. jeder Abschnitt ist so aufgebaut, dass im Anschluss an die Lernzielformulierung zunächst das entsprechende Basiswissen vermittelt wird. Zur Überprüfung des angeeigneten Wissens werden am Ende eines jeden Abschnitts Wiederholungsfragen und Lehrzielkontrollen formuliert. Übungsaufgaben sollen den Studierenden helfen, das erworbene Wissen anzuwenden und zu vertiefen.

Dieses Fachbuch ist in drei Kapitel untergliedert. Im ersten Teil geht es vor allem um terminologische Klärungen und es werden die Grundlagen der Planung und Budgetierung thematisiert. Das zweite Kapitel und somit das eigentliche Kernstück dieses Lehrbehelfes ist der integrierten Planungsrechnung gewidmet. Dabei geht es insbesondere um die Bestandteile des integrierten Unternehmensbudgets, wie das Leistungsbudget, den indirekten Finanzplan und letztendlich die Planbilanz. Diese drei Themenbereiche werden nicht nur theoretisch erörtert, sondern auch anhand eines durchgehenden Fallbeispiels transparent gemacht. Der dritte und letzte Teil beschäftigt sich mit den zusätzlichen Instrumenten der Budgetierung, wie dem direkten Liquiditätsplan und der kurzfristigen Erfolgsrechnung.

Dieser Lehrbehelf beschränkt sich auf die für ein Grundlagenwerk notwendigsten Wissenselemente, wobei diese Auswahl subjektiv ist und auf die Inhalte des Kurses „Budgetierung" zugeschnitten ist. Auch die Zitierweise beschränkt sich auf ein Mindestmaß, ausführlichere Quellennachweise können der angegebenen Vertiefungsliteratur entnommen werden. Ein ausführliches Stichwortverzeichnis soll die Funktion eines Nachschlagewerkes unterstützen.

Zusätzlich möchte ich darauf hinweisen, dass sämtliche personenbezogenen Bezeichnungen in diesem Werk als geschlechtsneutral zu verstehen sind. Dies impliziert keinesfalls eine Benachteiligung des anderen Geschlechts, Frauen und Männer mögen sich gleichermaßen angesprochen fühlen.

Abschließend gilt mein Dank insbesondere Herrn *Ing. Thomas Rockenschaub, MSc* für die wertvolle technische Unterstützung und die kritische Durchsicht des Manuskripts.

Linz, im August 2017 *MMag. Sonja Prell-Leopoldseder*

Inhaltsverzeichnis

Kapitel 1
Einführung in die Planung und Budgetierung

Kapitel 3
Sonstige Instrumente der Budgetierung

Abbildungsverzeichnis

Abkürzungsverzeichnis

§	Paragraph
%	Prozent
€	Euro
Σ	Summe
AB	Anfangsbestand
Abb.	Abbildung
AfA	Absetzung für Abnutzung (Abschreibung)
AG	Aktiengesellschaft
AktG	Aktiengesetz
ARA	Aktive Rechnungsabgrenzung
Aufl.	Auflage
AV	Anlagevermögen
BAB	Betriebsabrechnungsbogen
BE	Betriebsergebnis
BEP	Break-Even-Point
BFI	Berufsförderungsinstitut
BGA	Betriebs- und Geschäftsausstattung
BÜB	Betriebsüberleitungsbogen
bzw.	beziehungsweise
CF	Cashflow
DB	Gesamtdeckungsbeitrag
db	Stückdeckungsbeitrag
DBU-Quote	Verhältnis vom Gesamtdeckungsbeitrag zum Gesamtumsatz
d.h.	das heißt
DL	Dienstleistung
E	Gesamterlös
EB	Endbestand
EE	Engpasseinheit
EGT	Ergebnis der gewöhnlichen Geschäftstätigkeit
EH	Einheit
EK	Eigenkapital
EKZ	Eigenkapitalzinsen
ESt	Einkommensteuer
et al.	et alii (und andere)

exkl.	exklusive
f.	folgende
F&E	Forschung und Entwicklung
FEK	Fertigungseinzelkosten
ff.	fortfolgende
FGK	Fertigungsgemeinkosten
FIBU	Finanzbuchhaltung
FIFO	first in first out
FK	Fremdkapital
FKZ	Fremdkapitalzinsen
FL	Fertigungslöhne
FM	Fertigungsmaterial
G	Gewinn
GK	Gemeinkosten
GKV	Gesamtkostenverfahren
GmbH	Gesellschaft mit beschränkter Haftung
GuV	Gewinn- und Verlustrechnung
h	Stunde
H&F	Halb- und Fertigerzeugnisse
HK	Herstellkosten
i.e.S.	im engeren Sinne
i.H.v.	in Höhe von
i.w.S.	im weiteren Sinne
inkl.	inklusive
K	Kosten gesamt
KER	kurzfristige Erfolgsrechnung
Kf bzw. K_{fix}	Fixkosten gesamt
kg	Kilogramm
KG	Kommanditgesellschaft
KLR	Kosten- und Leistungsrechnung
KMU	kleine und mittlere Unternehmen
KORE	Kostenrechnung
KöSt	Körperschaftsteuer
kv	variable Stückkosten
Kv bzw. K_{var}	variable Kosten gesamt
kWh	Kilowattstunde
L&L	Lieferungen und Leistungen

LF	Lieferforderungen
LNK	Lohnnebenkosten
LP	Liquiditätspunkt bzw. Cashflow Point
LV	Lieferverbindlichkeiten
m^2	Quadratmeter
MEK	Materialeinzelkosten
MGK	Materialgemeinkosten
ND	Nutzungsdauer
OG	Offene Handelsgesellschaft
p	Stückpreis
p. a.	per annum (jährlich)
PKW	Personenkraftwagen
PRA	Passive Rechnungsabgrenzung
RÄG 2014	Rechnungslegungsänderungsgesetz 2014
RHB	Roh-, Hilfs- und Betriebsstoffe
Rst	Rückstellung(en)
S	Sicherheitsspanne
Std.	Stunde
Stk.	Stück
t	Tonne
TEUR	tausend Euro
U	Umsatzerlöse gesamt
U_{BEP}	Mindestumsatz bzw. Break-Even-Umsatz
UGB	Unternehmensgesetzbuch
UKV	Umsatzkostenverfahren
UR	Unternehmensrechnung
USt	Umsatzsteuer
u.s.w.	und so weiter
UV	Umlaufvermögen
V	Variator
V&V	Verwaltung und Vertrieb
vgl.	vergleiche
WC	Working Capital
WIFI	Wirtschaftsförderungsinstitut
z.B.	zum Beispiel

Literaturverzeichnis

Coenenberg, A. G./Fischer, T. M./Günther, T. (2009): Kostenrechnung und Kosten-analyse, 7. Auflage, Stuttgart.

Colsman, B. (2007): Erfolgsfaktoren und Verbesserungspotenziale in der prakti-schen Umsetzung des Planungsprozesses, in: Zeitschrift für Controlling und Management, 51. Jg. (2007), Heft 3, S. 194–199.

Dambrowski, J. (1986): Budgetierungssysteme in der deutschen Unternehmenspraxis, 1. Auflage, Darmstadt.

Denk, C./Fritz-Schmied, G./Mitter, C./Wohlschlager, Th./Wolfsgruber, H. (2016): Externe Unternehmensrechnung, 5. Auflage, Wien.

Egger, A./Winterheller, M. (2007): Kurzfristige Unternehmensplanung – Budgetie-rung, 14. Auflage, Wien.

Eisl, C./Hangl, C./Losbichler, H./Mayr, A. (2008): Grundlagen der finanziellen Un-ternehmensführung, 1. Auflage, Wien.

Eisl, C./Hofer, P./Losbichler, H. (2015): Grundlagen der finanziellen Unterneh-mensführung, Band IV: Controlling, 3. Auflage, Wien.

Ewert, R./Wagenhofer, A. (2008): Interne Unternehmensrechnung, 7. Auflage, Berlin.

Feldbauer-Durstmüller, B. (2001): Handelscontrolling. Eine Controlling-Konzeption für den Einzelhandel, 1. Auflage, Linz.

Friedl, B. (2003): Controlling, 1. Auflage, Stuttgart.

Gaedke, K./Winterheller, M. (2009): Controlling für die tägliche Praxis, 1. Auflage, Wien.

Gälweiler, A. (2005): Strategische Unternehmensführung, 1. Auflage, Frankfurt/ New York.

Gleißner, W. (2008): Erwartungstreue Planung und Planungssicherheit, in: Con-trolling, 20. Jg. (2008) Heft 2, S. 81–87.

Grof, E. (2005): Unternehmensplanung und -kontrolle (Skriptum zur Strategischen Planung).

Hahn, D./Hungenberg, H. (2001): PuK – Wertorientierte Controllingkonzepte, 6. Auflage, Wiesbaden.

Hamprecht, M. (1996): Controlling und Konzernplanungssysteme, 1. Auflage, Wiesbaden.

Hinterhuber, H. H. (1997): Strategische Unternehmensführung, 1. Auflage, Berlin/ New York.

Höfler, B./Riegler, C./Spitzer, M./Zihr, G. (2015): Interne Unternehmensrechnung – Skriptum zur Lehrveranstaltung Accounting and Management Control II, 1. Auflage, Sollenau.

Horváth, P. (2015): Controlling, 13. Auflage, München.

Johanning, A./Schön, D./Thünken, J. (2010): Strategische Planung mit der Balan-ced Scorecard im SAP Visual Composer, in: Controller Magazin, 35. Jg. (2010), Heft 5, S. 22–29.

Kropfberger, D./Winterheller, M. (2003): Controlling, 3. Auflage, Wien.

Küpper, H. U. (2008): Controlling – Konzeptionen, Aufgaben, Instrumente, 5. Auflage, Stuttgart.

Nevries, P./Christoph, I./Strauß, E. (2008): Herausforderungen der operativen Planung, in: Controlling, 20. Jg. (2008), Heft 2, S. 73–79.

Nevries, P./Strauß, E./Goretzki, L. (2009): Zentrale Gestaltungsgrößen der operativen Planung, in: Zeitschrift für Controlling und Management, 53. Jg. (2009), Heft 4, S. 237–241.

Ossadnik, W./Barkalge, D. (2006): Budgetierungsverfahren, in: Wirtschaftslexikon, Band 2, Stuttgart.

Pape, U. (1997): Wertorientierte Unternehmensführung und Controlling, in: Schriftenreihe Controlling, Band 6, Berlin.

Pfaff, D. (2006): Budgetierung, in: Wirtschaftslexikon, Band 2, Stuttgart.

Pölzl, D./Leopold, U. (2010): Planung und Budgetierung, WWEDU.

Prell-Leopoldseder, S. (2010): Grundlagen der Kostenrechnung, 1. Auflage, Wien.

Pümpin, C. (1980): Strategische Führung in der Unternehmenspraxis, in: Die Orientierung, Nr. 76, Bern.

Schentler, P./Broetzmann, F. (2010): Mehr Flexibilität in der Budgetierung, in: CFO aktuell – Zeitschrift für Finance & Controlling, 4. Jg. (2010), Heft 4, S. 148–152.

Schentler, P./Rieg, R./Gleich, R. (2010): Budgetierung im Spannungsverhältnis zwischen Motivation und Koordination, in: Controlling, 2. Jg. (2010), Heft 1, S. 6–11.

Schierenbeck, H./Wöhle, C. B. (2012): Grundzüge der Betriebswirtschaftslehre, 18. Auflage, München.

Schweitzer, M./Küpper, H.-U. (2008): Systeme der Kosten- und Erlösrechnung, 9. Auflage, München.

Seicht, G. (2001): Moderne Kosten- und Leistungsrechnung, 11. Auflage, Wien.

Vollmuth, H. J. (1999): Unternehmenssteuerung mit Kennzahlen: Konzeption, Techniken und Instrument für kleine und mittlere Unternehmen, 1. Auflage, München.

Wala, T./Haslehner, F. (2009): Kostenrechnung, Budgetierung und Kostenmanagement, 1. Auflage, Wien.

Wala, T./Haslehner, F./Hirsch, M. (2016): Kostenrechnung, Budgetierung und Kostenmanagement, 2. Auflage, Wien.

Weber, J./Schäffer, U. (2014): Einführung in das Controlling, 14. Auflage, Stuttgart.

Wöhe, G. (2013): Einführung in die Allgemeine Betriebswirtschaftslehre, 25. Auflage, München.

Wolf, T. (2006): BWI-Lehrgang „Unternehmensplanung", WIFI OÖ GmbH.

Kapitel 1

Einführung in die Planung und Budgetierung

Die Planung und Budgetierung dient insbesondere dazu, die Unsicherheit, wie sich maßgebliche Bedingungen in der Zukunft entwickeln und welche Auswirkungen Entscheidungen haben werden, zu bewältigen. Daraus ergibt sich die Notwendigkeit, künftige Ereignisse einzuschätzen und darauf abgestimmte Ziele sowie die zur Zielerreichung erforderlichen Mittel und Maßnahmen festzulegen *(vgl. Schentler/Broetzmann (2010), S. 148)*.

Lernziele:

- über grundlegende Kenntnisse bezüglich der Erstellung eines Budgets verfügen,
- den Unterschied zwischen strategischer und operativer Planung kennen,
- den Unterschied zwischen abrechnungsorientierten und entscheidungsorientierten Verfahren erklären können,
- die gesetzlichen Grundlagen der Unternehmensplanung kennen,
- die Begriffe „Budgetierung" und „Planung" erklären können,
- zwischen Zielplanung und Maßnahmenplanung unterscheiden können,
- wissen, welche verschiedenen Funktionen die Budgetierung erfüllt,
- den operativen Regelkreis erläutern können,
- wissen, welche Verfahren der Budgetierung es gibt und wodurch sie sich unterscheiden,
- die Phasen des Budgetierungsprozesses beschreiben können,
- die Instrumente der integrierten Planung kennen.

1. Unternehmensführung und Unternehmensplanung

In der betrieblichen Praxis gewinnt die Planung zunehmend an Bedeutung. Die Gründe dafür liegen in der wachsenden Dynamik der Märkte, den geänderten regulatorischen Anforderungen und der erhöhten Aufmerksamkeit unternehmensinterner und -externer Empfänger von Planungs- und Prognosedaten *(vgl. Colsman (2007), S. 194)*.

1.1. Begriffsabgrenzungen

1.1.1. Management

Management als Institution beinhaltet alle leitenden Instanzen, d.h. alle Aufgaben- und Funktionsträger, die Entscheidungs- und Anordnungskompetenz haben. In diesem Zusammenhang differenziert man drei **Managementebenen** *(vgl. Grof (2005), S. 1)*:

- **Top**-Management (Vorstand und Geschäftsführer)
- **Middle**-Management (Werksleiter, Kostenstellenleiter, Abteilungsleiter)
- **Lower**-Management (Büroleiter, Werksmeister)

Bei arbeitsteiliger Aufgabenerfüllung bedeutet Management stets Führung. Dies gilt für die Organisation und Disposition genauso wie für den Planungs-, Durchsetzungs- und Kontrollprozess. Demzufolge umfasst das Management folgende **Hauptfunktionen:**

- Führung
- Planung
- Organisation
- Kontrolle

Aus der Sicht eines Vorgesetzten kann „**Führung**" folgendermaßen beschrieben werden:

- Führen bedeutet einerseits, die Mitarbeiter dahingehend zu beeinflussen, dass sie die erwarteten Leistungen zur Erreichung der Unternehmensziele erbringen **(Leistungsaspekt)**.
- Führen bedeutet andererseits, Bedingungen zu schaffen, die es den Mitarbeitern ermöglichen, auch ihre persönlichen Ziele zu realisieren **(Zufriedenheitsaspekt)**.

In der betrieblichen Praxis liegt das eigentliche Führungsproblem darin, diese beiden Aspekte zu integrieren *(vgl. Grof (2005), S. 1)*.

1.1.2. Unternehmensführung

Darunter versteht man das Treffen von Entscheidungen unter Unsicherheit, wobei die Qualität derartiger Entscheidungen von den zur Verfügung stehenden Informationen abhängt. Im Hinblick auf die Unternehmensführung ergeben sich durch die Planung folgende **Vorteile** *(vgl. Egger/Winterheller (2007), S. 13 ff.)*:

(1) Zwang zur klaren Zielformulierung

Vorrangige Aufgabe der Planung ist es herauszufinden, was die richtigen Dinge sind und nicht, wie die Dinge richtig zu tun sind. Demzufolge beschäftigt sich Planung zunächst mit der Zielfestlegung. Erst wenn ein zukünftiges Ziel bekannt ist, können die zur Zielerreichung erforderlichen Handlungen für eine Planperiode bestimmt werden.

(2) Denken in Systemzusammenhängen

Unternehmen sind sehr komplexe Systeme, in denen jede getroffene Entscheidung in einem Bereich zwangsläufig auch Auswirkungen (positive oder negative) auf andere Unternehmensbereiche hat. Daher bedarf es einer integrierten Gesamtplanung, die den Beitrag eines jeden einzelnen Unternehmensbereiches zum Gesamtunternehmensziel aufzeigt, innerbetriebliche Zusammenhänge verdeutlicht und dadurch Ressortegoismen vermeidet.

(3) Flexibilität

Unter Flexibilität versteht man die Fähigkeit, auf unvorhersehbare Ereignisse möglichst rasch zu reagieren. Voraussetzungen dafür sind:

- ein sensibles, schnell reagierendes System der Ist-Datenerfassung,
- Bewertungsmaßstäbe, welche die Abweichungen zwischen geplanten Soll- und tatsächlichen Ist-Größen aufzeigen,
- ein Rechenwerk, welches die Auswirkungen festgestellter Änderungen auf das Ende des Planungszeitraumes hochrechnet, und
- ein kurzfristig einsetzbares Repertoire an Gegenmaßnahmen.

Entwicklungen, die sich negativ auf ein Unternehmen auswirken können, lassen sich oftmals bereits im Vorhinein durch entsprechende Gegenmaßnahmen abschwächen.

(4) Planung erfordert Wahrscheinlichkeitsüberlegungen

Je nachdem, welche Informationen dem Planenden über die Zukunft zur Verfügung stehen, unterscheidet man zwischen:

- **Entscheidungen unter Sicherheit**
  Der Entscheidende weiß genau, welche Situation künftig eintreffen wird.
- **Entscheidungen unter Risiko**
  Der Entscheidende kennt die Wahrscheinlichkeit, mit der zukünftige Zustände eintreffen werden.
- **Entscheidungen unter Unsicherheit**
  Der Entscheidende kennt die Wahrscheinlichkeitsverteilung bezüglich des Nichteintreffens oder des Eintreffens künftiger Zustände nicht.

Entscheidungen der Unternehmensführung sind wegen der Vielzahl der zu berücksichtigenden Einflussfaktoren Entscheidungen unter Unsicherheit, was oftmals noch dadurch verstärkt wird, dass Informationen über die künftige Unternehmensentwicklung oder seine Umwelt überhaupt nicht erhoben werden. Die zur Verfügung stehenden Daten sind meistens nur Rechenschaftsberichte über die Vergangenheit. Die Planung hingegen zwingt zu einer intensiven Auseinandersetzung mit den Chancen und Risiken der Zukunft.

1.1.3. Unternehmensplanung

In der Praxis ist die Unternehmensplanung von immer kürzer werdenden Planungszyklen gekennzeichnet. Die schnellen Veränderungen sozialer, technischer und ökonomischer Größen sowie deren Auswirkungen auf Unternehmen erfordern ein möglichst rasches Reagieren der Unternehmen auf erste Anzeichen einer veränderten Unternehmensumwelt.

Die Unternehmensplanung stellt einen Entwurf der zukünftigen Unternehmensentwicklung dar und hat folgende **Aufgaben** zu erfüllen *(vgl. Egger/Winterheller (2007), S. 13)*:

● Gewinnung, Aufbereitung und Verarbeitung sämtlicher Informationen, die eine rasche Anpassung an Änderungen der unternehmensinternen und -externen Entscheidungsparameter sicherstellen.
● Die zunehmende Komplexität der Unternehmen (wachsende Unternehmensgröße, Produkt- und Marktdiversifizierung) führt zur Dezentralisation von Entscheidungen und in der Folge zu einer Reihe von Lenkungs- und Koordinationsproblemen. Dies erfordert ein rechtzeitiges Abstimmen der Zielsetzungen unterschiedlicher Unternehmensbereiche. Die Koordination der einzelnen Bereichsmaßnahmen erfolgt durch die Unternehmensplanung.

Unternehmensplanung bedeutet demzufolge, Strategien aus der jeweiligen konkreten Unternehmenssituation heraus zu entwickeln, sie in praktische Arbeit umzusetzen und sie immer wieder auf ihre Aktualität hin zu überprüfen. Dabei ist die Gestaltung der Unternehmensplanung gemäß den Anforderungen des jeweiligen Unternehmens und seiner entsprechenden Lage von zentraler Bedeutung *(vgl. Colsman (2007), S. 194)*.

1.1.4. Planung

Planung ist eine Kernaktivität in allen Unternehmen und Aufgabe jeder Führungskraft, um zu einer möglichst erfolgreichen Unternehmensführung beizutragen. **Planen** bedeutet ein systematisches Durchdenken und Festlegen von Zielen, Verhaltensweisen und Maßnahmen für die Zukunft *(vgl. Grof (2005), S. 2)*. **Planung** ist eine bestimmte Methode der Willensbildung und stets **zukunftsorientiert.** Sie stellt die gedankliche Vorwegnahme von Handlungsschritten dar, die zur Erreichung eines Zieles als notwendig erachtet werden.

> Unter **Planung** versteht man die Gesamtheit von Vorausüberlegungen, durch welche die Treffsicherheit von Entscheidungen verbessert werden kann. Sie ist ein systematischer Entscheidungsprozess mit besonderer Analyse der Entscheidungssituation *(vgl. Egger/Winterheller (2007), S. 13).*

Demzufolge versteht man unter Planung die systematische, geistige Vorwegnahme künftigen Geschehens durch zielorientierte Suche, Beurteilung und Auswahl von Alternativen bei Zugrundelegung bestimmter Annahmen über künftige Unternehmenssituationen *(vgl. Wolf (2006), S. 4).* Planung wägt die Optionen künftigen Handelns unter Berücksichtigung der Rahmenbedingungen ab. Dies ermöglicht es dem Management, aus verschiedenen Handlungsalternativen die bestmögliche Alternative für einen dauerhaften Erfolg zu wählen. Planung bildet somit die Grundlage für zielorientiertes Handeln und Entscheiden in Unternehmen, speziell die Auswahl von Handlungsalternativen (Maßnahmen). Die alternativen Maßnahmen werden im Rahmen der Planung bewertet *(vgl. Gleißner (2008), S. 81).* Letztendlich ist der **Plan** das Ergebnis des Planungsvorganges.

- **Abgrenzung Planung – Prognose**
  Während sich die Planung an der Zukunft orientiert und primär die Zielfestlegung beinhaltet, geht die Prognose von gegenwärtigen Zuständen aus und beschreibt künftige Zustände in Form von begründeten Erwartungen. Prognosen sind Informationen für eine realitätsnahe Planung und somit **Planungshilfsmittel** *(vgl. Egger/Winterheller (2007), S. 14).*
- **Abgrenzung Planung – Improvisation**
  Unter Improvisation versteht man aus Augenblickssituationen heraus getroffene Entscheidungen. Improvisation ist das Gegenteil von Planung, weil sie auf zufällige Umweltsituationen ohne ein längerfristiges Konzept reagiert *(vgl. Egger/ Winterheller (2007), S. 24).*

Die Bedeutung der Planung steigt mit der Unsicherheit über künftige Entwicklungen und der Dynamik der Veränderungen. Eine effizient durchgeführte Planung kann wesentlich zum Unternehmenserfolg beitragen. Für viele Unternehmen ist die Planung daher ein notwendiger, aber sehr aufwendiger und komplexer Prozess *(vgl. Colsman (2007), S. 194).* In der Praxis werden in den verschiedensten Organisationen bis zu 20 % der gesamten Managementkapazitäten für die Planung aufgewendet *(vgl. Pölzl/Leopold (2010), S. 5).* Die Planung erfüllt dann ihren Zweck, wenn sie maßgeblich zur Zukunftssicherung des Unternehmens beiträgt.

Planung, als zentrale Managementfunktion in einem Unternehmen, hat folgende **Aufgaben** zu erfüllen *(Grof (2005), S. 2 f.):*

- **Zielausrichtung der Planung**
  Hauptaufgabe der Planung ist es, ein wirkungsvolles Instrument zur Zielerreichung zu sein. Bei der Planung geht es in erster Linie immer um die Zielfestlegung.

- **Frühwarnung**
  Mit Hilfe der Planung sollen künftige Probleme oder Gefahren für das Unternehmen erkannt und rechtzeitig Lösungs- bzw. Gegensteuerungsmaßnahmen eingeleitet werden.
- **Koordination von Teilplänen**
  Um die Vollständigkeit der Planung zu gewährleisten, stellt man zweckmäßigerweise für alle betrieblichen Bereiche Teilpläne auf. Diese sind zu koordinieren.
- **Entscheidungsvorbereitung**
  Im Planungsprozess werden erkannte Probleme analysiert und Alternativen zur Problemlösung gesucht. Die Entscheidung für die günstigste Alternative wird vorbereitet. Planung soll die Optionen künftigen Handelns unter Berücksichtigung der Rahmenbedingungen abwägen und damit das Management in die Lage versetzen, aus verschiedenen Handlungsalternativen die bestmögliche Alternative für einen dauerhaften Erfolg auszuwählen.
- **Grundlage der Kontrolle**
  Ohne Planung und damit verbundener Festlegung von Sollgrößen ist nach erfolgter Realisierung keine aussagekräftige Kontrolle möglich.
- **Informationsversorgung**
  Letztendlich versorgt die Planung das Management und die Mitarbeiter mit Informationen.

1.2. Einteilungskriterien der Planung

Die Unterscheidung von Planungssystemen bezieht sich zum einen auf den Planungszeitraum und zum anderen, je nach Bedeutung und Tragweite der zu behandelnden Probleme, auf die sachliche Differenzierung (nach dem Ausmaß an Operationalität). Obwohl diese beiden Gliederungsformen eng miteinander verknüpft sind, können sie nicht gleichgesetzt werden *(vgl. Dambrowski (1986), S. 26 f.)*.

1.2.1. Differenzierung nach dem Planungszeitraum

Je nach zeitlicher Reichweite der Planinhalte wird unterschieden zwischen:

- **langfristiger Planung**
  Die Grenze zwischen Langfrist- und Mittelfristplanung liegt meist bei fünf Jahren. Die strategische Planung, bei der es vor allem um die Festlegung längerfristiger Unternehmensziele geht, umfasst einen Planungszeitraum von fünf Jahren.
- **mittelfristiger Planung**
  Die Mittelfristplanung bewegt sich zeitlich zwischen der lang- und der kurzfristigen Planung.
- **kurzfristiger Planung**
  Hier wird die Planungsperiode meist auf ein Jahr festgelegt, was auch dem unternehmens- und steuerrechtlichen Abrechnungszeitraum entspricht. Bei der operativen Planung erstreckt sich der Planungszeitraum auf ein Jahr. Somit handelt es sich auch beim Budget um eine kurzfristige Planungsrechnung.

1.2.2. Differenzierung nach dem Ausmaß an Operationalität

Bei dieser Einteilung geht es um die konkrete handlungsmäßige Relevanz der erarbeiteten Pläne. In diesem Zusammenhang unterscheidet man zwischen der strategischen und der operativen Planung *(vgl. Egger/Winterheller (2007), S. 39 f.).* Die **strategische Planung** fällt in den Aufgabenbereich des strategischen Managements und beschäftigt sich mit der grundsätzlichen Ausrichtung des gesamten Unternehmens und seiner Geschäftsfelder. Sie schafft den Rahmen für die **operative Planung**, die vom operativen Management wahrgenommen wird.

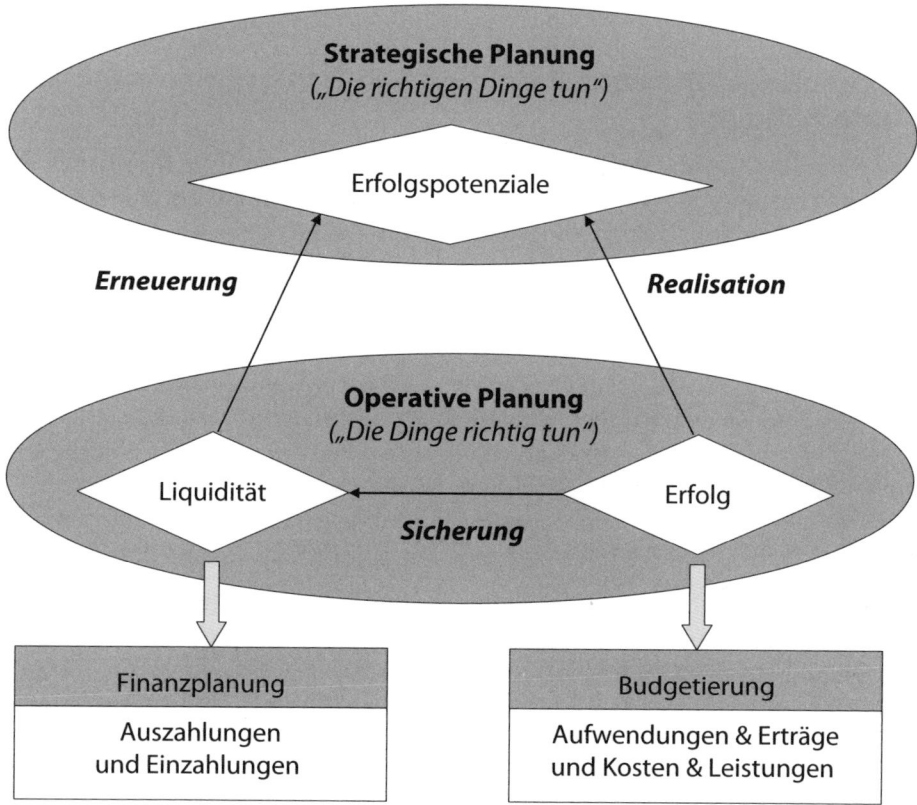

Abbildung 1: Zusammenhang strategische und operative Planung

1.2.2.1. Strategische Planung

Gegenstand und Inhalt der strategischen Planung in einem Unternehmen ist die Vorausbestimmung von Zielen für einen längerfristigen Zeitraum (ca. fünf Jahre) sowie die Festlegung der für die Zielerreichung erforderlichen **Strategien** (Handlungspläne). Sie zeigt den Weg, welchen ein Unternehmen zur Sicherung und zum Ausbau seiner Wettbewerbsfähigkeit gehen soll. Aufgrund des weiten Planungshorizonts und der damit verbundenen Unsicherheit kann man hier nur relativ grobe Zahlenwerte planen *(vgl. Egger/Winterheller (2007), S. 40).*

Die **strategische Planung** bestimmt die grundsätzliche Richtung der Unternehmensentwicklung (Strategieplanung) → **„Die richtigen Dinge tun!"**

Hauptaufgabe der **strategischen Planung**: Schaffung und Erhaltung von Erfolgspotentialen zur langfristigen Existenzsicherung und Wertsteigerung des Unternehmens.

Strategische Unternehmensplanung ist die Aufgabe der Unternehmensleitung. Dies schließt aber nicht aus, dass bestimmte Planungsaufgaben auch auf der Ebene der Funktionsbereiche wahrgenommen werden. Die wichtigsten **Aufgaben der strategischen Planung** sind:

(1) Erkennen, Aufbau und Erhaltung von Erfolgspotentialen des Unternehmens

Das Vorhandensein von Erfolgspotentialen gilt als Voraussetzung für finanzielle Erfolge. Die Schaffung und Erhaltung von Erfolgspotentialen gilt als eine der wesentlichsten Aufgaben der strategischen Planung, um die primären Unternehmensziele, nämlich die nachhaltige Existenzsicherung sowie die Steigerung des Unternehmenswertes für die Anteilseigner und Stakeholder, erreichen zu können *(vgl. Wala/Haslehner (2016), S. 242)*.

Unter **Erfolgspotentialen** versteht man die Fähigkeiten und Ressourcen, mit denen ein Unternehmen seinen Erfolg nachhaltig beeinflussen kann, also das Gesamtgefüge aller produkt- und marktspezifischen erfolgsrelevanten Voraussetzungen, die spätestens zum Zeitpunkt der Erfolgsrealisierung erfüllt sein müssen *(vgl. Gälweiler (2005), S. 34)*. Die Schaffung dieser Voraussetzungen nimmt einen längeren Zeitraum in Anspruch, wie z.B. für Produktentwicklungen oder den Aufbau von Marktpositionen.

Grundlage für den Aufbau und die Nutzung von Erfolgspotentialen ist die Kenntnis kritischer **Erfolgsfaktoren.** Diese reflektieren die in der Umwelt und im Unternehmen liegenden erfolgsrelevanten Tatbestände und zeigen Potentiale auf, die zu nutzen sind, um im Wettbewerb erfolgreich zu sein. Verfügt z.B. ein Unternehmen über eine einzigartige Technologie (= Erfolgspotential), so muss diese Fähigkeit zuerst auf dem Markt umgesetzt werden. Erfolgspotentiale sind Voraussetzung für Erfolgsfaktoren *(vgl. Wolf (2006), S. 16)*.

(2) Ausarbeitung von Strategien

Zur Nutzung der Erfolgspotentiale bedarf es der Ausarbeitung von Strategien, und zwar unter Beachtung der sich im Planungszeitraum ergebenden Chancen und der voraussehbaren Risiken.

(3) Erarbeitung strategischer Budgets

Darunter versteht man Vorgabegrößen für die Inanspruchnahme von Ressourcen durch die einzelnen strategischen Geschäftseinheiten und andere Bereiche des Unternehmens (z.B. Personalbudget, Kostenbudget, Finanzbudget).

(4) Festlegung bzw. Überprüfung der Schnittstellen zur operativen Planung

Die in den strategischen Plänen fixierten Ziele, Maßnahmen und beanspruchten Ressourcen müssen in operative Pläne übergeleitet werden. Eine Strategie ist stets nur so gut, wie sie situationsbezogen auch praktisch umgesetzt werden kann.

(5) Aufbereitung der strategischen Pläne für den strategischen Soll-Ist-Vergleich

Dies betrifft sowohl die Fortschrittskontrolle bei längerfristigen Projekten als auch die laufende Überprüfung der Annahmen, die der strategischen Planung zugrunde liegen.

Durch die strategische Planung soll eine gewisse Zielstabilität erreicht werden. Im Mittelpunkt der strategischen Planung stehen die Analyse der Erfolgsquellen und die Entwicklung langfristig angelegter Konzepte zur Zukunftssicherung der Unternehmung. Strategische Planung ist ein informationsverarbeitender Prozess zur Abstimmung von Anforderungen der Umwelt mit den Potentialen des Unternehmens *(vgl. Wolf (2006), S. 18)*. Sie soll daher im Kontext **unternehmensexterner Chancen und Risiken** sowie **unternehmensinterner Stärken und Schwächen** durchgeführt werden. Es gilt strukturelle, wirtschaftliche, technische und politische Wandlungen zu erkennen, um Tätigkeitsfelder der Unternehmung für die Zukunft zielorientiert bestimmen zu können. Weitere, ins Detail gehende Ausführungen dazu finden Sie im Kapitel 1 unter Punkt 2.3.2. **„Strategische Ziel- und Maßnahmenplanung"**.

1.2.2.2. Operative Planung

Die operative Planung (Planungszeitraum: ein Jahr) umfasst die konkrete Ausführung der strategischen Planung in den einzelnen Teilbereichen einer Unternehmung. Hier werden die in der strategischen Planung gesetzten Ziele konkretisiert und in messbare Jahresziele umformuliert (Detailplanung). Damit wird der Entwicklungspfad des Unternehmens für den Zeitraum eines Jahres aufgezeigt *(vgl. Pölzl/Leopold (2010), S. 5)*. Zur Erreichung der strategischen Ziele braucht man eine operative Vorgehensweise (Operationalisierung der strategischen Ziele).

> **Aufgabe der operativen Planung** ist es, die strategischen Vorgaben betriebswirtschaftlich richtig zu lösen und die Erfolgspotentiale effizient auszuschöpfen.
>
> (**„Die Dinge richtig tun!"**)
>
> Im Mittelpunkt der operativen Planung stehen somit die
> **Planung und Steuerung des Unternehmenserfolges** sowie die
> **Sicherung der Liquidität.**

Die operative Planung beruht in sehr hohem Maße auf Erfahrungen der Vergangenheit und bezieht sich auf sachlich abgrenzbare Planungsgegenstände (Informationen bezüglich der Vorgehensweise im Rahmen der operativen Planung vgl. Kap. 1, Punkt 2.3.3.). Instrument und Kernstück der operativen Planung ist die **Budgetierung,** deren Ergebnis das Budget ist *(vgl. Eisl et al. (2015) S. 37).*

Das **Budget** wird durch die strategische Langfristplanung überlagert bzw. bestimmt und daraus abgeleitet. Das bedeutet, dass sich das Budget innerhalb des von der strategischen Planung gesetzten Rahmens zu bewegen hat.

Das **Controlling** stellt dem operativen Management im Unternehmen die zur Umsetzung der strategischen Ziele erforderlichen Informationen und Instrumente zur Verfügung. Dadurch ist ein betriebswirtschaftlich richtiges Reagieren im Geschäftsbetrieb gesichert, insbesondere dann, wenn es zu Veränderungen bei den Rahmenbedingungen kommt und/oder interne und externe Störungen den normalen Geschäftsbetrieb beeinträchtigen. Darüber hinaus übersetzt das operative Controlling die strategischen Vorgaben in konkrete kurz- und mittelfristige Ziele und Maßnahmen, koordiniert die Teilpläne der einzelnen Unternehmensbereiche und ist für den Soll-Ist-Vergleich zuständig *(vgl. Eisl et al. (2015) S. 37).*

Nachfolgende Übersicht zeigt eine kurze Zusammenfassung der wesentlichen Unterschiede **zwischen strategischer und operativer Planung** *(vgl. Höfler et al. (2015), S. 100):*

	Strategische Planung	**Operative Planung**
Orientierung	unternehmensextern (Markt, Umwelt)	unternehmensintern
Fristigkeit	eher langfristig (fünf Jahre)	eher kurzfristig (meist ein Jahr)
Zielgrößen	nachhaltige Existenzsicherung, Erfolgspotentiale erkennen und ausbauen	Gewinnerzielung und Liquiditätssicherung
Planerstellung	Erstellung eines Gesamtplans	stark differenzierte Teilpläne
Genauigkeit	Planung globaler Größen	Planung detaillierter Größen
Informationen	berücksichtigt auch externe Entwicklungs- und Einflussfaktoren	baut vorwiegend auf internen Informationsquellen auf, wie FIBU und Kostenrechnung
Charakterisierung	„Die richtigen Dinge tun!"	„Die Dinge richtig tun!"

1.2.3. Differenzierung nach dem Geltungsbereich

Aus den Unternehmenszielen sind für jeden betrieblichen Entscheidungsträger Teilziele abzuleiten, die seinen Möglichkeiten, Fähigkeiten und Kompetenzen gerecht werden. Das bedeutet, dass die Pläne des Gesamtunternehmens auf **Bereichspläne** heruntergebrochen werden. Dabei kann der Gesamtplan des Unternehmens sowohl horizontal als auch vertikal differenziert werden:

- **Vertikal** erfolgt die Differenzierung entsprechend der Unternehmenshierarchie, vom Gesamtplan über Bereichs- und Abteilungspläne bis hin zu den Kostenstellenplänen *(vgl. Pfaff (2006), S. 1038).*
- **Horizontal** hingegen erfolgt eine Unterscheidung der Pläne (Budgets) nach betrieblichen Funktionsbereichen in *(vgl. Egger/Winterheller (2007), S. 40):*
  - Absatzpläne (nach Produkten, Kunden, Absatzgebieten usw.)
  - Produktionspläne (nach Produkten, Kostenstellen usw.)
  - Beschaffungspläne (nach Produktionsfaktoren, Lieferanten usw.)
  - Verwaltungspläne (nach Kostenstellen, Unternehmensleitung, EDV-Abteilung usw.)

Diese Teilpläne sind weiter zu untergliedern, bis in allen Bereichen für jeden Entscheidungsträger operationale Handlungsanweisungen abgeleitet werden können, die seinen Möglichkeiten, Fähigkeiten und Kompetenzen entsprechen. Merkmale für die Einteilung nach dem Geltungsbereich sind **Verantwortung und Kompetenz** *(vgl. Egger/Winterheller (2007), S. 40).*

1.3. Gesetzliche Grundlagen der Unternehmensplanung in Österreich

Gesetzliche Grundlagen bezüglich der Unternehmensplanung gelten in Österreich nur für Kapitalgesellschaften und ergeben sich insbesondere aus:

(1) den gesetzlichen Sorgfaltspflichten

Darunter versteht man die Verpflichtung der Unternehmer, der Geschäftsführer einer GmbH bzw. des Vorstands einer AG, bei ihren Geschäften die Sorgfalt eines ordentlichen Unternehmers anzuwenden.

Diesbezügliche Regelungen sind in folgenden Gesetzen verankert:

§ 347 UGB:

Wer aus einem Geschäft, das auf einer Seite unternehmensbezogen ist, einem anderen zur Sorgfalt verpflichtet ist, hat für die Sorgfalt eines ordentlichen Unternehmers einzustehen.

§ 25 GmbHG:

(1) Die Geschäftsführer sind der Gesellschaft gegenüber verpflichtet, bei ihrer Geschäftsführung die Sorgfalt eines ordentlichen Geschäftsmannes anzuwenden.

(2) Geschäftsführer, die ihre Obliegenheiten verletzen, haften der Gesellschaft zur ungeteilten Hand für den daraus entstandenen Schaden.

(3) Insbesondere sind sie zum Ersatze verpflichtet, wenn
1. gegen die Vorschriften dieses Gesetzes oder des Gesellschaftsvertrages Gesellschaftsvermögen verteilt wird, namentlich Stammeinlagen oder Nachschüsse an Gesellschafter gänzlich oder teilweise zurückgegeben, Zinsen oder Gewinnanteile ausgezahlt, für die Gesellschaft eigene Geschäftsanteile erworben, zum Pfande genommen oder eingezogen werden;
2. nach dem Zeitpunkte, in dem sie die Eröffnung des Insolvenzverfahrens zu begehren verpflichtet waren, Zahlungen geleistet werden.

(4) Ein Geschäftsführer haftet der Gesellschaft auch für den ihr aus einem Rechtsgeschäfte erwachsenen Schaden, das er mit ihr im eigenen oder fremden Namen abgeschlossen hat, ohne vorher die Zustimmung des Aufsichtsrates oder, wenn kein Aufsichtsrat besteht, sämtlicher übriger Geschäftsführer erwirkt zu haben.

(5) Soweit der Ersatz zur Befriedigung der Gläubiger erforderlich ist, wird die Verpflichtung der Geschäftsführer dadurch nicht aufgehoben, dass sie in Befolgung eines Beschlusses der Gesellschafter gehandelt haben.

(6) Die Ersatzansprüche verjähren in fünf Jahren.

Auf diese Ersatzansprüche finden die Bestimmungen des § 10, Absatz 6, Anwendung.

§ 84 AktG:

(1) Die Vorstandsmitglieder haben bei ihrer Geschäftsführung die Sorgfalt eines ordentlichen und gewissenhaften Geschäftsleiters anzuwenden. Über vertrauliche Angaben haben sie Stillschweigen zu bewahren.

(2) Vorstandsmitglieder, die ihre Obliegenheiten verletzen, sind der Gesellschaft zum Ersatz des daraus entstehenden Schadens als Gesamtschuldner verpflichtet. Sie können sich von der Schadenersatzpflicht durch den Gegenbeweis befreien, dass sie die Sorgfalt eines ordentlichen und gewissenhaften Geschäftsleiters angewendet haben.

(3) Die Vorstandsmitglieder sind namentlich zum Ersatz verpflichtet, wenn entgegen diesem Bundesgesetz
1. Einlagen an die Aktionäre zurückgewährt,
2. den Aktionären Zinsen oder Gewinnanteile gezahlt,
3. eigene Aktien der Gesellschaft oder einer anderen Gesellschaft gezeichnet, erworben, als Pfand genommen oder eingezogen werden,
4. Aktien vor der vollen Leistung des Ausgabebetrags ausgegeben werden,
5. Gesellschaftsvermögen verteilt wird,
6. Zahlungen geleistet werden, nachdem die Zahlungsunfähigkeit der Gesellschaft eingetreten ist oder sich ihre Überschuldung ergeben hat; dies gilt nicht von Zahlungen, die auch nach diesem Zeitpunkt mit der Sorgfalt eines ordentlichen und gewissenhaften Geschäftsleiters vereinbar sind,
7. Kredit gewährt wird,
8. bei der bedingten Kapitalerhöhung außerhalb des festgesetzten Zwecks oder vor der vollen Leistung des Gegenwerts Bezugsaktien ausgegeben werden.

(4) Der Gesellschaft gegenüber tritt die Ersatzpflicht nicht ein, wenn die Handlung auf einem gesetzmäßigen Beschluss der Hauptversammlung beruht. Dadurch, dass der Aufsichtsrat die Handlung gebilligt hat, wird die Ersatzpflicht nicht ausgeschlossen. Die Gesellschaft kann erst nach fünf Jahren seit der Entstehung des Anspruchs und nur dann auf Ersatzansprüche verzichten oder sich darüber vergleichen, wenn die Hauptversammlung zustimmt und nicht eine Minderheit, deren Anteile zwanzig vom Hundert des Grundkapitals erreichen, widerspricht. Die zeitliche Beschränkung gilt nicht, wenn der Ersatzpflichtige zahlungsunfähig oder überschuldet ist und sich zur Überwindung der Zahlungsunfähigkeit oder Überschuldung mit seinen Gläubigern vergleicht.

(5) Der Ersatzanspruch der Gesellschaft kann auch von den Gläubigern der Gesellschaft geltend gemacht werden, soweit sie von dieser keine Befriedigung erlangen können. Dies gilt jedoch in anderen Fällen als denen des Abs. 3 nur dann, wenn die Vorstandsmitglieder die Sorgfalt eines ordentlichen und gewissenhaften Geschäftsleiters gröblich verletzt haben; Abs. 2 Satz 2 gilt sinngemäß. Den Gläubigern gegenüber wird die Ersatzpflicht weder durch einen Verzicht oder Vergleich der Gesellschaft noch dadurch aufgehoben, dass die Handlung auf einem Beschluss der Hauptversammlung beruht oder der Aufsichtsrat die Handlung gebilligt hat. Ist über das Vermögen der Gesellschaft das Insolvenzverfahren eröffnet, so übt während dessen Dauer der Masse- oder Sanierungsverwalter das Recht der Gläubiger gegen die Vorstandsmitglieder aus.

(6) Die Ansprüche aus diesen Vorschriften verjähren in fünf Jahren.

(2) dem Insolvenzrechtsänderungsgesetz

Das Insolvenzrechtsänderungsgesetz fordert, dass Geschäftsführer und Vorstände dafür Sorge zu tragen haben, dass ein **Rechnungswesen** und ein internes **Kontrollsystem** (z.B. Vier-Augen-Prinzip, welches besagt, dass bei größeren Investitionen stets mindestens zwei Personen zeichnen müssen) geführt werden, die den Anforderungen des Unternehmens entsprechen.

Diesbezügliche Regelungen finden sich aber auch noch in folgenden Gesetzen:

§ 82 AktG:

Der Vorstand hat dafür zu sorgen, dass ein Rechnungswesen und ein internes Kontrollsystem geführt werden, die den Anforderungen des Unternehmens entsprechen.

§ 22 Abs. 1 GmbHG:

(1) Die Geschäftsführer haben dafür zu sorgen, dass ein Rechnungswesen und ein internes Kontrollsystem geführt werden, die den Anforderungen des Unternehmens entsprechen.

(3) den Berichtspflichten

Der Vorstand bzw. die Geschäftsführer muss/müssen einmal jährlich dem Aufsichtsrat grundsätzliche Fragen der künftigen Geschäftspolitik des Unternehmens berichten und Informationen zur Vermögens-, Finanz- und Ertragslage anhand einer **Vorschaurechnung** darstellen. Diese Vorschaurechnung, zu deren Erstellung Kapitalgesellschaften verpflichtet sind, beinhaltet eine Planbilanz, eine Plan-Gewinn- und -Verlustrechnung sowie eine Plan-Geldflussrechnung.

Des Weiteren müssen vierteljährliche Berichte (sogenannte **Quartalsberichte**) über den Gang der Geschäfte und die Lage des Unternehmens, im Vergleich zur Vorschaurechnung unter Berücksichtigung der künftigen Entwicklung, erstellt werden (Forecasts). Börsennotierte Unternehmungen sind verpflichtet, revidierte Planungen zu veröffentlichen.

Forecasts überbrücken die Lücke zwischen den im Vorjahr erstellten Budgetwerten und den aktuellen Istwerten. Sie zeigen die Einschätzung bzw. Erwartung des Managements bezüglich der voraussichtlichen Entwicklung ausgewählter Größen (wie z.B. Umsatz, Gewinn). Mit ihrer Hilfe können rechtzeitig die monetären Auswirkungen von bereits eingetretenen oder absehbaren Entwicklungen aufgezeigt werden. Dies ermöglicht es dem Management, rasch entsprechende Gegensteuerungsmaßnahmen zu ergreifen *(vgl. Wala/Haslehner (2016), S. 345 f.).*

Die Vorschaurechnung sowie die Quartalsberichte werden nach den Grundsätzen des externen Rechnungswesens erstellt, weil auf diesem Weg den externen Berichtspflichten nachgekommen wird.

Regelungen bezüglich der Berichtspflichten sind in folgenden Gesetzen verankert:

§ 81 Abs. 1 AktG – Bericht an den Aufsichtsrat:

(1) Der Vorstand hat dem Aufsichtsrat mindestens einmal jährlich über grundsätzliche Fragen der künftigen Geschäftspolitik des Unternehmens zu berichten sowie die künftige Entwicklung der Vermögens-, Finanz- und Ertragslage anhand einer Vorschaurechnung darzustellen (Jahresbericht). Der Vorstand hat weiters dem Aufsichtsrat regelmäßig, mindestens vierteljährlich, über den Gang der Geschäfte und die Lage des Unternehmens im Vergleich zur Vorschaurechnung unter Berücksichtigung der künftigen Entwicklung zu berichten (Quartalsbericht). Bei wichtigem Anlass ist dem Vorsitzenden des Aufsichtsrats unverzüglich zu berichten; ferner ist über Umstände, die für die Rentabilität oder Liquidität der Gesellschaft von erheblicher Bedeutung sind, dem Aufsichtsrat unverzüglich zu berichten (Sonderbericht).

---

§ 28a Abs. 1 GmbHG – Bericht an den Aufsichtsrat:

(1) Die Geschäftsführer haben dem Aufsichtsrat mindestens einmal jährlich über grundsätzliche Fragen der künftigen Geschäftspolitik des Unternehmens zu berichten sowie die künftige Entwicklung der Vermögens-, Finanz- und Ertragslage anhand einer Vorschaurechnung darzustellen (Jahresbericht). Die Geschäftsführer haben weiters dem Aufsichtsrat regelmäßig, mindestens vierteljährlich, über den Gang der Geschäfte und die Lage des Unternehmens im Vergleich zur Vorschaurechnung unter Berücksichtigung der künftigen Entwicklung zu berichten (Quartalsbericht). Bei wichtigem Anlass ist dem Vorsitzenden des Aufsichtsrats unverzüglich zu berichten; ferner ist über Umstände, die für die Rentabilität oder Liquidität der Gesellschaft von erheblicher Bedeutung sind, dem Aufsichtsrat unverzüglich zu berichten (Sonderbericht).

Beispiel: Erstellung einer Vorschaurechnung

Darstellung 1: Plan-G&V (nach GKV) für Budgetjahr	€	Darstellung 2: IST-Daten 1. Quartal (Jänner–Märs)	€	Darstellung 3: Revidierte Planung Forecast (April–Dez.)	€
Umsatzerlöse	100,0	Umsatzerlöse	20,0	Umsatzerlöse	60,0
Bestandsveränderungen	10,0	Bestandsveränderungen	2,5	Bestandsveränderungen	7,5
Sonstige Erträge	4,0	Sonstige Erträge	1,5	Sonstige Erträge	2,5
Materialaufwendungen	– 40,0	Materialaufwendungen	– 11,0	Materialaufwendungen	– 23,0
Personalaufwand	– 24,0	Personalaufwand	– 6,0	Personalaufwand	– 14,0
Abschreibungen	– 16,0	Abschreibungen	– 4,0	Abschreibungen	– 12,0
Sonstige Aufwände	– 12,0	Sonstige Aufwände	– 2,0	Sonstige Aufwände	– 12,0
Betriebserfolg	**+ 22,0**	**Betriebserfolg**	**+ 1,0**	**Betriebserfolg**	**+ 9,0**

Darstellung 1: Plan-G&V (nach GKV) für Budgetjahr	€	Darstellung 4: Forecast für Budgetjahr hochgerechnet	€	Darstellung 5: Ermittlung der Abweichungen	€
Umsatzerlöse	100,0	Umsatzerlöse	80,0	Umsatzerlöse	– 20,0
Bestandsveränderungen	10,0	Bestandsveränderungen	10,0	Bestandsveränderungen	0,0
Sonstige Erträge	4,0	Sonstige Erträge	4,0	Sonstige Erträge	0,0
Materialaufwendungen	– 40,0	Materialaufwendungen	– 34,0	Materialaufwendungen	+ 6,0
Personalaufwand	– 24,0	Personalaufwand	– 20,0	Personalaufwand	+ 4,0
Abschreibungen	– 16,0	Abschreibungen	– 16,0	Abschreibungen	0,0
Sonstige Aufwände	– 12,0	Sonstige Aufwände	– 14,0	Sonstige Aufwände	– 2,0
Betriebserfolg	**+ 22,0**	**Betriebserfolg**	**+ 10,0**	**Betriebserfolg**	**– 12,0**

Abbildung 2: Beispiel Vorschaurechnung

Kommentar:

Nach der Erstellung des ersten Quartalsberichtes im neuen Geschäftsjahr (Anfang April), wenn die tatsächlichen Ist-Werte vorliegen, wird auf Basis dieser Ist-Daten (*vgl. Darstellung 2*) und unter Berücksichtigung neu vorliegender Informationen (z.B. bezüglich der Marktlage), der erste Forecast (*vgl. Darstellung 3*) erstellt.

In diesem Zusammenhang werden zunächst die Ist-Werte von Jänner bis März *(vgl. Darstellung 2)* ermittelt und im Anschluss daran die neuen, erwarteten Plan-Werte von April bis Dezember *(vgl. Darstellung 3)* berechnet. Die Summe der Ist-Werte und der revidierten Planung ergibt den hochgerechneten Forecast des aktuellen Geschäftsjahres *(vgl. Darstellung 4)*. Im Anschluss daran vergleicht man die Zahlen dieses hochgerechneten Forecast mit den Zahlen der Plan-GuV *(vgl. Darstellung 1)* und kann so etwaige Abweichungen feststellen *(vgl. Darstellung 5)*.

Wie *Darstellung 5* zeigt, ergibt sich bei diesem Beispiel bei den Umsatzerlösen eine negative Abweichung von 20. Dies könnte z.B. darauf zurückzuführen sein, dass die Konkurrenz ein neues Produkt auf den Markt gebracht hat, was die Nachfrage nach dem eigenen Produkt sinken lässt. Dies hat wiederum zur Folge, dass auch Material- und Personalaufwand entsprechend zurückgehen müssen, um keinen Verlust zu erleiden. Das Unternehmen versucht nun die Umsatzeinbuße durch erhöhte Marktanstrengungen zu kompensieren. Dies schlägt sich wiederum in den sonstigen betrieblichen Aufwendungen nieder (haben sich um 2 erhöht).

Die Abweichungen werden analysiert und fließen in die Planungsrechnung für die nächsten drei Quartale des aktuellen Geschäftsjahres ein. Die Forecasts werden in vierteljährlichen Abständen erstellt. Dies bedeutet, dass auch für das zweite, dritte und vierte Quartal jeweils eine revidierte Planung und ein hochgerechneter Forecast erforderlich sind, um etwaige Abweichungen der einzelnen Quartale ermitteln zu können.

2. Betriebliche Planungsrechnung

Grundsätzlich versteht man unter Planungsrechnungen sämtliche quantitativen Verfahren zur Unterstützung der Planung, wie z.B. Finanzpläne und Planbilanzen. Die Planungsrechnung ist Bestandteil des internen Rechnungswesens und zählt neben der Kosten- und Leistungsrechnung sowie der Betriebsstatistik zur internen Unternehmensrechnung (*vgl. Prell-Leopoldseder (2010), S. 16*).

2.1. Zusammenhang zwischen Planungsrechnung und Rechnungswesen

Die Planungsrechnung ist ein Instrument der Unternehmensplanung und gehört zu den Führungsaufgaben in einem Unternehmen. Sie ist **Bestandteil des Rechnungswesens**, weil

- sie ein umfassendes Verständnis für bilanzielle Zusammenhänge erfordert und
- im Rechnungswesen alle Informationen über wertmäßige Vorgänge (quantitative Daten) zusammenlaufen. Daher können im Rechnungswesen die Informationen zum Zwecke der Planung und Kontrolle am schnellsten verarbeitet werden (*vgl. Egger/Winterheller (2007), S. 42*).

Das betriebliche Rechnungswesen (auch als **Unternehmensrechnung** bezeichnet) ist somit ein zielorientiertes Informationssystem zur quantitativen (mengen- und wertmäßigen) Beschreibung, Planung, Steuerung und Kontrolle von Beständen und Bewegungen an Gütern und Schulden in Unternehmen (vgl. *Schweitzer et al. (1979), S. 83*).

Abbildung 3 soll den Zusammenhang zwischen Planungsrechnung und den anderen Teilbereichen der Unternehmensrechnung veranschaulichen. Nachfolgende Grafik zeigt, dass die Planungsrechnung sowohl auf Daten der Finanzbuchhaltung als auch solche der Kostenrechnung (vergangenheitsorientiert) zurückgreift und somit der Budgetierung (zukunftsorientiert) als Informationsbasis zur Verfügung steht.

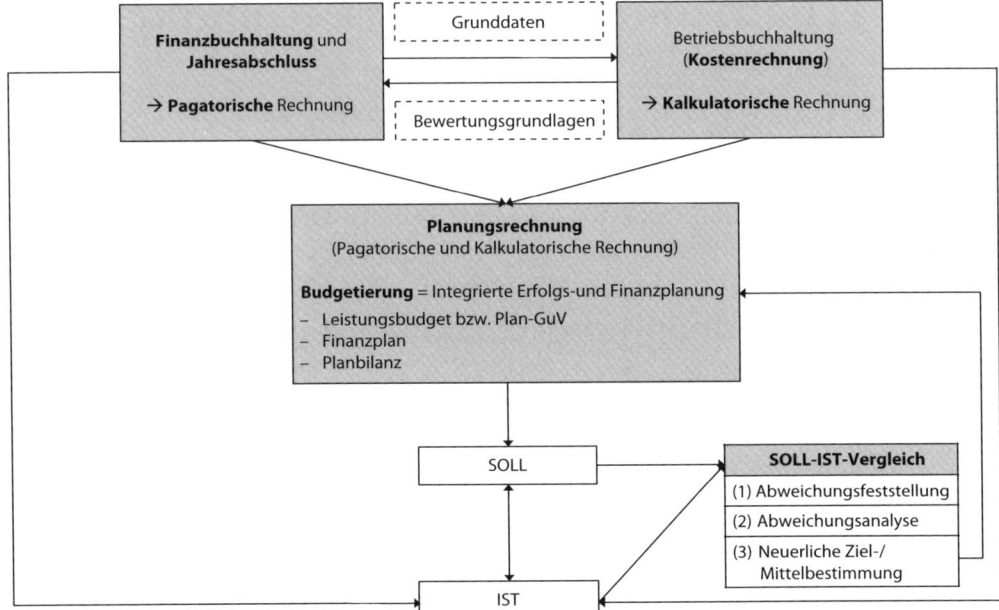

Abbildung 3: Zusammenhang zwischen Planungsrechnung und Rechnungswesen
(in Anlehnung an: Egger/Winterheller (2007), S. 43)

Egger/Winterheller (2007, S. 42 ff.) empfehlen in diesem Zusammenhang – gegenüber der herkömmlichen Unterteilung – eine Differenzierung des Rechnungswesens in abrechnungsorientierte und entscheidungsorientierte Verfahren.

2.1.1. Abrechnungsorientierte Verfahren

Abrechnungsorientierte Verfahren sind **vergangenheitsorientiert** und dienen zur Beantwortung der Frage *„Was ist geschehen?"*. In diesem Zusammenhang nehmen vor allem die Finanzbuchhaltung und die Betriebsbuchhaltung eine zentrale Rolle ein.

2.1.1.1. Finanzbuchhaltung und Bilanzierung

Beide müssen sowohl unternehmens- als auch steuerrechtlichen Vorschriften entsprechen.

(1) Finanzbuchhaltung

Die Finanzbuchhaltung ist eine pagatorische Rechnung, die primär an Zahlungsvorgänge anknüpft. Sie erfasst schwerpunktmäßig die geschäftlichen Außenbeziehungen eines Unternehmens und bildet den Wertverkehr einer Unternehmung mit seiner wirtschaftlichen Umwelt ab. Die klassische Aufgabe der Finanzbuchhaltung (kurz auch als FIBU bezeichnet) besteht in der lückenlosen Erfassung und Dokumentation sämtlicher Geschäftsfälle einer Abrechnungsperiode, die zu einer Veränderung des Vermögens und/oder Kapitals führen bzw. mit Aufwendungen und Erträgen verbunden sind *(vgl. Prell-Leopoldseder (2010), S. 16)*.

Die FIBU bildet die Grundlage des gesamten betrieblichen Rechnungswesens, liefert das Zahlenmaterial zur Erstellung des Jahresabschlusses (Bilanz und Gewinn- und Verlustrechnung) und stellt auch die Grunddaten für die Betriebsbuchhaltung (Kostenrechnung) zur Verfügung.

(2) Bilanzierung (Jahresabschluss)

Unter Berücksichtigung unternehmens- und steuerrechtlicher Vorschriften ermittelt sie den Periodenerfolg sowie das Vermögen und Kapital zu einem bestimmten Stichtag (Bilanzstichtag).

- Die Berechnung des Periodenerfolges erfolgt in der **Gewinn- und Verlustrechnung**, indem die gesamten in einer Abrechnungsperiode angefallenen Aufwendungen und Erträge einander gegenübergestellt werden.
- Die Darstellung des Vermögens und des Kapitals erfolgt in der **Bilanz**. Sie zeigt auf der Aktivseite das Vermögen (Anlage- und Umlaufvermögen) und auf der Passivseite das Kapital (Eigen- und Fremdkapital).

2.1.1.2. Betriebsbuchhaltung (Kostenrechnung)

Das betriebsspezifische Kostenrechnungssystem ist eine zentrale Planungsgrundlage und nimmt im Prozess der integrierten Unternehmensplanung eine wichtige Stellung ein. Da die Finanzbuchhaltung unternehmens- und steuerrechtliche Grundsätze befolgt, gibt sie wenig Aufschluss über die tatsächlichen individuellen Verhältnisse eines Unternehmens *(vgl. Egger/Winterheller (2007), S. 42)*. Die FIBU erfasst zwar Aufwendungen und Erträge, rechnet diese aber nicht den einzelnen Kostenträgern zu. Folglich können aus der Finanzbuchhaltung auch keine Aussagen bezüglich der Auswirkungen eines Produktes auf das Unternehmensergebnis gemacht werden *(vgl. Kropfberger/Winterheller (2003), S. 75)*.

Daher wird aus den Zahlen der Finanzbuchhaltung die Betriebsbuchhaltung abgeleitet. Die Kostenrechnung ist eine kalkulatorische Rechnung, die nicht auf Zahlungsmittelbewegungen aufbaut, sondern an betriebliche Verbrauchsvorgänge anknüpft. Sie ist ein Instrument zur Planung, Steuerung und Kontrolle des Betriebsprozesses und erfordert innerhalb der integrierten Unternehmensplanung unterschiedliche **Kostenrechnungssysteme** *(vgl. Eisl et al. (2008), S. 808 ff.)*:

- Die **Vollkostenrechnung**, die auf eine Trennung in fixe und variable Kosten verzichtet und die gesamten Kosten den Kostenträgern zurechnet, wird vor allem angewendet:
  - zur Erstellung von Angebotspreisen und zur Berechnung langfristiger Preisuntergrenzen,

- zur Ermittlung der vollen Herstellkosten der Absatzmenge, zur Erstellung der Plan-GuV sowie der kurzfristigen Erfolgsrechnung nach dem Umsatzkostenverfahren.
- Die **Teilkostenrechnung** differenziert zwischen fixen und variablen Kosten und lastet Kostenträgern nur die beschäftigungsabhängigen (variablen) Kosten an. Die Fixkosten hingegen gehen direkt in die Erfolgsrechnung ein. Anwendung findet sie vor allem bei kurzfristigen Entscheidungen (z.B. kurzfristige Preisuntergrenze) sowie bei der Budgetkontrolle (Soll-Ist-Vergleich).

Da die Kostenrechnung keinen gesetzlichen Regelungen unterliegt, kann sie genau auf betriebsspezifische Gegebenheiten abgestimmt werden. Mit ihrer Hilfe werden betriebliche Abläufe und Strukturen transparent gemacht. Konkret erfüllt sie im Zusammenhang mit der Planung und Budgetierung folgende Aufgaben *(vgl. Prell-Leopoldseder (2010), S. 21 ff.)*:

- **Bereitstellung von Daten zur Planung des Unternehmensprozesses**
  Mit den Entscheidungsträgern werden Kosten-, Erlös- und Ergebnisziele verbindlich festgelegt. Als Grundlage für die Entscheidungsfindung dienen Planungsrechnungen, in die vorwiegend Prognoseinformationen, wie künftig zu erwartende Preise, prognostizierte Absatzmengen und Auslastungsgrade, aber auch Plankosten (z.B. voraussichtliche Personalkosten), eingehen.
- **Überwachung und Lenkung der Zielerreichung (Kontrollaufgaben)**
  Die Kostenrechnung liefert einen wichtigen Beitrag zur Überwachung und Lenkung der Zielerreichung. Konkret geht es dabei um:
  - **Kontrolle der innerbetrieblichen Wirtschaftlichkeit** des Leistungsprozesses (z.B. Kontrolle ausgewählter Kostenarten und Kostenstrukturen, Soll-Ist-Vergleiche der geplanten und tatsächlichen Kosten).
  - **Erfolgskontrolle** mittels der **kurzfristigen Erfolgsrechnung** (KER): Diese ist kurzfristig (monatlich, quartalsweise) erstellbar und erlaubt eine Differenzierung der Erfolgskontrolle sowohl nach Kostenträgern als auch für das Gesamtunternehmen, einzelne Unternehmensbereiche, Sparten und Abteilungen (nähere Ausführungen *vgl. Kap. 3 Punkt 2*).
  Auch im Rahmen des Jahresabschlusses wird einmal jährlich eine Erfolgsrechnung für das Gesamtunternehmen (= Gewinn- und Verlustrechnung) erstellt. Dies reicht aber für die operative Steuerung eines Unternehmens nicht aus, weil einerseits die Abrechnungsperiode zu lang ist und andererseits auch die Gewinnbeiträge einzelner Produkte bzw. Bereiche nicht erkennbar sind.
- **Bereitstellung von Informationen zur Preiskalkulation, -rechtfertigung und -kontrolle**
  Konkret geht es dabei um die Mitwirkung bei der Kalkulation der Selbstkosten betrieblicher Leistungen, der Ermittlung von Angebotspreisen bei Kundenanfragen, der Festlegung von Preisuntergrenzen für den Verkauf, der Errechnung von Preisobergrenzen der zu beschaffenden Roh-, Hilfs- und Betriebsstoffe usw.

- **Rechnerische Fundierung unternehmerischer Entscheidungen**
  Die Betriebsbuchhaltung liefert der Unternehmensleitung aber auch Informationen:
  - im **Beschaffungsbereich**: zur Ermittlung optimaler Bestellmengen und zur Festlegung von Preisobergrenzen für die Produktionsfaktoren.
  - im **Produktionsbereich**: bezüglich optimaler Produktionsverfahren und Kapazitätsauslastung von Anlagen.
  - zur **Entscheidungsfindung**: bezüglich Eigenfertigung bzw. Fremdbezug, Annahme bzw. Ablehnung von Zusatzaufträgen, Zusammensetzung gewinnoptimaler Produktions- bzw. Absatzprogramme und zur Durchführung der Gewinnschwellenanalyse.

- **Abbildung und Dokumentation des Unternehmensprozesses**
  Aufgrund unternehmens- und steuerrechtlicher Vorschriften sind die zu aktivierenden Eigenleistungen und Bestandsveränderungen von fertigen und unfertigen Erzeugnissen mit ihren Herstellungskosten in die Bilanz aufzunehmen. Die Kostenrechnung liefert die zur Bewertung erforderlichen Daten.

2.1.2. Entscheidungsorientierte Verfahren

Entscheidungsorientierte Verfahren sind **zukunftsorientiert** und dienen zur Beantwortung der Frage *„Was hat zu geschehen?"* (vgl. Egger/Winterheller (2007), S. 44). Zu den entscheidungsorientierten Verfahren zählen die verschiedenen Formen der **Planungsrechnung.** Hier werden letztendlich die Daten aus der externen und internen Unternehmensrechnung zusammengefügt.

Planungsrechnungen sind alle quantitativen Verfahren zur Unterstützung der Planung. Sie zeigen einerseits die zahlenmäßigen Auswirkungen der geplanten Maßnahmen und erlauben andererseits eine Überprüfung, ob das geplante Ziel durch diese Maßnahmen erreicht wird. Darüber hinaus dient die Planungsrechnung als Grundlage für das Berichtswesen und als kontinuierlicher Maßstab bei der Umsetzung der Maßnahmen *(vgl. Kropfberger/Winterheller (2003), S. 172).*

Egger/Winterheller (2007, S. 44 f.) unterscheiden folgende Formen der Planungsrechnung:

(1) Planungsrechnungen im weiteren Sinne

Dazu zählen alle Rechenverfahren, welche die betriebliche Planung unterstützen, wie z.B. Umsatzprognosen, Investitionsrechnungen, Produktionsplanung, Personalplanung.

(2) Planungsrechnungen im engeren Sinne

Planungsrechnungen im engeren Sinn werden auch als Budgetierung bezeichnet. Darunter versteht man das Aufstellen des Leistungsbudgets bzw. der Plan-Gewinn- und Verlustrechnung, des Finanzplans und der Planbilanz.

- **Leistungsbudget** (bzw. Planerfolgsrechnung bzw. Plan-GuV)
  Das Leistungsbudget ist eine auf Plandaten beruhende Gewinn- und Verlustrechnung für den Planungszeitraum eines Jahres. Mit ihrer Hilfe kann sowohl das künftige Betriebsergebnis als auch das Unternehmensergebnis ermittelt werden *(vgl. Kropfberger/Winterheller (2003), S. 173)*. Ins Detail gehende Ausführungen dazu finden Sie im Kapitel 2 unter Punkt 2.
- **Finanzplan**
  Im Anschluss an das Leistungsbudget kann der Finanzplan, der alle geplanten Zahlungsströme eines Unternehmens erfasst, aufgestellt werden. Er zeigt, welche zusätzlichen finanziellen Mittel ein Unternehmen zur Durchführung seiner geplanten Maßnahmen benötigt bzw. welcher finanzielle Überschuss sich voraussichtlich für eine Planungsperiode ergibt *(vgl. Kropfberger/Winterheller (2003), S. 194)*. Weitere Ausführungen finden Sie im Kapitel 2 unter Punkt 3.
- **Planbilanz**
  Die Planbilanz wird aus den Zahlen des Leistungsbudgets und des Finanzplans abgeleitet und zeigt die Vermögens- bzw. Kapitallage eines Unternehmens am Ende der Planungsperiode *(vgl. Kropfberger/Winterheller (2003), S. 202)*. Detaillierte Ausführungen dazu finden Sie im Kapitel 2 unter Punkt 4.

Leistungsbudget, Finanzplan und Planbilanz sind die Zusammenfassung sämtlicher Teilpläne einer Budgetperiode (ein Jahr) und bilden den Schlusspunkt des betrieblichen Planungsprozesses. Abrechnungsorientierte und entscheidungsorientierte Verfahren sind keine Gegensätze, sondern bedingen einander *(vgl. Egger/Winterheller (2007), S. 45)*.

- Der **Planungsprozess** liefert **Planinformationen** über das gewünschte Ziel und die Gestaltung des Realisationsvorganges → **SOLL-Werte**.
- Der **Kontrollprozess** liefert **Kontrollinformationen** über die Qualität der Ausführung, gemessen am Plan → **IST-Werte**.

Erst wenn eine Periode im Vorhinein geplant und im Nachhinein kontrolliert wird, kann ein **Soll-Ist-Vergleich** durchgeführt werden. Falls Abweichungen festgestellt werden (Differenz zwischen Soll- und Ist-Werten), ergibt sich die Notwendigkeit einer **Abweichungsanalyse,** bei der untersucht wird, worauf die Abweichungen zurückzuführen sind. Die Ergebnisse dieser Analyse werden der Planung zur Einleitung von Korrekturmaßnahmen übermittelt.

2.2. Planungsprozess

Um im harten Wettbewerb der Unternehmen bestehen zu können, muss jedes Unternehmen eine klare Zielsetzung vor Augen haben. Eine Zielvorgabe ist die Grundvoraussetzung, damit die Unternehmensleitung ein System von Maßnahmen entwickeln kann, das auf den Rahmen der gegebenen Zielsetzungen abgestimmt ist.

Sowohl für die Planungsinhalte als auch den Planungsprozess spielen die Erfahrungen der Vergangenheit eine sehr wichtige Rolle *(vgl. Weber/Schäffer (2008), S. 268)*. Das Anliegen der Planung besteht darin, eine willensbildende Vorausbestimmung zu den Zielen eines Unternehmens vorzunehmen und für die Erreichung dieser Ziele die erforderlichen Maßnahmen (Handlungspläne) sowie die einzusetzenden Ressourcen (Mittel) festzulegen *(vgl. Eisl et al. (2015), S. 37 f.)*.

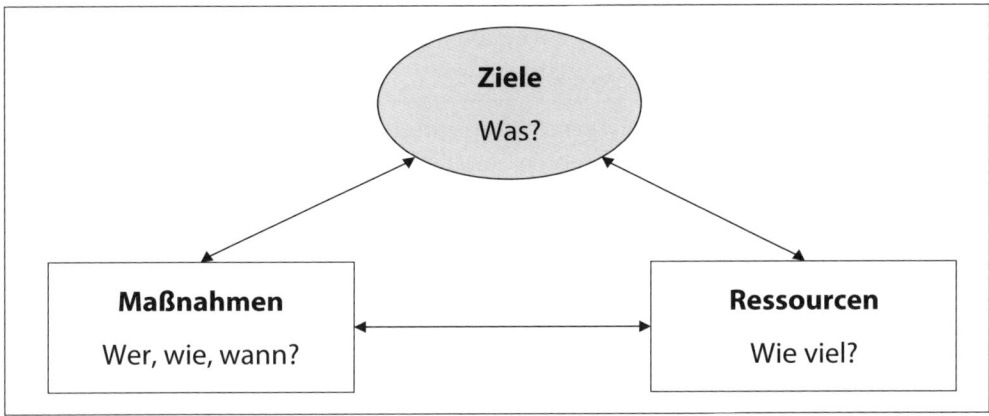

Abbildung 4: Planungsobjekte *(in Anlehnung an: Eisl et al. (2015), S. 38)*

Demzufolge besteht in der Unternehmenspraxis jeder Planungsprozess (und somit auch das Budget) aus *(vgl. Wala/Haslehner (2009), S. 226)*:

- **Zielen** (Umsatz, Kosten, Gewinn, Liquidität, usw.)
- den zur Zielerreichung erforderlichen **Maßnahmen** sowie
- den zur Umsetzung der Maßnahmen einzusetzenden **Ressourcen.**

Bevor zu setzende Maßnahmen geplant werden können, müssen zunächst die Ziele bekannt sein. Daher lautet die entscheidende Frage zuerst immer *„Was ist zu tun?"* und an zweiter Stelle *„Wie ist es zu tun?"*. Nur wenn das Ziel bekannt ist, kann der Weg zur Zielerreichung bestimmt werden. Daraus ergibt sich die **Reihenfolge** von **Zielplanung** und **Maßnahmenplanung** *(vgl. Egger/Winterheller (2007), S. 19)*.

2.2.1. Zielplanung (Was wollen wir erreichen?)

Die **Zielplanung** ist ein eigenständiger, abgeschlossener Planungsprozess, der mit der Entscheidung für ein bestimmtes Ziel abschließt. Die Zielplanung umfasst sowohl die Planung der Ziele des Gesamtunternehmens als auch die Planung der einzelnen Bereichsziele. So entsteht eine Zielpyramide, deren einzelne Ziele ein Mittel zur Erreichung des jeweiligen Oberzieles sind *(vgl. Egger/Winterheller (2007), S. 25)*.

Anforderungen an die Zielplanung

Grundsätzlich haben Ziele nur dann einen Motivationsfaktor, wenn sie klar, herausfordernd und erreichbar sind, d.h., Ziele müssen **SMART** sein. Konkret bedeutet dies:

S	specific	Ziele müssen *präzise formuliert* werden.
M	measurable	Ziele müssen *messbar* sein. Messbarkeit bedeutet, dass die Zielerreichung an Maßstäben beurteilt werden kann. Daher sind für alle Managementebenen Beurteilungsmaßstäbe festzulegen (z.B. quantitative Angaben, Rangordnungen, allgemeine Beschreibungen, Zeitpunkte).
A	achievable	Ziele müssen *erreichbar* sein. Nur wenn sie von den zuständigen Stellen akzeptiert werden, wirken sie motivierend. Nichts demotiviert mehr als unerreichbare Ziele.
R	realistic	Ziele müssen *realistisch bzw. realisierbar* sein. Übermäßig hoch gesteckte Ziele bewirken normalerweise bei Mitarbeitern, sie gar nicht erst angehen zu müssen.
T	timely	Ziele müssen *terminiert* sein und nach Prioritäten gereiht werden. Was ist am wichtigsten?

In Unternehmen werden sowohl Sachziele als auch Formalziele geplant, wobei die Formalziele dominieren und den Sachzielen nur eine abgeleitete Funktion zukommt *(vgl. Weber/Schäffer (2006), S. 268)*.

(1) Sachzielplanung

Sachziele beziehen sich auf die realen Objekte und Aktivitäten des Unternehmensprozesses und sind primär handlungsorientiert *(vgl. Dambrowski (1986), S. 24)*. Im Rahmen der Sachzielplanung wird mehr oder weniger festgelegt, was ein Unternehmen im kommenden Jahr machen soll. Sachzielorientierte Planungsinhalte sind unter anderem *(vgl. Hamprecht (1996), S. 202)*:

- Produktions- und Beschaffungsmengenplanung
- Marktvolumen und Absatz
- Einführung neuer Produkte und Qualität der Produkte
- Werbung und Verkaufsförderung sowie Absatzwege
- Kapazität und Kapazitätsauslastung
- Mitarbeiter, Produktivität, Umweltschutz usw.

(2) Formalzielplanung

Formalziele beziehen sich auf das monetäre Ergebnis von Sachzielplanungen *(vgl. Dambrowski (1986), S. 24)*, d.h. die Bewertung der Wirtschaftlichkeit dieser Leistungen. Konkret handelt es sich dabei um Ziele wie *(vgl. Hamprecht (1996), S. 202)*:

- Rentabilität
- Gewinn bzw. Erfolg und Ergebnisentwicklung
- Umsatz und Umsatzentwicklung
- Kosten und Erlöse
- Investitionen,
- Liquidität usw.

Im Rahmen der **Budgetierung** werden **Formalziele** (z.B. finanzielle Ziele, wie Kosten) für verschiedene Verantwortungsbereiche (z.B. Kostenstellenleiter) festgelegt, an die diese innerhalb bestimmter Grenzen gebunden sind. Die Formalzielplanung zeigt den „nominalen Handlungsspielraum", der anschließend durch konkrete Maßnahmen auszufüllen ist *(vgl. Dambrowski (1986), S. 24)*.

Damit ein Betrieb in seinem Fortbestand nicht gefährdet wird, müssen in der Unternehmenspraxis immer zwei Ziele an oberster Stelle stehen:

- **Erfolg (Streben nach ausreichendem Gewinn)**
  Dieser ist notwendig zur Existenzsicherung, zur Ausschüttung von Dividenden, zur Finanzierung der Kosten für F&E, zur Schaffung eines Risikopolsters, zur Sicherung der Unabhängigkeit von Banken usw. Die Budgetierung ist grundsätzlich am Erfolgsziel ausgerichtet.
- **Liquidität (Aufrechterhaltung des finanziellen Gleichgewichts)**
  Ein Unternehmen muss jederzeit in der Lage sein, die fälligen Schulden ohne Störung des Betriebsablaufes zu bezahlen. Die **kurzfristige Finanzplanung** dient primär zur Sicherung der **Liquidität.**

Gewinn und Liquidität sind die **zentralen Größen** der **Unternehmensplanung.** Diese beiden Oberziele „Gewinn und Liquidität" (Formalziele) müssen, damit sie handlungsrelevant sind, in konkrete operationale Teilziele (z.B. Produktionsmenge von 100.000 Stück bei variablen Stückkosten von € 4,–) zerlegt werden. Um vorgegebene Ziele erreichen zu können, werden **Maßnahmen,** d.h. Leistungsbeiträge jeder Abteilung (z.B. weniger Materialverbrauch in der Produktion, kürzere Fertigungszeiten) bis hin zum einzelnen Mitarbeiter, abgeleitet.

2.2.2. Maßnahmenplanung (Wie kommen wir dorthin?)

Die Maßnahmenplanung folgt auf die Zielplanung (strategisch und operativ). Ziele und Maßnahmen unterscheiden sich dadurch, dass den Maßnahmen selbst kein eigenständiger Wert zukommt, sondern diese erst durch ihren Beitrag zur Zielerreichung an Bedeutung gewinnen. Bei der Planung von Maßnahmen geht es darum, konkrete Aktionen, Programme, Projekte und Tätigkeiten der einzelnen Funktionsbereiche (F&E, Produktion, Marketing, Finanzwesen usw.) sowie der Geschäftsführung zu erarbeiten, um die gesetzten Ziele zu erreichen *(vgl. Egger/Winterheller (2007), S. 29).*

WER	Verantwortlicher
WIE	Tätigkeit und deren Ziel
WANN	Zeitplan bzw. Fertigstellungstermin

Maßnahmen sind Leistungsbeiträge der Mitarbeiter eines Unternehmens. Die Vorgabe von Maßnahmen ermöglicht eine Ableitung konkreter Handlungsanweisungen (z.B. Mitarbeiter des Rechnungswesens macht Bilanzbuchhalterprüfung). Dabei sind die zur Auswahl stehenden Handlungsalternativen (z.B. WIFI oder BFI) auf ihre Vor- und Nachteile hin zu überprüfen. Entscheidungen erfordern immer ein Abwägen der erwarteten positiven und negativen Auswirkungen. Haben die Maßnahmen gegriffen (z.B. Mitarbeiter hat die Prüfung bestanden), dann wurde das Ziel erreicht. Ist der Mitarbeiter allerdings bei der Prüfung durchgefallen, dann ergibt sich eine neue Maßnahme (z.B. Mitarbeiter muss zuerst Kurs belegen, damit er die Prüfung besteht).

Die Grenze zwischen Zielplanung und Maßnahmenplanung ist fließend. Durch die Möglichkeit der Rückkoppelung kann die Maßnahmenplanung ihrerseits wieder auf die Zielplanung einwirken *(vgl. Egger/Winterheller (2007), S. 21).*

2.2.3. Ressourcenplanung (Welche Mittel sind verfügbar?)

Im Rahmen der Ressourcenplanung wird festgestellt, wie viele Mitarbeiter, wie viel Geld, Material oder auch zusätzliche Mittel benötigt werden, um die geplanten Maßnahmen durchführen zu können. Auch Ziele müssen sich an den jeweiligen Gegebenheiten orientieren und auf die verfügbaren Mittel und Möglichkeiten des Unternehmens Rücksicht nehmen. Nur so können in einem Betrieb realistische und auch umsetzbare Ziele fixiert werden *(vgl. Kropfberger/Winterheller (2003), S. 25).*

2.3. Betriebliches Planungssystem

Unter einem **Planungssystem** versteht man eine geordnete und integrierte Gesamtheit verschiedener Teilpläne und anderer Planungselemente sowie ihrer Beziehungen, die zwecks Erfüllung bestimmter Funktionen nach einheitlichen Prinzipien aufgebaut und miteinander verknüpft sind *(vgl. Grof (2005), S. 3).*

Die meisten heute in Unternehmen anzutreffenden Planungssysteme sind durch einen mehrstufigen Aufbau gekennzeichnet. Mehrstufigkeit bedeutet, dass in der Unternehmensplanung zwischen verschiedenen Planungsebenen differenziert wird. Nachfolgende Abbildung zeigt das Zusammenspiel zwischen genereller Zielplanung, strategischer und operativer Planung.

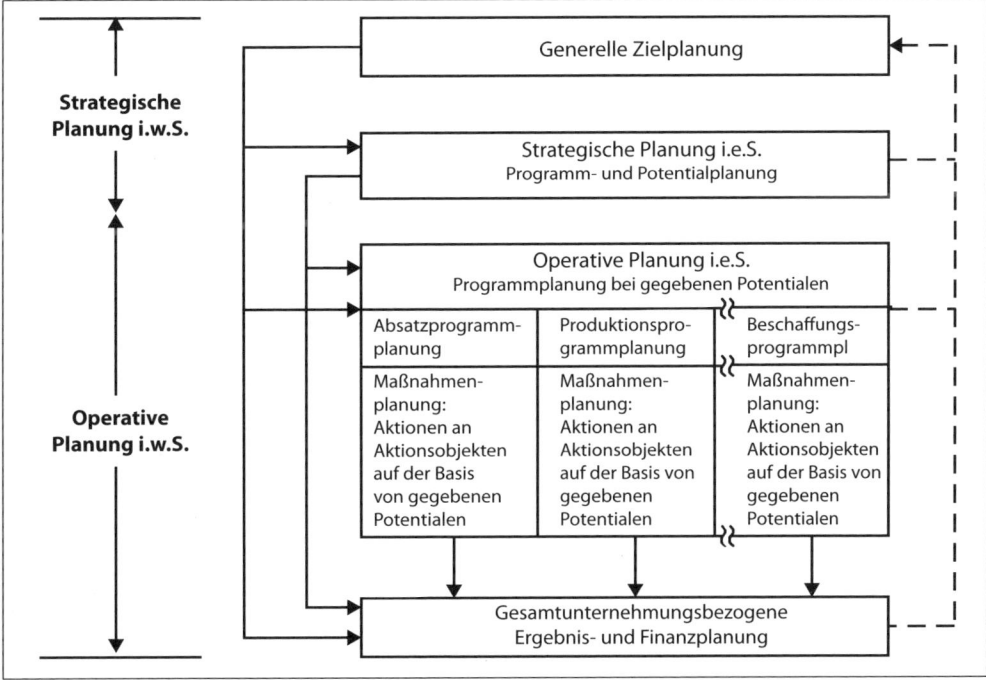

Abbildung 5: Betriebliches Planungssystem *(in Anlehnung an: Hahn/Hungenberg (2001))*

2.3.1. Generelle Zielplanung

Bevor sich ein Unternehmen mit quantifizierbaren Zielen beschäftigt, geht es zunächst um die Beantwortung der Frage, welchen fundamentalen, organisatorischen und sozialwirtschaftlichen Zweck das Unternehmen verfolgt. Es geht um die **Vision** eines Unternehmens *(vgl. Kropfberger/Winterheller (2003), S. 64)* und die Beantwortung der Frage *„Was will man erreichen?"* (z.B. Unternehmen will Marktführer werden).

Den Beginn jeder unternehmerischen Tätigkeit bildet daher die Festlegung der unternehmerischen Leitsätze und Richtlinien in der Unternehmenspolitik. Diese werden von den Eigentümern und/oder Vorständen bzw. Geschäftsführern erarbeitet und haben stets Gültigkeit. Die **Unternehmenspolitik** beschreibt, wie die Vision umzusetzen ist, und beantwortet die Frage *„Wie wollen wir unsere Vision erreichen?"*.

Die Unternehmenspolitik regelt das Verhalten innerhalb des Unternehmens und basiert auf Wertvorstellungen und **Leitbildern** des Unternehmens. Das Unternehmensleitbild formuliert verbal den Unternehmenszweck und erfasst die Grundeinstellungen der Entscheidungsträger. Leitbilder treffen verbindliche Aussagen über das Betätigungsfeld des Unternehmens und über die wirtschaftliche und soziale Verantwortung, die das Handeln im Unternehmen bestimmt (langfristige Orientierungsgrundlage). Das Unternehmensleitbild legt somit den Rahmen für alle strategischen Aktivitäten zur Erreichung der Vision fest *(vgl. Kropfberger/Winterheller (2003), S. 65)*.

Im Einzelnen geht es dabei um folgende Punkte *(vgl. Grof (2005), S. 14)*:

- Bekenntnis zur Wirtschaftsordnung und zur gesellschaftlichen Funktion des Unternehmens (Worin besteht die Verantwortung für die Gesellschaft bzw. Umwelt?)
- Einstellung zu Wachstum, Wettbewerb und technischem Fortschritt
- Richtlinien für das Leistungsprogramm (Welche Art von Gütern wird mit welchem Qualitätsanspruch produziert?)
- Aussagen zu den zu bearbeitenden Märkten (Welche Kunden und welche Märkte?)
- Einstellung gegenüber Mitarbeitern (Was wird von Mitarbeitern erwartet?)
- Ethisch-moralische Wertvorstellungen usw.

An der Spitze eines jeden unternehmerischen Zielsystems steht als **Oberziel** (Leitbild) die langfristige **Zukunfts- bzw. Existenzsicherung des Unternehmens**. Diese oberste Zielsetzung ist allerdings nur über Zwischenstufen erreichbar. Ausgehend vom unternehmerischen Oberziel werden in der Folge vom strategischen Management strategische Zielsetzungen festgelegt, die dieses Oberziel konkretisieren *(vgl. Pape (1997), S. 29)*. Die Konkretisierung der strategischen Ziele erfolgt durch die Formulierung von **Unterzielen** für einzelne Abteilungen und Mitarbeiter *(vgl. Grof (2005), S. 15 f.)*.

2.3.2. Strategische Ziel- und Maßnahmenplanung

Die **strategische Planung** (Zeithorizont: 5 Jahre) leitet sich aus der generellen Zielplanung, also der Unternehmenspolitik und dem Unternehmensleitbild ab. Durch die strategische Planung wird für die strategischen Geschäftseinheiten die Marschrichtung mit den entsprechenden Strategien für die Zukunft festgelegt.

Strategien beinhalten langfristige handlungswirksame und ergebniswirksame Unternehmensziele, Maßnahmenkataloge zur Zielerreichung sowie Kontrollpunkte *(vgl. Kropfberger/Winterheller (2003), S. 67)*. Dementsprechend gehört es zum Aufgabenbereich der strategischen Planung, Strategien zu formulieren, strategische Geschäftseinheiten einzurichten und konkrete Aktionspläne zu entwickeln.

Gegenstand der strategischen Planung sind unter anderem *(vgl. Wolf (2006), S. 19)*:

- Erschließung neuer Märkte
- Kauf neuer Unternehmen und Unternehmensfusionen
- Aufbau neuer Vertriebswege
- Tiefgreifende Reorganisationen
- Aspekte der Personalentwicklung
- Produkt- und Verfahrensinnovationen

In diesem Zusammenhang sind zwei Faktoren entscheidend:

Kenntnis des eigenen Umfeldes	→	erfordert **Analyse der Unternehmensumwelt**
Kenntnis der eigenen Fähigkeiten	→	erfordert **Analyse des Unternehmens selbst**

2.3.2.1. Umweltanalyse

Kennzeichnend für die strategische Planung ist die Ausrichtung eines Unternehmens auf seine spezifischen Umweltbedingungen. Die Grundlage für strategische Entscheidungen bilden Informationen über relevante Umweltbedingungen (Analyse der Umwelt) sowie die Prognostizierung ihrer voraussichtlichen Entwicklung. Die Umwelt steckt die Grenzen des strategischen Spielraumes ab und bietet Platz für neue strategische Vorhaben.

Ziel der Umweltanalyse und -prognose ist es, die **unternehmensexternen Chancen und Risiken** aufzuzeigen. Nachfolgende Darstellung zeigt in einem Überblick die wichtigsten für die strategische Planung relevanten Umweltbedingungen. Welche konkreten Bedingungen im Einzelfall für ein Unternehmen relevant sind, hängt von verschiedensten Einflussfaktoren (wie z.B. Branche, Unternehmensgröße) ab *(vgl. Grof (2005), S. 7 ff.)*:

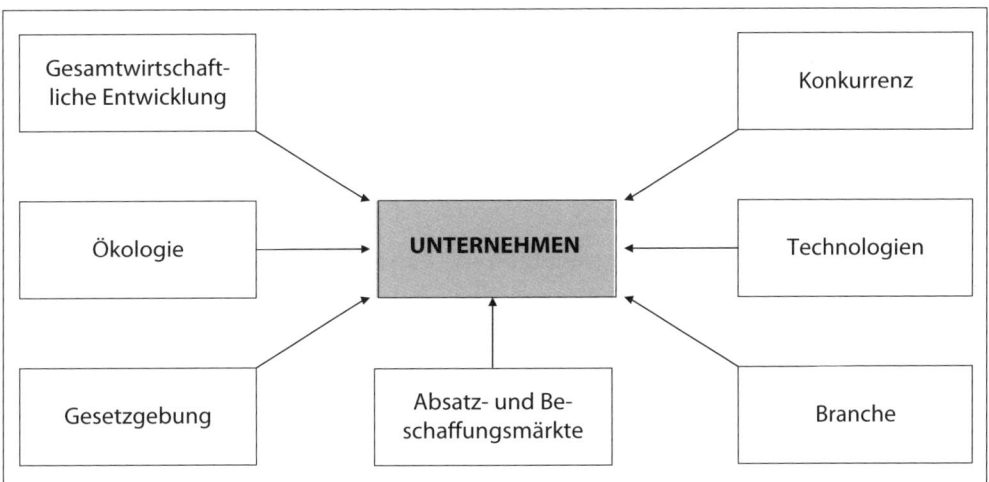

Abbildung 6: Felder der Umweltanalyse und -prognose *(Quelle: Grof (2005), S. 7)*

- **Gesamtwirtschaftliche Entwicklung**
  Hier bezieht sich die Analyse vor allem auf das Inland, aber auch auf jene Länder, in denen das Unternehmen geschäftlich tätig ist. Folgende Indikatoren spielen dabei eine Rolle:
  - **politische und soziale Entwicklung** (z.B. nationale und internationale Wirtschaftspolitik, staatliche Eingriffe in die Wirtschaft, Sozialpolitik, Währungspolitik)
  - **allgemeine Wirtschaftsentwicklung** (z.B. verfügbares Einkommen der Haushalte, Verbraucherpreise, Entwicklung des Bruttosozialproduktes, Ölpreisentwicklung)
  - **Bevölkerungsentwicklung** (z.B. Bevölkerungswachstum und -dichte, Alterspyramide, Anzahl der Haushalte und der Erwerbstätigen, Arbeitslosenrate, Berufsgruppen).

- **Gesetzgebung**
  Auch die geltende Rechtslage (z.B. Steuerrecht, neue EU-Normen, Wettbewerbsrecht, Umweltschutzgesetzgebung, Arbeitsrecht, Sozialgesetzgebung) und zu erwartende Gesetzesänderungen sowie deren Rückwirkungen auf das Unternehmen sollen untersucht werden.

- **Branche**
  Im Rahmen der **Branchenanalyse** werden Informationen über die Entwicklung der Branche, in der das Unternehmen tätig ist oder künftig operieren will, gewonnen (z.B. Wachstumsrate der Branche, Erkennen branchentypischer Wettbewerbsspielregeln sowie branchenspezifischer Chancen und Risiken, Spezialisierungstendenzen).

- **Konkurrenz**
  Im Rahmen der **Konkurrenzanalyse** werden die wichtigsten Mitbewerber auf ihre Stärken und Schwächen hin untersucht (z.B. Betriebsgröße, Marktposition, Absatzgebiete, Standorte, Kundenstruktur, Qualität der Produkte, Konkurrenzprodukte).

- **Markt**
  Die Analyse des **Absatzmarktes** liefert Erkenntnisse über das Marktvolumen, Marktpotential, Marktwachstum, die Marktattraktivität, relative Marktanteile (unter Berücksichtigung des Produktlebenszyklus: Nachwuchs-, Star-, Cash- und Auslaufprodukte) usw.
  Die Analyse der **Beschaffungsmärkte** (wie Arbeitsmarkt, Kapitalmarkt, Investitionsgütermarkt, Märkte für Roh-, Hilfs- und Betriebsstoffe sowie Halb- und Fertigfabrikate) liefert Informationen über Preis- und Lieferbedingungen, Qualität der Beschaffungsgüter und deren Verfügbarkeit, Abhängigkeit von Lieferanten usw.

- **Technologien**
  Hier geht es um Verfahrens- und Produkttechnologien von Konkurrenten und Forschungsinstituten, Innovationspotential bei Produkt- und Prozesstechnologien usw.

- **Ökologie**
  In diesem Zusammenhang spielen vor allem die Raumplanung, der Natur- und Umweltschutz, Folgewirkungen hergestellter Güter, Umweltstandards in verschiedenen Ländern, ökologisch sinnvolle und kostensparende Produktionsverfahren usw. eine Rolle.

2.3.2.2. Unternehmensanalyse

Auf die Analyse und Prognose der externen Entwicklungstendenzen folgt nun die auf die interne Ressourcensituation gerichtete Unternehmensanalyse. Ihr Zweck ist die Ermittlung eines objektiven Bildes der Unternehmenssituation sowie die Feststellung der eigenen Stärken und Schwächen im Vergleich zu den wichtigsten Konkurrenten. Dabei geht es nicht nur um die Beurteilung der derzeitigen Lage, d.h.

darum, den Ist-Zustand der Unternehmung festzustellen und zu interpretieren, sondern auch um die Erweiterung der Ist-Analyse durch eine Prognose der künftigen
Entwicklung des Unternehmens *(vgl. Grof (2005), S. 6).*

Grundsätzlich sollten sämtliche Unternehmensaspekte in die Analyse einbezogen werden. Neben der allgemeinen Geschäftsentwicklung bedarf es auch einer Durchleuch-
tung der einzelnen strategischen (funktionalen) Geschäftseinheiten, weil diese einen
wesentlichen Beitrag zur Strategieumsetzung leisten *(vgl. Pümpin (1980), S. 20 f.):*

- **Allgemeine Unternehmensentwicklung**
  Umsatz, Cashflow, Gewinnentwicklung, Rentabilität, Standort usw.
- **Absatz**
  Marktleistung (Sortimentsbreite und -tiefe, Produktqualität, Serviceleistungen),
  Werbung (Werbekonzept, Werbeinvestitionen, Werbestil, Marketinginstru-
  mente, Messen), Verkauf (Verkaufskonzept, Intensität der Kundenbesuche),
  Vertrieb (Vertriebsorganisation, Filialen, Versandhandel), Preise und Konditio-
  nen (Rabattsystem, Zahlungskonditionen), Öffentlichkeitsarbeit (Artikel in Zeit-
  schriften).
- **Produktion**
  Produktionsprogramm, Produktionstechnologie (Zweckmäßigkeit der Anlagen,
  Automationsgrad, technischer Stand der Anlagen und Einrichtungen), Produkti-
  onskapazitäten, Produktivität, Produktionskosten, Flexibilität, Auslastungsgrad
  usw.
- **Forschung- und Entwicklung**
  Forschungsaktivitäten und -investitionen, Entwicklungsaktivitäten und -investi-
  tionen, Leistungsfähigkeit der Forschung und Entwicklung (Verfahrens-, Pro-
  dukt-, Softwareentwicklung), Forschungs- und Entwicklungs-Know-how, Pa-
  tente und Lizenzen.
- **Finanzen**
  Kapital- und Vermögensstruktur, finanzielle Reserven, Finanzierungspotential,
  Working Capital, Gewinn- und Liquiditätsentwicklung, Investitionstätigkeit
  usw.
- **Personal**
  Qualifikation und Erfahrung der Mitarbeiter, Mitarbeiterstand, Altersstruktur,
  Entlohnung, Sozialleistungen, Betriebsklima, Teamgeist.
- **Beschaffung**
  Beschaffungsprogramm (Materialarten und Rohstoffsortiment, make-or-buy),
  Lieferantenpolitik (Lieferantenstruktur, Lieferzeiten, Zuverlässigkeit), Einkaufs-
  und Lagerpolitik sowie Preispolitik (Mengenrabatt, Treuerabatt).
- **Management und Organisation**
  Stand der Planung und Kontrolle, Führungsstil (Kernkompetenzen der Füh-
  rungskräfte, Qualität des Managements), Zweckmäßigkeit der Organisations-
  struktur, Informationssystem, Image des Unternehmens.

2.3.2.3. Ziel- und Maßnahmenplanung

Unter Berücksichtigung der oben angeführten unternehmensexternen Chancen und Risiken sowie der unternehmensinternen Stärken und Schwächen kann sich ein Unternehmen positionieren und im Rahmen der strategischen Planung seine Ziele formulieren. Bei der Formulierung der strategischen Ziele wird die Unternehmensleitung vom **Controlling** unterstützt. Dieses beschafft Informationen über gesamtwirtschaftliche und branchenbezogene Entwicklungen (z.B. Inflation, Marktwachstum) sowie sonstige für die Zielfindung wichtige Daten (z.B. Tariferhöhungen). Diese Daten werden der strategischen Planung als Prämissen zugrunde gelegt *(vgl. Eisl et al. (2015), S. 39)*.

Strategische Ziele müssen **handlungswirksam** sein. Sie werden durch folgende Merkmale charakterisiert *(vgl. Kropfberger/Winterheller (2003), S. 67)*:

Merkmale	Frage	Beispiel (Umsatz)	Beispiel (Kosten)
Klarer Zielinhalt	**Was** soll erreicht werden?	Umsatzsteigerung	Kostensenkung
Zielausmaß	**Wie viel** soll erreicht werden?	um 20 %	um € 100.000,–
Zeitlicher Bezug	**Wann** soll Ziel erreicht werden?	innerhalb von fünf Jahren	im ersten Halbjahr
Räumlicher Bezug	**Wo** soll die Zielerreichung stattfinden?	in Oberösterreich	in Kostenstelle Fertigung
Zuständigkeit	**Wer** ist für die Zielerreichung verantwortlich?	Niederlassungsleiter	Kostenstellenleiter

Mit Hilfe **strategischer Maßnahmenpläne** sollen die gesetzten strategischen Ziele erreicht werden. Diese Maßnahmen beziehen sich sowohl auf das Gesamtunternehmen als auch auf einzelne strategische Geschäftseinheiten. Derartige Maßnahmenpläne sind nur dann erfolgswirksam, wenn sie *(vgl. Hinterhuber (1997), S. 249)*:

- die zur Zielerreichung erforderlichen Tätigkeiten in Teiloperationen zerlegen,
- die Reihenfolge der jeweiligen Teiloperationen bestimmen,
- den Teilplänen verantwortliche Leiter zuteilen,
- klare Termine und Ausführungszeiten je Teilplan festlegen,
- die Modalitäten zur Ausführung der Teiloperationen definieren und
- klare, begrenzte Budgets bzw. Ressourcen vorgeben.

2.3.3. Operative Ziel- und Maßnahmenplanung

Ausgangspunkt der **operativen Planung** (Zeithorizont: 1 Jahr) sind die im Rahmen der strategischen Planung fixierten Vorhaben des jeweiligen Unternehmens. Dementsprechend bildet die strategische Planung den Orientierungsrahmen der operativen Planung. Die operative Planung kann allerdings nicht unmittelbar aus der strategischen Planung abgeleitet werden, vielmehr geht man bei der konkreten Ausführung der strategischen Vorhaben in den einzelnen Teilbereichen eines Unternehmens von den vorhandenen Ressourcen und dem gegebenen Produktionsprogramm aus *(vgl. Wolf (2006), S. 58)*.

Gegenstand und Inhalt der operativen Planung sind *(vgl. Wala/Haslehner (2016), S. 251 f.)*:

(1) Operative Ziele der Unternehmenstätigkeit für den Planungszeitraum eines Jahres

Im Rahmen der operativen Planung werden Ziele vorgegeben und Prämissen festgelegt, wie das strategische Oberziel (z.B. eine Gewinnsteigerung von 20 %) erreicht werden kann. Dabei wird in Form einer Zielhierarchie das angestrebte Oberziel in Unterziele aufgespalten. Damit eine Umsetzung dieser Ziele möglich ist, müssen sie an organisatorische Einheiten anknüpfen, damit jede Stelle des Unternehmens weiß, wie sie zur Erfüllung des Oberziels beitragen kann.

Es werden grundsätzlich nur solche Ziele festgelegt, die konkret messbar sind, wie:

- Umsatz von 1 Million Euro (Vorgabe an Verkaufsleiter)
- variable Stückherstellkosten von € 5,– (Vorgabe an den Produktionsleiter) oder
- zur Erreichung des langfristigen Erfolgszieles eine Kapitalrendite von 8 %.

(2) Festlegung der für die Zielerreichung erforderlichen Maßnahmen

Als Nächstes werden Maßnahmen festgelegt (z.B. Werbekampagnen, Einstellung von Mitarbeitern), die zur Zielerreichung erforderlich sind und es wird ein Maßnahmenkatalog erstellt. Diese Maßnahmen sind bezüglich ihres Erfolges und der Liquidität zu bewerten. Die mit den einzelnen Maßnahmen verbundenen Kosten, Erlöse und Finanzen ergeben in ihrer Zusammenfassung das Budget.

2.3.3.1. Vorgehensweise im Rahmen der operativen Planung

Zunächst werden für alle nachgeordneten Unternehmensbereiche auf Basis von gegebenen Potentialen Teilpläne (= Teilbudgets) erstellt. Diese werden anschließend zu einem Gesamtplan und in der Folge zum Gesamtbudget zusammengefügt.

- Die operative Planung beginnt, wie Abbildung 5 zeigt, mit der Planung des **Absatzprogrammes**. Dabei werden die für die Planperiode zu erwarteten Absatzzahlen und Absatzpreise für die Leistungen des Unternehmens festgelegt. Der Absatzplan (in der Regel für ein Jahr erstellt) wird sowohl durch die allgemein gültige Unternehmenspolitik als auch durch die Absatzstrategie (wie Auswahl der Teilmärkte, außen- und binnenwirtschaftliche Entwicklungen usw.) beeinflusst *(vgl. Höfler et al. (2015), S. 104 f.).*

Zunächst plant jeder Verkäufer (= Verantwortliche) seine Märkte auf Artikelebene (für alle Produkte). Die jeweilige Planung beruht auf künftigen Absatzprognosen, Marktforschungsdaten sowie Vergangenheitswerten (z.B. Verkaufsstatistiken aus dem Vorjahr). Unter Berücksichtigung all dieser Informationen legt jeder Verkäufer für sein Absatzgebiet fest, welche Produkte in welchen Mengen verkauft werden sollen.

Im Anschluss daran werden **Maßnahmen** bzw. Verkaufsstrategien festgelegt, wie man die individuellen Absatzprogramme erfüllen kann, d.h., es müssen auch die vom Unternehmen angebotenen Vertriebshilfen geplant werden. Diesbezügliche Maßnahmen wären Werbung, Serviceleistungen, Werbegeschenke (z.B. bei Abnahme von zehn Stück gibt es ein Stück gratis), Aktionen, Mengen- und Treuerabatte usw.

- Das Ergebnis der Absatzplanung bildet die Grundlage für die **Produktionsprogrammplanung**. Unter Berücksichtigung von geplanten Lagerbestandsveränderungen (Lageraufbau oder Lagerabbau) und unter Einbeziehung wichtiger Veränderungen in der Produktion (z.B. Anlagenautomatisierung, Änderung der Produktionsabläufe) wird aus dem Absatzplan der Produktionsprogrammplan abgeleitet. Für die im Produktionsbudget festgelegten Mengen müssen nun die für die Herstellung erforderlichen Ressourcen und die mit ihrem Verbrauch verbunden Kosten ermittelt werden *(vgl. Höfler et al. (2015), S. 105).*

  Im Rahmen der **Maßnahmenplanung** sollte unter anderem darauf geachtet werden, dass die Maschinen möglichst wenig Leerlauf haben (optimale Auslastung), ausreichend Personal vorhanden ist, es keine Stehzeiten gibt usw.

- Aus dem Produktionsplan leitet sich der **Beschaffungsplan** ab. Erst wenn man weiß, was produziert werden soll, können entsprechende Produktionsfaktoren, wie Personal, Roh-, Hilfs- und Betriebsstoffe, Zulieferteile, erforderliche Fremdleistungen, Investitionen usw. geplant und beschafft werden. Zur Beschaffungsplanung zählen:

– **Materialplanung:**	Ihre Aufgabe ist die Ermittlung des Materialbedarfs. Wann braucht man welche Materialien in welchen Mengen? Welche Auswirkungen hat dies auf die Kosten?
– **Personalplanung:**	Ihre Aufgabe ist die Planung des Personalbedarfs und der Personalkosten. Wann braucht man wie viele Mitarbeiter mit welchen Qualifikationen, in welchen Kostenstellen, für welchen Zeitraum?
– **Investitionsplanung:**	Sie erfolgt in enger Abstimmung mit der Absatzplanung, der Produktionsplanung, der Beschaffungsplanung und vor allem mit der Finanzplanung.

Letztendlich finden diese Teilpläne ihren Niederschlag in der **Erfolgs-** und **Finanzplanung**. Alle Teilpläne aus der Absatz-, Produktions-, Material- und Personalplanung münden im **Leistungsbudget** bzw. der **Plan-GuV**, mit deren Hilfe der voraussichtliche Betriebserfolg bzw. Unternehmenserfolg ermittelt werden kann. Die Absatz-, Produktions- sowie Beschaffungspläne erfassen primär die materielle Seite der Unternehmensplanung. Damit diese materielle Seite auch in Geldeinheiten zum Ausdruck kommt, bedarf es einer wertmäßigen bzw. finanziellen Planung. Diese erfolgt in der **Finanzplanung**, deren Aufgabe es ist, die zahlungswirksamen Daten aus den vorgelagerten Planungsstufen zusammenzufassen *(vgl. Höfler et al. (2015), S. 105 f.).*

2.3.3.2. Probleme bei der strategischen und operativen Planung

Ein gut funktionierendes Zusammenspiel von operativer und strategischer Planung ist eine zentrale Anforderung an eine effiziente Unternehmensplanung. In der Praxis ergeben sich allerdings häufig Probleme bei der Umsetzung der Strategie in die operative Planung. Oft finden sich die im Rahmen der strategischen Planung formulierten, langfristig orientierten Ziele nicht in der operativen Planung wieder und es werden auch keine konkreten Maßnahmen zur Umsetzung von Strategien definiert *(vgl. Johanning et al. (2010), S. 22).*

Darüber hinaus können sich Schnittstellenprobleme der unterschiedlichen organisatorischen Ebenen ergeben, was darauf zurückzuführen ist, dass Planungen von mehreren Personen zu verschiedenen Zeiten und auf Basis unterschiedlicher Informationen durchgeführt werden *(vgl. Wolf (2006), S. 42).* Ein weiteres Defizit ist auch in der mangelnden Akzeptanz der Planung zu sehen, d.h., die vom strategischen Management formulierten Vorgaben werden von den Planverantwortlichen auf der operativen Ebene als nicht verbindlich angesehen *(vgl. Wolf (2006), S. 42).*

Einen richtungsweisenden Ansatz zur Lösung all dieser Problemstellungen bietet die **Integrierte Unternehmensplanung** *(vgl. Johanning et al. (2010), S. 22).* Ausführliche Informationen dazu finden Sie im Kapitel 2 zur Integrierten Planungsrechnung (bzw. Integriertes Unternehmensbudget).

3. Budgetierung

3.1. Begriffsabgrenzung

3.1.1. Budget

In der Unternehmenspraxis wird die operative Planung über die Erarbeitung, Abstimmung sowie die verbindliche Vorgabe von Budgets abgewickelt. Im Rahmen einer kooperativen Unternehmensführung bildet das Budget die Grundlage für die Delegation von Aufgaben und Verantwortung *(vgl. Pölzl/Leopold (2010), S. 8)*. Bezüglich des Begriffes **Budget** gibt es in der Literatur unterschiedliche Definitionen. *Horváth (2009, S. 231)* beispielsweise definiert Budget folgendermaßen:

> Ein Budget ist ein **formalzielorientierter,** in wertmäßigen Größen formulierter Plan, der einer **Entscheidungseinheit** für eine bestimmte Zeitperiode mit einem bestimmten **Verbindlichkeitsgrad** vorgegeben wird.

Diese Definition zeigt die **Merkmale,** die das Budget kennzeichnen *(vgl. Pfaff (2006), S. 1036)*:

- Budgets **enthalten Zielgrößen,** die normalerweise auch zur Beurteilung der Budgetverantwortlichen eingesetzt werden. Das Budget ergibt sich als Ergebnis einer formalzielorientierten Planung. Formalziele sind beispielsweise Liquidität, Erfolg und Rentabilität.
- Budgetvorgaben sind **bereichs- oder projektbezogen.** Entscheidungseinheiten sind beispielsweise Kostenstellen, Projekte und Bereiche. Es obliegt der Kompetenz der Budgetverantwortlichen (z.B. Kostenstellenleiter), wie ein Budget einzuhalten ist.
- Sie haben **Vorgabecharakter.** Definierte Größen müssen mit einem bestimmten Verbindlichkeitsgrad eingehalten werden. Entscheidungseinheiten sind für die Einhaltung verantwortlich.
- Budgets sind **planungsorientiert.** Sie basieren auf Zukunftswissen und werden unter Zugrundelegung einer Vielzahl von Annahmen, wie etwa Produktpreisen, Absatzmengen und Faktorpreisen, entwickelt.

> Zusammenfassend kann gesagt werden: Das **Budget** ist ein primär am **Erfolgsziel** (z.B. angestrebter Gewinn oder einzuhaltende Kostensumme) ausgerichteter Plan, der einem **Verantwortungsbereich** im Unternehmen bzw. einzelnen Ausführungsverantwortlichen (z.B. Produktionskostenstellenleiter) für eine bestimmte **Zeitperiode** (im Normalfall ein Jahr) vorgegeben wird und an den der jeweils Verantwortliche gebunden ist *(vgl. Wala/Haslehner (2016), S. 241)*.

In der Praxis wird das Budget durch die strategische Langfristplanung bestimmt und kann sich infolgedessen auch nur innerhalb des von der strategischen Planung vorgegebenen Rahmens bewegen *(vgl. Egger/Winterheller (2007), S. 59)*. Das Budget ist der Ausdruck gemeinsamer Anstrengungen von *(vgl. Pölzl/Leopold (2010), S. 8)*:

- Controller in seiner Methodenverantwortung,
- Manager in seiner Fachverantwortung und
- den für die operativen Einheiten (Kostenstellen) verantwortlichen Führungskräften.

Im Rahmen der Budgetierung sind Ziele, Maßnahmen und Ressourcenbedarf in Einklang zu bringen. Dementsprechend besteht ein Budget aus folgenden **Planungsobjekten** *(vgl. Eisl et al. (2015), S. 37 f.)*:

- **Finanziellen Zielen** (Umsatz, Kosten Gewinn usw.)
  - für alle Entscheidungsträger für das nächste Geschäftsjahr
  - aufgegliedert nach Monaten oder Quartalen
  - differenziert nach Verantwortlichkeiten (Kostenstellen, Projekte usw.)
- zur Zielerreichung vorgesehenen **Maßnahmen,**
- zur Umsetzung der Maßnahmen erforderlichen **Ressourcen.**

Budgets stellen insbesondere in Großunternehmen ein wichtiges Koordinations- und Steuerungsinstrument zur Integration der einzelnen Teilbereiche des Unternehmens zu einem Gesamtplan dar. Aus der Sicht der Unternehmensführung bringen Budgets folgende **Vorteile** mit sich *(vgl. Egger/Winterheller (2007), S. 49 f.)*:

- **Soll-Ist-Vergleich**
  Dieser lässt Mängel im Arbeitsprozess erkennen und zeigt auf, ob vorgegebene Budgets über- oder unterschritten wurden, und ermöglicht in der Folge eine sachzielbezogene Auseinandersetzung.
- **Zwang zur Abstimmung**
  Die Erarbeitung von Budgets zwingt einerseits zur Abstimmung der Pläne zwischen den Unternehmensbereichen Absatz, Produktion und Beschaffung, andererseits zur Koordination des gleichgelagerten erfolgswirtschaftlichen Leistungsbudgets und des finanzwirtschaftlichen Finanzplans und der Planbilanz.
- **Moderne Unternehmensführung**
  Sie ermöglicht die Einbeziehung der Mitarbeiter bei der Budgeterstellung, da niemand besser weiß, wie etwas funktioniert, als jener Mitarbeiter, der die betreffende Tätigkeit täglich verrichtet.

3.1.2. Budgetierung

Die Budgetierung ist das Kernstück der operativen Planung und gehört zu den wichtigsten Instrumenten der Steuerung von Organisationen *(vgl. Pfaff (2006), S. 1035 f.)*. Sie ist der zahlenmäßige Ausdruck unternehmerischer Pläne und somit der eigentlichen Planung nachgelagert.

> **Budgetierung** ist im Wesentlichen die **Planung** und
> das **Budget** das **Ergebnis dieser Planung**.

Mit Hilfe der Budgetierung können die aufgrund von Maßnahmen sich ergebenden finanziellen Auswirkungen für alle Unternehmensbereiche transparent gemacht werden. Darüber hinaus ist die Budgetierung am Erfolgsziel ausgerichtet und es können auch Aussagen über den künftigen Finanzmittelbedarf abgeleitet werden *(vgl. Wala/Haslehner (2016), S. 241 ff.)*. Welche **Anforderungen** die Budgetierung im Detail zu erfüllen hat, ist nachfolgend punktuell aufgelistet *(vgl. Pölzl/Leopold (2010), S. 18; Wolf (2006), S. 65 f.)*:

- Budgetwerte müssen herausfordernd, aber auch realistisch erreichbar sein.
- Die Budgetierung soll nicht in Widerspruch zu der strategischen Planung stehen.
- Für jeden Verantwortungsbereich darf jeweils nur ein Budget erstellt werden.
- Ziel ist die Budgeterreichung und nicht die günstigste Abweichung von den Budgetzahlen.
- Es muss gewährleistet sein, dass die Budgetverantwortlichen an der Erarbeitung ihrer Budgets beteiligt sind.

Die Budgetierung beinhaltet den gesamten **Budgetierungsprozess**, d.h. die Aufstellung, Abstimmung und Festlegung von Budgets für eine bestimmte Planungsperiode. Bezüglich der Reichweite der Budgetierung gibt es allerdings unterschiedliche Auffassungen *(vgl. Pfaff (2006), S. 1036)*. Manche Autoren begrenzen Budgetierung auf die Phasen der Budgetvorbereitung, Budgeterstellung und Budgetgenehmigung (= **Budgetierung i.e.S.**). Andere hingegen beziehen auch die Budgetkontrolle und Abweichungsanalyse mit ein (= **Budgetierung i.w.S.**). Ausführliche Informationen dazu finden Sie unter Kapitel 1, Punkt 3.5. (Budgetierungsprozess).

3.2. Budgetierungsaufgaben

Aufgrund der Vielfalt der wahrzunehmenden Budgetierungsaufgaben empfiehlt sich eine Differenzierung nach dem Kriterium der Aufgabenverrichtung in *(vgl. Dambrowski (1986), S. 48 ff.)*:

(1) Materielle Aufgaben

Dieser Aufgabenbereich umfasst sämtliche Aktivitäten des mittleren Managements im Zusammenhang mit der inhaltlichen Planung und Kontrolle von Budgets, wie die Budgeterstellung, die Budgetgenehmigung und die Budgetkontrolle. Im Einzelnen zählen dazu folgende Tätigkeiten:

- **Beschaffung** und **Auswertung von Informationen**
- Erstellung von **Lage- und Wirkungsprognosen**
- Testen und Bewerten von **Budgetalternativen** (z.B. Best-case- und Worst-case-Szenarien testen)

- **Budgetgenehmigung**
- Durchführung der **Budgetkontrolle**
- Ermittlung von **Budgetabweichungen**

Durch den Vergleich der Ist-Daten mit den geplanten Soll-Daten werden Abweichungen ermittelt, kommentiert und auch konkrete Handlungsvorschläge unterbreitet.

Diese materiellen Budgetierungsaufgaben werden von den Bereichsleitern (Absatz, Produktion, Einkauf usw.), die operative Führungsfunktionen haben und nicht der obersten Unternehmensleitung angehören, erfüllt. Durch die Beteiligung der Planenden der unterschiedlichen Teilbereiche an der Budgetierung wird ihr Fachwissen vor Ort optimal genutzt und darüber hinaus die Akzeptanz der Budgetwerte sowie die Motivation der Beteiligten erhöht.

Die nachfolgend angeführten **Serviceaufgaben** und **formalen Aufgaben** werden unter anderem vom Rechnungswesen, der Unternehmensplanung und der jeweiligen Budgetierungsabteilung eines Unternehmens wahrgenommen. Eine zentrale Rolle bei der Erfüllung dieser Aufgaben spielt das **Controlling**. Die Rolle des Controllers hängt von den unternehmensspezifischen Gegebenheiten ab. In jedem Fall ist es die Aufgabe des Controllings, für einen optimalen betrieblichen, organisatorischen und zeitlichen Planungsablauf zu sorgen und den Budgetierungsprozess technisch zu unterstützen *(vgl. Pölzl/Leopold (2010), S. 16)*.

(2) Serviceaufgaben

Zu den Serviceaufgaben zählen all jene, die die inhaltliche Planung unterstützen. In diesem Zusammenhang nimmt das Controlling unter anderem vorbereitende Aufgaben wahr, wie etwa die Aufstellung von Planungsprämissen (z.B. zu verwendende Wechselkurse, zugrunde gelegtes Wirtschaftswachstum). Es versorgt auch das Management mit Informationen im Rahmen der Planaufstellung. Das Controlling ist aber auch für die laufende Betreuung des Budgetierungssystems sowie die Analyse und Interpretation von Budgets zuständig.

Serviceaufgaben beeinflussen die Budgetinhalte nur indirekt. Konkret werden in diesem Zusammenhang folgende Aufgaben durch das Controlling unterstützt bzw. wahrgenommen *(vgl. Wala/Haslehner (2016), S. 246 f.)*:

- **Beschaffung** und **Auswertung von Informationen** der verschiedenen Teilbereiche
- Erstellung von **Lage- und Wirkungsprognosen**
- Sammlung und Abstimmung der **Budgetentwürfe**
  Zentrale Bedeutung kommt dem Controlling bei der Abstimmung der Teilpläne zu.
- **Koordination der Teilbudgets** und **Budgetkonsolidierung**
  Das Controlling muss zunächst die Stimmigkeit der einzelnen Pläne untereinander durch **Plausibilitätsprüfungen** sichern und schließlich die Budgets aller Unternehmensbereiche zu einem Gesamtbudget zusammenfassen (Budgetkonsolidierung). Der Controller ist dem Management gegenüber verantwortlich, dass zu

einem festgesetzten Termin ein abgestimmter Gesamtplan für das Unternehmen vorliegt.

- Analyse und Interpretation der **Budgetabweichungen**
Diese Aufgabe erfolgt in der Praxis meist mit Unterstützung der Planenden. Der Controller stellt einerseits die erforderlichen Informationen für den Soll-Ist-Vergleich bereit und muss andererseits die Budgetabweichungen analysieren und interpretieren.

- Erstellung von **Budgetberichten**

  - **Quartalsberichte:** dienen in erster Linie zur Information des Aufsichtsrates sowie der Aktionäre und enthalten einen relativ ausführlichen Kommentar zur Geschäftsentwicklung

  - **Monatsberichte:** beinhalten detailliertere Zahlenwerte. In diesem Zusammenhang sind auch Berichtszeitpunkte festzulegen (z.B. Abgabe der Monatsberichte bis spätestens zum 15. des Folgemonats).

- Bereitstellung von **Methoden und Modellen** im Budgetierungsprozess
Das Controlling stellt auch Methoden und Modelle zur Budgetplanung und Budgetkontrolle (Planungsinstrumente, wie z.B. SAP, Excel) einschließlich des Aufbaus, des Betriebs und der Wartung von Budgetdatenbanken zur Verfügung.

(3) Formale Aufgaben

Die formalen Aufgaben beinhalten zum einen die Festlegung formaler Regelungen zur Steuerung des Budgetierungsprozesses und zum anderen die formale Ausgestaltung der Planungs- und Kontrollunterlagen. Im Einzelnen zählen dazu folgende Tätigkeiten:

- **Aufbau** und **Weiterentwicklung** des **Budgetierungssystems**
In diesem Zusammenhang geht es insbesondere um die Evaluierung der eigenen Arbeit. Was kann beim Budgetierungsprozess verbessert werden (z.B. bei formalen Dingen)?

- **Erstellung** von verbindlichen **Richtlinien** und **Formularen** zur Budgetierung
Um eine formal einheitliche Planung zu gewährleisten, entwirft das Controlling Planungsformulare (Rechenschemata) und gegebenenfalls eine spezielle Planungssoftware. Darüber hinaus werden auch Bewertungsvorschriften und Abläufe vorgegeben, damit alle Beteiligten (Kostenstellen, Projekte usw.) in gleicher Weise planen können.

- Festlegung von **Verfahren zur Budgetplanung und -kontrolle**
Dabei geht es um den Entwurf und die Auswahl eines adäquaten Budgetierungsverfahrens (z.B. Gegenstromverfahren).

- **Steuerung des Budgetierungsprozesses**
Der laufende Budgetierungsprozess bedarf einer Steuerung bezüglich Terminen, Verantwortungsträgern (z.B. welche Manager Budgets aufstellen, genehmigen

und kontrollieren) sowie der erwarteten Ergebnisse. In diesem Zusammenhang wird vom Controlling ein sogenannter **Budgetierungsfahrplan** aufgestellt. Darin wird die zeitliche Reihenfolge, in der die verschiedenen Teilbereiche ihre Planzahlen abzuliefern haben, festgelegt (z.B. Erstellung des Absatzplanes im Mai, Erstellung des Produktionsplanes im Juni und Budgetzusammenfassung im Oktober).

3.3. Funktionen der Budgetierung

In der Unternehmenspraxis erfüllt die Budgetierung eine Vielzahl von Funktionen. Im Folgenden werden die Hauptfunktionen näher erläutert:

(1) Koordinationsfunktion

Im Rahmen der Koordinationsfunktion soll die Budgetierung helfen, die Zusammenarbeit einzelner Teilbereiche des Unternehmens zu unterstützen. In diesem Zusammenhang sollen die Entscheidungen einzelner Teilbereiche so koordiniert werden, dass sie am Gesamtziel des Unternehmens ausgerichtet sind und Bereichsegoismen in dezentralen Einheiten vermieden werden *(vgl. Nevries et al. (2009), S. 238)*. Dies bedeutet, in der „Budgetierung werden Ziele (Unternehmensziele, Bereichsziele, Ziele der Mitarbeiter), Maßnahmen und eingesetzte Ressourcen aufeinander abgestimmt und zu einem Gesamtoptimum kombiniert" *(Eisl et al. (2015), S. 38)*.

Um dies zu erreichen, bedarf es einer horizontalen und vertikalen Abstimmung innerhalb und zwischen allen Organisationseinheiten. Während unter **vertikaler Koordination** die Abstimmung von Teilplänen mit dem Gesamtziel des Unternehmens verstanden wird, meint die **horizontale Koordination** eine Koordination der Teilpläne von einzelnen Unternehmensbereichen untereinander *(vgl. Friedl (2003), S. 280)*. Durch diese Maßnahmen wird sichergestellt, dass verschiedene Unternehmensbereiche gleiche Zielsetzungen verfolgen und Problembereiche bereits in der Planungsphase identifiziert werden *(vgl. Wala/Haslehner (2016), S. 245)*.

(2) Motivationsfunktion

Der Motivationsaspekt kann so erklärt werden, dass den einzelnen Bereichen Mittel zur Verfügung stehen und die Bereichsleiter bzw. Mitarbeiter selbst entscheiden können, wie sie diese Mittel einsetzen, um vorgegebene Ziele zu erreichen. Dies fördert sowohl die Eigeninitiative als auch das Verantwortungsbewusstsein und erhöht in der Folge die Motivation. Im Vordergrund steht also die Einbeziehung der verantwortlichen Führungskräften und Mitarbeiter in den Planungsprozess *(vgl. Höfler et al. (2015), S. 103)*.

Dabei ist entscheidend, dass die vorgegebenen Ziele mit den zur Verfügung stehenden Mitteln erreicht werden können *(vgl. Wala/Haslehner (2016), S. 245)*. Durch die Vorgabe von Budgetzielen und die Messung ihrer Erreichung kann die Leistung von Arbeitnehmern festgestellt werden. Erreichte Budgetziele werden in der Praxis oft zur Leistungsbeurteilung der Mitarbeiter herangezogen und stellen die Basis für variable Bestandteile von Vergütungen dar *(vgl. Schentler et al. (2010), S. 7)*. Bei der Zielfestlegung ist insbesondere darauf zu achten, dass diese bei der dezentralen Planung nicht zu niedrig angesetzt werden, um dadurch höhere Bonuszahlungen zu sichern *(vgl. Nevries et al. (2008), S. 74)*.

(3) Prognosefunktion

Sie zielt auf eine möglichst präzise Darstellung der erwarteten zukünftigen Entwicklungen ab, mit dem Ziel, eine möglichst genaue Übereinstimmung von Plan- und Ist-Werten zu erreichen *(vgl. Nevries et al. (2009), S. 238)*. Damit die Budgetierung die Prognosefunktion erfüllen kann, müssen somit zukünftige unternehmensinterne und -externe Entwicklungen und deren Auswirkungen möglichst genau vorhergesagt und berücksichtigt werden *(vgl. Wala/Haslehner (2016), S. 244)*. Auf dieser Basis werden einerseits Daten für zukünftige Entscheidungen aufbereitet und andererseits kann das Unternehmen auf eventuelle Planabweichungen rechtzeitig reagieren *(vgl. Nevries et al. (2008), S. 74)*.

(4) Kontrollfunktion

Unter Kontrollfunktion wird das Generieren von Maßstäben zur Leistungsmessung und die Ergebniskontrolle verstanden. Da Budgets Maßstäbe zur Leistungsbeurteilung setzen, können durch den Vergleich sogenannter Soll-Budgets (Planwerte für die kommende Periode) mit Ist-Budgets (tatsächlich ermittelte Werte der Periode) Abweichungen festgestellt und Abweichungsanalysen durchgeführt werden. Dies erlaubt das rechtzeitige Einleiten von Maßnahmen zur Anpassung der Soll- an die Ist-Werte *(vgl. Wala/Haslehner (2016), S. 244)*.

(5) Kommunikationsfunktion

Die Kommunikationsfunktion erfordert im Rahmen der Budgeterstellung einen strukturierten Informationsaustausch zwischen über- und nachgeordneten Entscheidungsträgern. Das besagt, dass aufgrund der Ausrichtung der einzelnen Unternehmensbereiche am Gesamtziel dieses klar vom Management an die Bereichsleiter bzw. Mitarbeiter Mitarbeiter (vertikaler Informationsfluss) kommuniziert werden muss *(vgl. Höfler et al. (2015), S. 102)*. Diese Funktion wird auch als **Orientierungsfunktion** bezeichnet *(vgl. Pfaff (2006), S. 1036)*. Aufgrund der horizontalen Koordinationsfunktion ergibt sich die Notwendigkeit des horizontalen Informationsaustausches (Kommunikation zwischen den einzelnen Bereichsleitern).

(6) Bewilligungsfunktion

Durch die Erstellung und Genehmigung von Budgets werden einzelnen Unternehmensbereichen finanzielle Mittel zugewiesen. Die jeweiligen Entscheidungsträger können nun diese Mittel nach freiem Ermessen für ihre Aktivitäten bzw. zur Erfüllung der Aufgaben verwenden *(vgl. Wala/Haslehner (2016), S. 245)*.

(7) Planungsfunktion

Da Budgets erstellt werden, um übergeordnete Pläne, d.h. strategische Ziele zu erreichen, müssen im Rahmen der Budgetierung diese strategischen Ziele operationalisiert werden *(vgl. Friedl (2003), S. 280).*

(8) Rationalitätssicherung

Die Budgetierung sichert die Rationalität der Unternehmensführung. Durch Budgets werden finanzielle Auswirkungen von konkreten Maßnahmen aufgezeigt. Diese Tatsache führt dazu, dass reine „Bauchentscheidungen" der Unternehmensführung vermieden und Entscheidungen nach rationalen Gesichtspunkten getroffen werden *(vgl. Eisl et al. (2008), S. 778).*

(9) Allokationsfunktion

Durch die Budgetierung werden die finanziellen, aber auch die nicht finanziellen Ressourcen eines Unternehmens auf die einzelnen Bereiche verteilt *(vgl. Küpper (2008), S. 361).*

3.4. Budgetierungsverfahren

Neben den gerade beschriebenen Funktionen spielt bei der Budgetierung auch die Planungsausrichtung eine wichtige Rolle. Sie legt die eigenständigen Entscheidungsspielräume für die dezentralen Einheiten fest. Bei der Erstellung des Budgets sind grundsätzlich alle Hierarchieebenen des Unternehmens beteiligt, um möglichst sicherzustellen, dass alle im Unternehmen vorhandenen Informationen zur Budgeterstellung genützt werden. In Abhängigkeit vom Partizipationsgrad der einzelnen operativen Einheiten und vom Weg, den das Budget durch das Unternehmen nimmt, lassen sich drei Verfahren der Budgetierung unterscheiden:

3.4.1. Retrograde Budgetierung (Top-down-Verfahren)

Beim Top-down-Ansatz werden Pläne zentral erstellt und anschließend auf die jeweiligen Unternehmensbereiche heruntergebrochen. Die retrograde Budgetierung beginnt somit bei der Unternehmensspitze. Diese gibt die strategischen Ziele des Unternehmens, das Gesamtbudget sowie Sollgrößen (wie beispielsweise den Gewinn) vor. Die nachgelagerten Hierarchieebenen (z.B. Bereichsleiter und Abteilungsleiter) haben dann die Aufgabe, Detailpläne und Detailbudgets zu erstellen, die das Gesamtbudget konkretisieren und zur Erreichung des Gesamtzieles der Unternehmung beitragen. Die Planung des Budgets erfolgt nach diesem Verfahren von oben (von der Unternehmensleitung) nach unten (zu den einzelnen Abteilungen) *(vgl. Ossadnik/Barkalge (2006), S. 1048).*

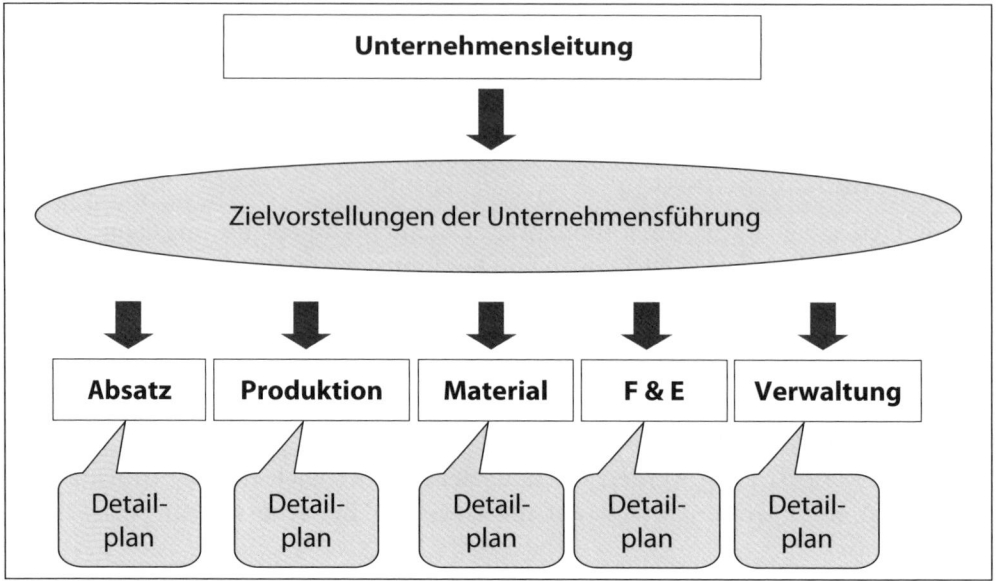

Abbildung 7: Planung mit dem Top-down-Verfahren

Angewendet wird dieses Verfahren vor allem in Klein- und Mittelbetrieben, wo die Eigentümer ihrem Führungsanspruch auch in Budgetform Ausdruck verleihen, indem sie, zusammen mit dem Finanzleiter, das Budget erstellen und die nachgeordneten Führungskräfte nur darüber in Kenntnis setzen. Diesen obliegt es dann, den Willen der Unternehmensleitung in Zielsetzungen der eigenen Ebenen zu übersetzen *(vgl. Eisl et al. (2015), S. 85)*.

Vorteile:

Die Vorteilhaftigkeit dieses Verfahrens begründet sich in der Effizienz, welche sich einerseits in der kürzeren Planungsdauer auf Grund des geringeren Zeitaufwandes äußert, andererseits in den dadurch gering gehaltenen Kosten der Budgetierung *(vgl. Eisl et al. (2015), S. 85)*. Als weiterer Vorteil der Top-down-Planung wäre die Sicherstellung der Ausrichtung der einzelnen Hierarchieebenen auf das Gesamtziel der Unternehmung zu nennen.

Nachteile:

Auf Grund des Vorgabecharakters des Budgets kann es bei Anwendung dieses Verfahrens zu einer geringeren Akzeptanz hinsichtlich der Zielvorgaben kommen *(vgl. Eisl et al. (2015), S. 85)*. Die fehlende Partizipation der Mitarbeiter führt oft dazu, dass sich diese übergangen fühlen, was sich wiederum negativ auf die Motivation auswirken kann. Außerdem bleiben Informationen, über welche die Mitarbeiter und Führungskräfte von untergeordneten Abteilungen verfügen, ungenützt *(vgl. Pfaff (2006), S. 1039)*.

3.4.2. Progressive Budgetierung (Bottom-up-Verfahren)

Bei der progressiven Budgetierung erfolgt die Planung dezentral, von unten nach oben. Grundlage der Budgetierung sind bei diesem Verfahren die Ziele und Maßnahmen, die von den Budgetverantwortlichen der jeweiligen Unternehmensbereiche entwickelt werden. Hier erstellen die Planenden (Abteilungsleiter, Bereichsleiter) der nachgeordneten Ebenen zunächst ihre Teilbudgets, die dann im nächsten Schritt zu einem Gesamtunternehmensbudget zusammengefasst werden.

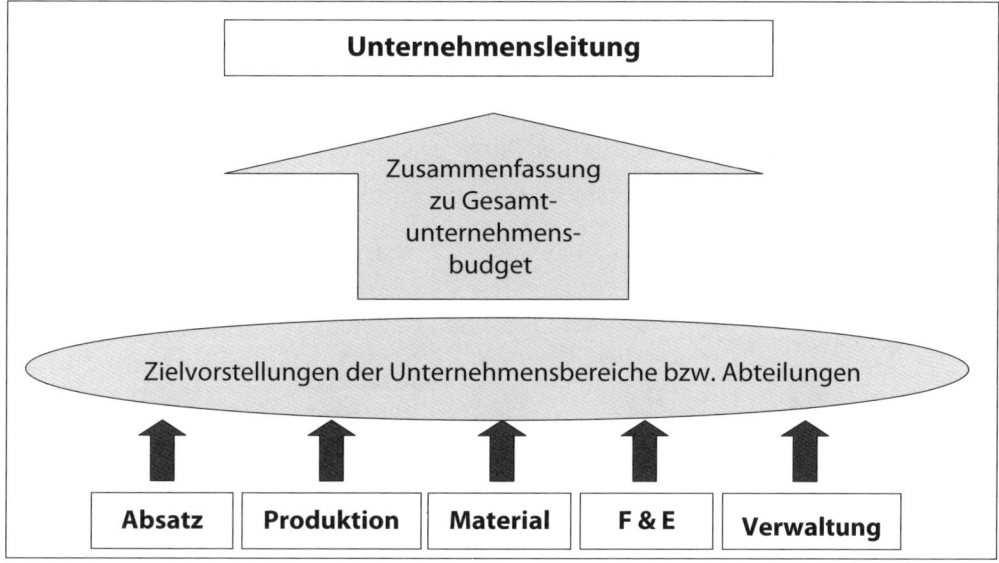

Abbildung 8: Planung mit dem Bottom-up-Verfahren

Ausgangspunkt für die progressive Budgetierung ist der betriebliche Bereich, der den Engpass bildet, also der Absatzbereich. Auf diesen beziehen sich dann die Mengen-, Erlös- und Kostenplanungen des Produktionsbudgets, des Materialbeschaffungsbudgets usw. Die in den untersten Ebenen des Unternehmens von den jeweiligen Kostenstellenverantwortlichen erstellten Budgets werden von den nächst höheren Ebenen aggregiert und in der Folge wieder an die übergeordneten Ebenen übermittelt. Dieser Prozess wiederholt sich, bis die Unternehmensleitung durch die Unterstützung der Controlling-Abteilung das Gesamtbudget ableiten kann (*vgl. Friedl (2003), S. 294*).

Vorteile:

Als vorteilhaft bei diesem Verfahren erweisen sich die Berücksichtigung des Detailwissens der einzelnen operativen Einheiten (*vgl. Ossadnik/Barkalge (2006), S. 1048*) sowie der maximale Partizipationsgrad. Dieser bewirkt nicht nur eine hohe Motivation der Mitarbeiter, die selbst an der Budgeterstellung beteiligt sind und sich infolgedessen damit identifizieren, sondern man erreicht dadurch auch eine höhere Akzeptanz der Ziele der einzelnen Unternehmensbereiche (*vgl. Pfaff (2006), S. 1039*).

Nachteile:

Bei Anwendung dieses Verfahrens besteht die Gefahr, dass das Gesamtziel des Unternehmens vernachlässigt werden könnte, da jede Abteilung versucht, die eigenen Ziele umzusetzen. Darüber hinaus ist die Anpassung der erstellten Teilbudgets an die Erwartungen der Unternehmensleitung sehr zeitaufwendig und auch mit hohen Kosten verbunden *(vgl. Eisl et al. (2015), S. 85)*.

3.4.3. Gegenstromverfahren (Iteratives Verfahren)

Das Gegenstromverfahren ist das in der Praxis dominierende Budgetierungsverfahren. Es kombiniert die Top-down-Planung mit der Bottom-up-Planung. Dabei werden die Vorteile der beiden Planungsvarianten positiv genützt und ihre Nachteile weitestgehend eliminiert *(vgl. Ossadnik/Barkalge (2006), S. 1048 f.)*.

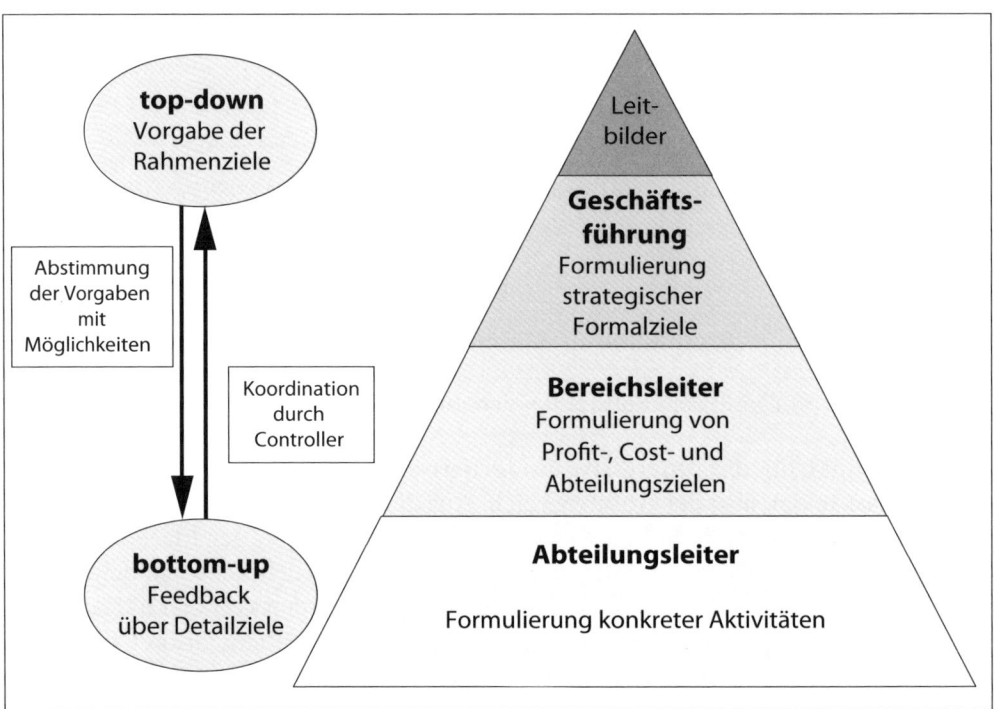

Abbildung 9: Planung mit dem Gegenstromverfahren *(in Anlehnung an: Eisl et al. (2015), S. 86)*

3.4.3.1. Vorgehensweise im Rahmen des Gegenstromverfahrens

Beim Gegenstromverfahren beginnt der Planungsprozess mit der Vorgabe von strategischen Leitlinien sowie Formalzielen (z.B. einer bestimmten Unternehmensrendite) seitens der Unternehmensleitung, welche an die untergeordneten Einheiten kommuniziert werden **(Top-down-Aspekt)**. Diese dezentralen Entscheidungsebenen (Budgetverantwortliche) haben nun die Aufgabe, aufgrund ihrer Erfahrungen und ihres Detailwissens „vor Ort" diese vorgegebenen Rahmenziele durch Detailpläne bis zur letzten Planungsebene zu konkretisieren. Anschließend werden diese wieder nach „oben" kommuniziert (progressiver Rücklauf) und auch horizontal mit den Vorstellungen anderer Einheiten abgestimmt und koordiniert (**Bottom-up-Aspekt**) *(vgl. Pfaff (2006), S. 1040)*.

Sollten sich die Top-down formulierten Zielvorgaben der Unternehmensführung nicht mit den Bottom-up formulierten Zielvorstellungen der untergeordneten Unternehmensbereiche decken, kommt es zu **Budgetverhandlungen** (= Abstimmung der übergeordneten Zielvorgaben mit den nachgelagerten Bereichsplänen) zwischen den untergeordneten operativen Einheiten mit der Unternehmensleitung. Dieser Prozess wird so lange wiederholt, bis alle Verantwortlichen das Budget als qualitativ ausreichend erachten. Schließlich folgt die Festlegung und Genehmigung des Budgets *(vgl. Friedl (2003), S. 295)*.

Die Bottom-up-Planung wird vom Controlling unterstützt. Um alle im Zuge des Gegenstromverfahrens dezentral aufgestellten Bottom-up-Planungen zu einem integrierten Gesamtbudget zu vereinen, hat das **Controlling** folgende **Aufgaben** zu erfüllen:

*   Festlegung der **zeitlichen Reihenfolge**, in der die einzelnen Teilbereiche ihre Planungen abzugeben haben.
*   Um die formale Einheitlichkeit der Planung zu gewährleisten, muss das Controlling **Planungsformulare** zur Verfügung stellen.
*   Durchführung von **Plausibilitätsprüfungen**, um die Stimmigkeit der einzelnen Pläne zu gewährleisten.
*   **Budgetkonsolidierung,** d.h. Zusammenfügung der Budgets aller Unternehmensbereiche zu einem Gesamtbudget.

Vorteile:

In Österreich überwiegt, genauso wie in Deutschland, das Gegenstromverfahren. Mehr als die Hälfte der Unternehmen budgetiert nach dem Gegenstromverfahren. In der Unternehmenspraxis findet die retrograde Budgetierung (Top-down) zu ca. 25 % und die progressive Budgetierung (Bottom-up) zu ca. 24 % Anwendung *(vgl. Wala/Haslehner (2016), S. 245 f.)*. Als Vorteile des Gegenstromverfahrens können, im Gegensatz zu den beiden anderen Budgetierungsverfahren, folgende Punkte angeführt werden:

*   Beteiligung der Unternehmensleitung und auch der Bereichsleiter bei der Budgeterstellung.
*   Zusammenführung der Erfahrungen der vor Ort Verantwortlichen mit den Zielvorstellungen der Unternehmensspitze.
*   Integration der unterschiedlichen Wissensbasen des Unternehmens in die Planung.
*   Bessere Akzeptanz der Budgets in den jeweiligen operativen Einheiten. Lassen sich die kostenstellenbezogenen Planungen mit den ermittelten Rahmenwerten der Ziele vereinbaren, dann entsprechen die Budgets den selbst gesetzten Zielen *(vgl. Weber/Schäffer 2008, S. 266)*.

Nachteile:

Als nachteilig erweist sich die Notwendigkeit mehrerer Abstimmungsrunden zum Erreichen einer Einigung bezüglich des gemeinsamen Budgets. Diese aufwendige Abstimmung kann in großen Konzernen bis zu neun Monaten dauern *(vgl. Wala/ Haslehner (2016), S. 245)*.

3.4.3.2. Beispiel: Budgetierung mit Gegenstromverfahren

Bevor in einem Unternehmen Vorgaben für eine künftige Budgetperiode gemacht werden können, müssen zunächst – unter Berücksichtigung der Daten aus der Vergangenheit und unter Einbeziehung wichtiger Veränderungen gegenüber dem Vorjahr – die Unternehmensumwelt und auch das Unternehmen selbst analysiert werden. Anschließend kann man Prognosen für die kommende Budgetperiode treffen und mit Hilfe der gewonnenen Informationen Budgetziele für das gesamte Unternehmen festlegen. In der Folge werden diese Budgetziele für einzelne Unternehmensbereiche abgeleitet.

Abbildung 10 zeigt die Anwendung des Gegenstromverfahrens bei der Budgetierung der Produktionskosten in einem Unternehmen mit mehreren Werken. Für die einzelnen Werke sollen Budgets festgelegt werden *(vgl. Weber/Schäffer (2008), S. 266 f.)*.

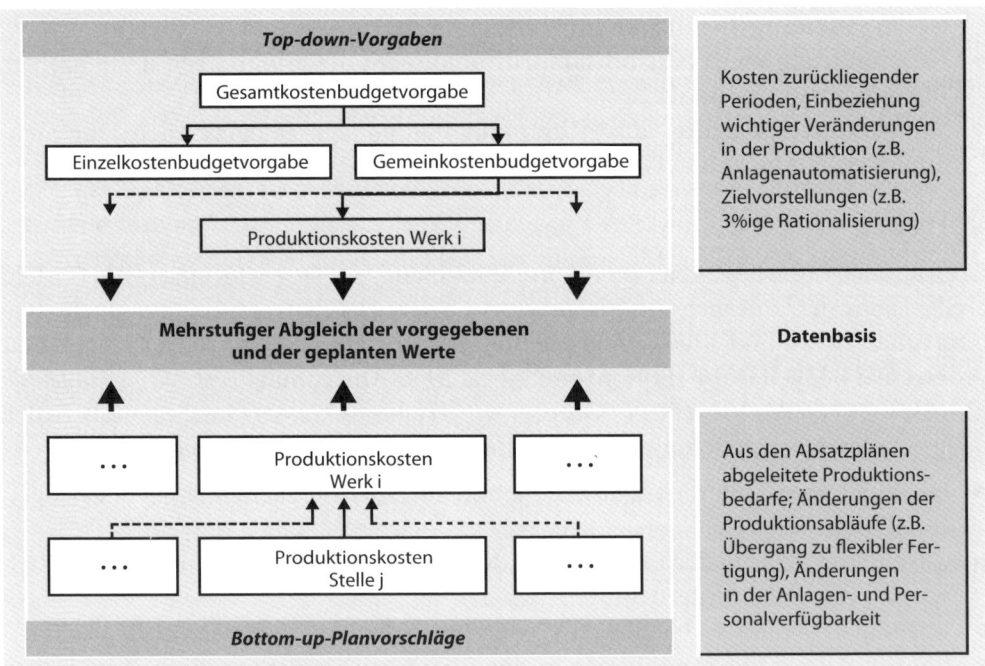

Abbildung 10: Beispiel zum Gegenstromverfahren *(Quelle: Weber/Schäffer (2008), S. 266)*

Bei diesem Beispiel beginnt die Budgetierung mit den **Top-down-Vorgaben** der Unternehmensleitung. Dabei werden die vorgegebenen Gesamtkosten in Einzelkosten sowie Gemeinkosten aufgesplittet. Von der Unternehmensführung wird nun für jedes Werk ein Gemeinkostenbudget vorgegeben. Innerhalb des Werksbudgets sollen wesentliche Kostenbereiche separat budgetiert werden, wie hier z.B. die Produktion. In diesem Fall sollen die Produktionskosten des Werkes i festgelegt werden. Grundlagen für die Vorgabe sind zum einen die Kosten vergangener Perioden, zum anderen die geplanten Veränderungen in der Produktion (wie z.B. Anlageninvestitionen) sowie die Zielvorstellungen des Unternehmens.

Parallel zu diesem Top-down-Prozess erfolgt die **Bottom-up-Planung**. Diese beginnt mit der Planung der Kosten der einzelnen Produktionsstellen (z.B. für einen Maschinenbereich). Die Produktionskostenplanung der einzelnen Produktionsstellen resultiert aus dem Produktionsbedarf (abgeleitet aus den Absatzplänen) der jeweiligen Budgetperiode. Aber auch Änderungen beim Produktionsablauf sowie in der Anlagen- und Personalverfügbarkeit beeinflussen die Produktionskosten der jeweiligen Stellen. In der Folge werden die geplanten Produktionskosten der verschiedenen Kostenstellen zum Gesamtbudget der Produktionskosten des gesamten Werkes aggregiert.

Um die Planung zu vereinheitlichen, stellt das Controlling Planungsformulare zur Verfügung. Auch die zeitliche Reihenfolge bezüglich der Abgabe der verschiedenen Teilpläne wird festgelegt und es werden Plausibilitätsprüfungen durchgeführt, um die Vereinbarkeit der einzelnen Pläne zu gewährleisten. Konkret besteht die Aufgabe des Controllings bei diesem Beispiel in der Zusammenführung der Pläne der einzelnen Produktionsstellen zu einem Produktionsplan für das jeweilige Werk. Anschließend müssen die Vorgaben der Top-down-Planung mit den Budgetvorschlägen der Bottom-up-Planung abgestimmt und koordiniert werden. Das Resultat ist letztendlich ein werksbezogenes Produktionskostenbudget, welches nur mehr der Genehmigung durch die Unternehmensleitung bedarf *(vgl. Weber/Schäffer (2008), S. 266 f.)*.

3.5. Budgetierungsprozess

Im Budgetierungsprozess werden die finanziellen Auswirkungen der aus einer vorangegangenen Zielplanung abzuleitenden Maßnahmen für alle Unternehmensbereiche transparent gemacht. In der Unternehmenspraxis zeigt sich bei der Vorgehensweise im Rahmen des Budgetierungsprozesses meist eine Anlehnung an das **Gegenstromverfahren** *(vgl. Eisl et al. (2015), S. 86 f.)*.

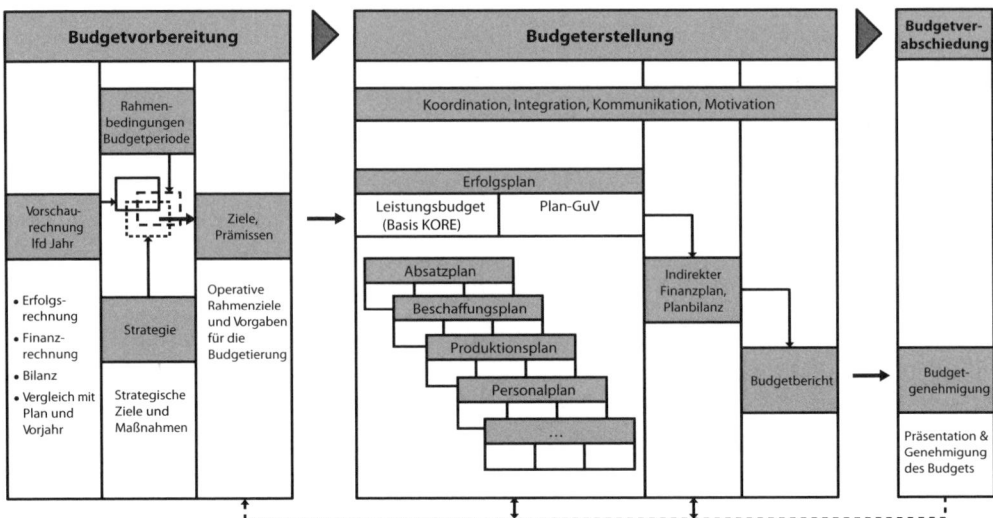

Abbildung 11: Budgetierungsprozess *(in Anlehnung an: Eisl et al. (2015), S. 87)*

Der in obiger Abbildung dargestellte Budgetierungsprozess (im engeren Sinne) umfasst folgende Aktivitäten:

(1) Budgetvorbereitung

Die Budgetvorbereitung bzw. -vorgabe erfolgt durch die Unternehmensleitung respektive die Geschäftsführung. Unter Berücksichtigung der Vorgaben aus der strategischen Planung, der Vorschaurechnung des laufenden Jahres und den für die Budgetperiode erwarteten Rahmenbedingungen werden operative Rahmenziele erarbeitet und die Vorgaben für die Budgeterstellung festgelegt *(vgl. Eisl et al. (2015), S. 87 ff.).*

(2) Budgeterstellung

Für die Budgeterstellung sind sämtliche Teilbereiche des Unternehmens zuständig. Die Budgetverantwortlichen erstellen zunächst ihre jeweiligen Teilbudgets, die dann in der integrierten Planungsrechnung (bestehend aus Leistungsbudget, indirekten Finanzplan und Planbilanz) ihren Niederschlag finden. Eine zentrale Rolle nimmt dabei das Controlling ein, da dieses sowohl für die Verknüpfung und Koordination der operativen Teilpläne als auch für die Budgetabstimmung und Budgetkonsolidierung zuständig ist.

(3) Budgetverabschiedung

Den Schlusspunkt des Budgetierungsprozesses bildet die Budgetgenehmigung bzw. -verabschiedung. Diese erfolgt bei Personengesellschaften durch die Geschäftsführung und bei Kapitalgesellschaften durch den Vorstand respektive Aufsichtsrat. In KMU wird in der Regel das Budget durch den Eigentümer selbst, der auch die Geschäfte führt, genehmigt *(vgl. Eisl et al. (2015), S. 90).*

Im nun nachfolgenden **operativen Regelkreis** werden in der Phase 1 (Operative Planung) die soeben beschriebenen Inhalte noch näher ausgeführt.

3.5.1. Operativer Regelkreis

Der operative Regelkreis zeigt den Budgetierungsprozesses im weiteren Sinne. Dieser beinhaltet neben der eigentlichen Budgetierung (operative Planung) auch die Umsetzung der geplanten Maßnahmen sowie die operative Kontrolle und Steuerung. *Eisl et al. (2015, S. 39 ff.)* unterteilen den operativen Regelkreis in drei Phasen:

Phase 1	Operative Planung (Budgetierung)
Phase 2	Umsetzung der geplanten Maßnahmen
Phase 3	Operative Kontrolle und Steuerung

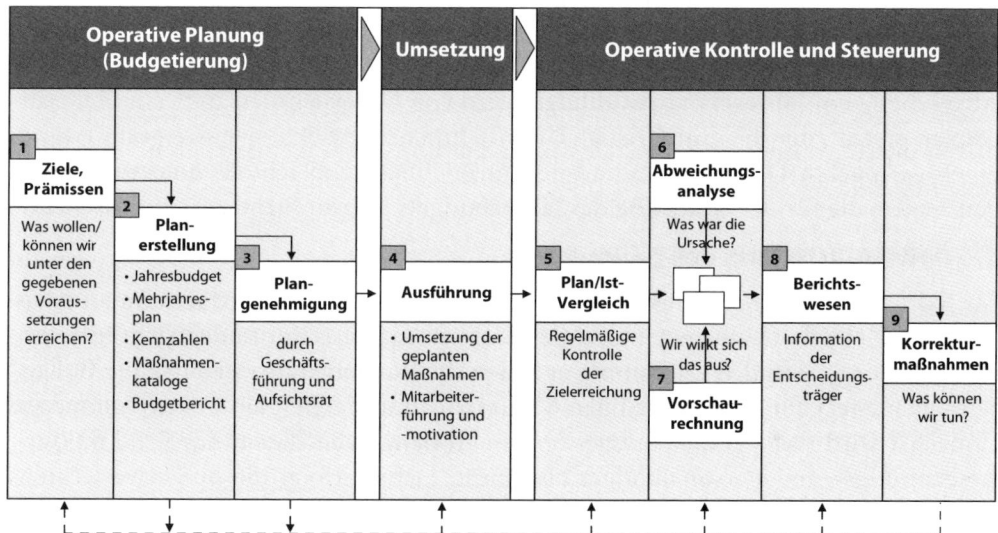

Abbildung 12: Operativer Regelkreis *(Quelle: Eisl et al. (2015), S. 39)*

Phase 1: Operative Planung (Budgetierung)

In dieser Phase geht es um die eigentliche Budgetierung, d.h. die Festlegung von Zielen und Prämissen, die Erstellung der entsprechenden Pläne und letztendlich die Plangenehmigung.

(1) Vorgabe von Zielen und Festlegung von Prämissen

Die operative Planung beginnt, wie bereits zuvor erwähnt, mit der Budgetvorbereitung. Dabei werden unter Berücksichtigung des aktuellen Geschäftsverlaufes, den erwarteten Veränderungen gegenüber dem Vorjahr, den Erkenntnissen aus der Umweltanalyse (Marktentwicklung, Inflation usw.) und den internen Möglichkeiten des Unternehmens, sowohl Grundsatzziele des Gesamtunternehmens (z.B.

Marktanteile, Rendite) als auch Budgetziele für die Teilbereiche festgelegt *(Eisl et al. (2015), S. 39)*. Hier geht insbesondere um die Beantwortung der Frage:

> *„Was wollen/können wir unter den gegebenen Voraussetzungen erreichen?"*

Wesentlich bei der Zielfestlegung ist, dass die Ziele SMART sind und an organisatorische Einheiten anknüpfen, d.h., jede Stelle des Unternehmens muss wissen, wie sie zur Erfüllung des Oberziels beitragen kann. Anschließend wird ein Gesamtbudget-Vorschlag durch die Unternehmensleitung erstellt und daraus die vorläufigen Budgets für die einzelnen Teilbereiche abgeleitet **(Top-down-Vorgabe)**. Einerseits erhält dadurch nun jeder Budgetverantwortliche seine Zielvorgaben, wie beispielsweise Einsparungsziele, Begrenzung der finanziellen Mittel, Änderungen im Produktionsprogramm *(vgl. Weber/Schäffer (2008), S. 268)*, und andererseits wird die wesentliche Frage beantwortet:

> *„Welchen Beitrag kann jeder Einzelne leisten, um diese Vorgaben zu erreichen?"*

(2) Planerstellung

Abgesehen vom Jahresplan bzw. -budget wird von Unternehmen auch ein Mehrjahresplan erstellt, der die mittelfristige Unternehmensentwicklung aufzeigt und durch einen geringeren Detailierungsgrad gekennzeichnet ist. Nachfolgende Ausführungen zeigen, die für die Erstellung des Jahresbudgets erforderlichen Planungsschritte.

1. Schritt: Aufstellung der Teilbudgets

Im Rahmen der Planerstellung werden den festgelegten Zielen Maßnahmen zugeordnet, welche die Zielerreichung unterstützen. Auf Basis der Budgetrichtlinien sowie der Mengen- und Wertplanung erstellen die Budgetverantwortlichen (z.B. Kostenstellenleiter) für ihren jeweiligen Verantwortungsbereich ein erstes Teilbudget. Zunächst wird das Verkaufsbudget und in Abhängigkeit davon das Produktions-, Beschaffungs- und Personalbudget bestimmt. Dabei erfolgt die operative Kosten- und Maßnahmenplanung auf Basis der im Absatzplan definierten Auslastungen (Bottom-up) durch die jeweiligen Kostenstellenverantwortlichen selbst *(vgl. Pölzl/ Leopold (2010), S. 12)*.

Die Erstellung dieser Teilbudgets erfordert eine Vielzahl von Einzelschritten, wie Prognosen, Kostenplanungen, Budgetdurchsprachen, aber auch die Erstellung von Maßnahmenkatalogen (z.B. Mitarbeiterschulung, Investitionen, Werbekampagnen). Diese werden dann im Rahmen einer integrierten Planungsrechnung auf ihre Erfolgs- und Liquiditätswirkung überprüft *(vgl. Eisl et al. (2015), S. 39)*.

2. Schritt: Budgetabstimmungen und Budgetverhandlungen

Als Nächstes werden die Teilbudgets auf ihre Verträglichkeit hin überprüft. Dies erfordert nicht nur unternehmensinterne Abstimmungen zwischen den diversen Budgetverantwortlichen (z.B. zwischen Einkaufsleiter und Produktionsleiter), sondern auch mit den über- und untergeordneten Führungsebenen (z.B. zwischen dem Produktionsleiter der Gießerei und dem Vorgesetzten der Produktion).

3. Schritt: Budgetprüfung

Das Controlling überprüft die Teilbudgets auf ihre inhaltliche und formale Richtigkeit *(vgl. Weber/Schäffer (2008), S. 268)*:

- Die **inhaltliche** Überprüfung bezieht sich dabei auf die rechnerische Richtigkeit, die Nachvollziehbarkeit der Begründungen und auf die Planinhalte selbst.
- Die **formale** Prüfung umfasst die Einhaltung der Richtlinien zur Darstellung und Gliederung des Budgets (Wurde beispielsweise das vom Controller vorgegebene Formular eingehalten?).

4. Schritt: Budgetkonsolidierung

Auf die Budgetprüfung folgt die Koordination und Konsolidierung (Zusammenführung) der einzelnen Teilbudgets zu einem Gesamtbudget. Dabei werden die Top-down mit den Bottom-up ermittelten Werten abgeglichen. Federführend dabei ist das Controlling, das im gesamten Budgetierungsprozess eine unterstützende Haltung gegenüber der Unternehmensleitung und den operativen Teilbereichen einnimmt *(vgl. Weber/Schäffer (2008), S. 268)*.

Da sich in der Praxis die Top-down formulierten Zielvorgaben der Unternehmensleitung nur in seltenen Fällen sofort mit den Bottom-up formulierten Zielvorstellungen der nachgelagerten Unternehmensbereiche decken, kommt es so lange zu Budgetverhandlungen, mit mehreren Rückkoppelungsprozessen **(Knetphase)**, bis das endgültige Budget festgelegt werden kann *(vgl. Wala/Haslehner (2016), S. 250)*. Durch die Verknüpfung der einzelnen Teilpläne ist die Budgetierung durch eine wechselseitige Abhängigkeit und Rückkopplung gekennzeichnet *(vgl. Eisl et al. (2008), S. 804)*.

Im Zusammenhang mit der Planerstellung kommen auch **Kennzahlen** zum Einsatz. Sie dienen einerseits zur Überprüfung der Maßnahmen und der Zielerreichung, andererseits unterstützen sie die operative Unternehmenssteuerung. Da die erstellten Pläne im nächsten Schritt der Genehmigung bedürfen, müssen sie entsprechend dokumentiert, aufbereitet und präsentiert werden. Die Basis dafür liefert der **Budgetbericht,** in welchem die Ergebnisse der Planerstellung festgehalten werden *(vgl. Eisl et al. (2015), S. 40)*.

(3) Plangenehmigung bzw. -verabschiedung

Wenn alle Abstimmungen zwischen den Führungskräften auf allen Managementebenen erfolgt sind, erhält die Unternehmensleitung bzw. bei Kapitalgesellschaften der Vorstand und Aufsichtsrat die Budgets zur Genehmigung. Die Budgetverabschiedung bildet sozusagen den formalen Abschluss des Budgetierungsprozesses und den Startschuss für die Umsetzung *(vgl. Eisl et al. (2008), S. 804)*. Durch die Genehmigung der Budgets einschließlich aller Teilbudgets durch die Unternehmensleitung erhalten alle Führungskräfte (die Planenden der Abteilungen) ihre Zielvorgaben und Kompetenzrahmen für die Folgeperiode *(vgl. Weber/Schäffer (2008), S. 268)*.

Phase 2: Umsetzung der geplanten Maßnahmen

Die Umsetzung bzw. Ausführung der geplanten Maßnahmen liegt nun in der Verantwortung der Planenden der einzelnen Abteilungen. Diese haben die Aufgabe, die Mitarbeiter zu führen und zu motivieren *(vgl. Eisl et al. (2015), S. 40)*.

Phase 3: Operative Kontrolle und Steuerung

Der Budgetierungsprozess im weiteren Sinne endet nicht mit der operativen Planung (Phase 1), sondern bezieht neben der Budgetumsetzung auch die operative Kontrolle und Steuerung mit ein. Dabei geht es primär um die Kontrolle der Zielerreichung.

(5) Soll-Ist-Vergleich

Da Budgets Zielgrößen enthalten, wird vom Controlling laufend ein Soll-Ist-Vergleich durchgeführt, d.h., in periodischen Abständen (Monat oder Quartal) werden die Budgetwerte mit den tatsächlich für die Planungsperiode angefallenen Ist-Werten (entnommen aus der Buchhaltung bzw. Kostenrechnung) verglichen. Durch diese regelmäßige Kontrolle der Zielerreichung werden Fehlentwicklungen frühzeitig aufgezeigt *(vgl. Eisl et al. (2008), S. 780)*. Voraussetzung für einen aussagekräftigen Soll-Ist-Vergleich ist, dass die Plan- und Ist-Daten gleich gegliedert sind. Nur so ist gewährleistet, dass sich keine irrealen Abweichungen ergeben *(vgl. Pölzl/Leopold (2010), S. 16)*.

(6) Abweichungsanalyse

Da im Rahmen des Soll-Ist-Vergleichs nur die Gesamtabweichung festgestellt werden kann, wird als Nächstes vom Controlling eine Abweichungsanalyse durchgeführt, d.h., es werden die sich in den jeweiligen Teilbereichen ergebenden Abweichungen (positive wie negative) auf ihre Ursachen (Beschäftigungs-, Verbrauchs- und/oder Preisabweichung) hin untersucht *(vgl. Eisl et al. (2008), S. 780)*. Die Abweichungsanalyse klärt also die Frage:

„Was war bzw. ist die Ursache?"

Die Gründe für Abweichungen können zum einen auf Planungsfehler (z.B. unrealistische Zahlen), Mehr- bzw. Minderleistungen oder Fehlentscheidungen des Unternehmens zurückzuführen sein. Dieses Controlling-Instrument zeigt frühzeitig Chancen und Risiken eines Unternehmens auf. Die Budgetverantwortlichen müssen in der Folge daraus ihre Erkenntnisse ziehen und rechtzeitig entsprechende Gegenmaßnahmen einleiten.

(7) Vorschaurechnung (Forecast)

Bei der Vorschaurechnung handelt es sich um eine Erwartungsrechnung, welche die Frage beantworten soll:

„Wie wirken sich die im Soll-Ist-Vergleich festgestellten Abweichungen auf die zukünftige Entwicklung des Unternehmens aus?"

Dabei werden mit Hilfe der Hochrechnung (statistisches Verfahren) zukünftige Werte näherungsweise aus vergangenen Werten extrapoliert *(vgl. Eisl et al. (2008), S. 780)*. In diesem Zusammenhang wird differenziert zwischen:

- **Year End Forecast:** Hier bezieht sich bei der Prognose der Zeithorizont auf das Ende des Geschäftsjahres (kann z.B. trotz negativer Abweichung im ersten Quartal das geplante Jahresergebnis noch erreicht werden?). Year End Forecasts sind darauf ausgerichtet, rechtzeitig eine Einschätzung über die Erreichung der Planziele zu erhalten, um negativen Entwicklungen frühzeitig gegensteuern zu können *(vgl. Wala/Haslehner (2016), S. 252)*.
- **Rolling Forecast:** Da rollierende Forecasts immer den gleichen Zeithorizont betrachten (z.B. Vorschau auf die nächsten vier Quartale), sind sie insbesondere darauf ausgerichtet, die Umsetzung der Unternehmensstrategie zu beurteilen *(vgl. Wala/Haslehner (2016), S. 252)*.

(8) Berichtswesen (Reporting)

Die bisher im Rahmen der operativen Kontrolle festgestellten Abweichungen und deren Ursachen sowie die in der Folge erstellte Vorschaurechnung sind nun in Form des Reportings an die Entscheidungsträger zu kommunizieren. Verbindliche Standardberichte des Controllings, in denen die aktuellsten und aussagekräftigsten Informationen enthalten sind, stellen dabei für Entscheidungsträger eine große Erleichterung dar, weil sie sich über die derzeitige Situation rasch einen Überblick verschaffen und entsprechend darauf reagieren können *(vgl. Eisl et al. (2008), S. 780)*.

(9) Korrekturmaßnahmen

Die mittels Berichtswesen übermittelten Informationen sind nun vom Management aufzuarbeiten. Die Budgetverantwortlichen müssen aus den vorgelegten Berichten Erkenntnisse ziehen, entsprechende Entscheidungen treffen und erforderliche Korrekturmaßnahmen einleiten *(vgl. Eisl et al. (2015), S. 41)*.

3.5.2. Zeitlicher Ablauf des Budgetierungsprozesses

Der jährliche Budgetierungsprozess beginnt mit einem Strategiemeeting des oberen Managements. Zu Jahresbeginn werden im Rahmen der strategischen Planung die wirtschaftlichen Rahmendaten festgelegt, d.h. einerseits die langfristigen Oberziele vorgegeben und andererseits Ziele und Prämissen für die kommende Planungsperiode festgelegt *(vgl. Wala/Haslehner (2016), S. 250)*. Unter anderem werden hier **Top-down** Kostenentwicklungen bei Personal, Dienstleistungen, Produktionsmitteln und Personal vorgegeben *(vgl. Pölzl/Leopold (2010), S. 12)*.

Letztendlich bestimmt der Budgetvorlagetermin den Zeitrahmen der Planung. Auf diesen Termin hin muss der Controller die Abgabe der Teilbudgets und die Budgetverhandlungen ausrichten. Dies erfordert entsprechende Vereinbarungen bezüglich des Planungsablaufs (Planungskalender) mit den am Planungsprozess Beteiligten *(vgl. Pölzl/Leopold (2010), S. 15)*.

Abbildung 13 zeigt den **zeitlichen Ablauf** im Rahmen des Budgetierungsprozesses:

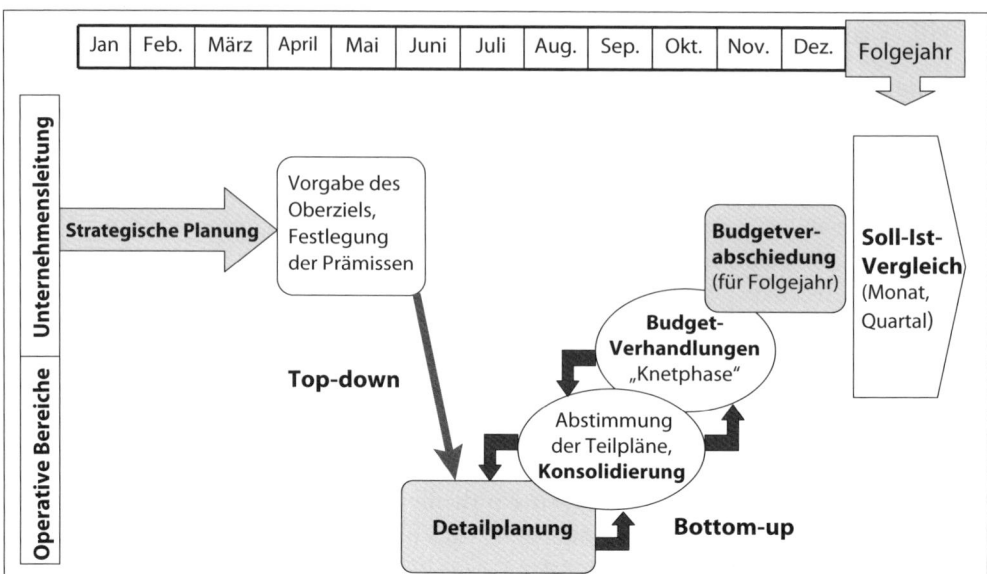

Abbildung 13: Zeitlicher Ablauf des Budgetierungsprozesses
(Quelle: Wala/Haslehner (2016), S. 247)

- Die eigentliche **Budgetierung** startet in etwa im Juni, indem auf Basis der vorgegebenen Budgetrichtlinien jeder einzelne Budgetverantwortliche für seinen jeweiligen Verantwortungsbereich sein Teilbudget plant (Verkaufsbudget, Produktionsbudget, Beschaffungsbudget, Personalbudget).
- Nachdem die Detailplanungen durch die nachgelagerten Verantwortungsbereiche erfolgt sind, werden diese Teilpläne ungefähr im September durch das Controlling abgestimmt, koordiniert und der Unternehmensleitung zur Besprechung vorgelegt.
- Wenn sich die Top-down formulierten Ziele der Unternehmensführung mit den Bottom-up formulierten Zielvorstellungen der nachgelagerten Unternehmensbereiche nicht decken, wird das vorgelegte Budget von der Unternehmensleitung bzw. vom Vorstand nicht genehmigt und das Budget muss im Oktober neu überarbeitet werden. Es kommt zur sogenannten **Knetphase**, d.h., die verschiedenen Teilbereiche müssen aufgrund neuer Vorgaben ihre Bereiche neu planen und der Planungsstoff im Team wird so lange „durchgeknetet", bis das endgültige Budget festgelegt werden kann. In diesem Zusammenhang ist es wichtig, dass der Planungskalender des Controllers dafür auch eine entsprechende Zeitreserve vorsieht *(vgl. Pölzl/Leopold (2010), S. 15)*.
- Nach erfolgter Überarbeitung wird das Budget der Unternehmensleitung erneut präsentiert bzw. zur Genehmigung vorgelegt. Die Verabschiedung des Budgets für das Folgejahr erfolgt in etwa Ende November. Es muss vor Beginn des neuen

Geschäftsjahres vorliegen, damit rechtzeitig die notwendigen Maßnahmen eingeleitet werden können. Das Budget gilt für den gesamten Planungszeitraum *(vgl. Pölzl/Leopold (2010), S. 14).*

- Im Folgejahr wird nun in periodischen Abständen (monatlich oder quartalsweise) eine Kontrolle der Zielerreichung **(Soll-Ist-Vergleich)** vorgenommen.

4. Lehrzielkontrolle

Theoriefragen

1. Definieren Sie den Begriff „Budget". Erklären Sie, was man in diesem Zusammenhang unter „Formalzielorientierung" und „Entscheidungseinheit" versteht!
2. Erklären Sie, wodurch sich die drei Budgetierungsverfahren im Wesentlichen unterscheiden!
3. Beschreiben Sie mindestens fünf Funktionen der Budgetierung!
4. Erklären Sie den Unterschied zwischen abrechnungs- und entscheidungsorientierten Verfahren.
5. Welche Rolle spielt die Kostenrechnung beim Planungs- und Budgetierungsprozess? Nennen Sie mindestens vier Aufgaben, die der Kostenrechnung in diesem Zusammenhang zukommen!
6. Erklären Sie den Unterschied zwischen Unternehmens- und Umweltanalyse.
7. Welche Anforderungen hat die Zielplanung zu erfüllen?
8. Erklären Sie anhand von mindestens drei Merkmalen den Unterschied zwischen strategischer und operativer Planung!
9. Nennen Sie mindestens fünf Budgetierungsaufgaben, die vom Controlling erfüllt werden.
10. Erklären Sie kurz den operativen Regelkreis!

Multiple-Choice-Fragen

Kreuzen Sie an, ob folgende Aussagen richtig oder falsch sind!	richtig	falsch
Der Budgetierungsprozess umfasst alle Maßnahmen von der Budgetvorgabe, der Budgeterstellung und Budgetgenehmigung bis hin zur Budgetkontrolle.	X	
Die Finanzbuchhaltung und Kostenrechnung sind zukunftsorientiert und beschäftigen sich mit der Frage, was zu geschehen hat.		X
Zur Planungsrechnung im engeren Sinne zählen alle Rechenverfahren zur Unterstützung der betrieblichen Planung, wie Umsatzprognosen, Investitionsrechnungen usw.		X
Der Vorstand bzw. die Geschäftsführer von Kapitalgesellschaften müssen einmal jährlich dem Aufsichtsrat grundsätzliche Fragen der künftigen Geschäftspolitik des Unternehmens berichten und Informationen zur Vermögens-, Finanz- und Ertragslage anhand einer Vorschaurechnung darstellen.	X	
Beim Gegenstromverfahren werden die Vorgaben der Unternehmensleitung und die Planvorschläge der einzelnen Abteilungen in einem mehrstufigen Prozess aufeinander abgestimmt.	X	

Für das externe Rechnungswesen gibt es, im Gegensatz zum internen Rechnungswesen, kaum zwingende gesetzliche Vorschriften.		X
Im Rahmen der operativen Planung werden wegen des weiten Planungshorizonts und der damit verbundenen Unsicherheit nur relativ grobe Zahlenwerte geplant, die in der operativen Planungsphase detailliert werden müssen.		X
Zu den variablen Herstellkosten zählen Fertigungsmaterial, Fertigungslöhne sowie variable Material- und Fertigungsgemeinkosten. Werden zu den variablen Herstellkosten die variablen Verwaltungs- und Vertriebskosten hinzugerechnet, ergibt dies die variablen Selbstkosten.	X	
Die pagatorische Rechnung liefert die Grunddaten für die kalkulatorische Rechnung. Aus der kalkulatorischen Rechnung stammen wiederum wichtige Bewertungsgrundlagen für den Jahresabschluss.	X	
Die Budgetgenehmigung bzw. -verabschiedung erfolgt durch die Unternehmensleitung und bildet den formalen Abschluss des Budgetierungsprozesses.	X	
Ziel der Umweltanalyse bzw. -prognose ist die Feststellung der eigenen Stärken und Schwächen im Vergleich zu den wichtigsten Konkurrenten.		X
Mithilfe von Forecasts können rechtzeitig die monetären Auswirkungen von bereits absehbaren Entwicklungen aufgezeigt werden.	X	
Planen bedeutet ein systematisches Durchdenken und Festlegen von Zielen sowie Verhaltensweisen und Maßnahmen für die Zukunft. Planung stellt somit die gedankliche Vorwegnahme von Handlungsschritten dar, die zur Zielerreichung erforderlich sind.	X	

Kapitel 2
Integrierte Planungsrechnung

Aufgabe der integrierten Planungsrechnung ist die aufeinander abgestimmte Gestaltung aller Unternehmensbereiche und -prozesse im Hinblick auf die angestrebten Unternehmensziele *(vgl. Johanning et al. (2010), S. 22)*.

Lernziele:

- die Kostenplanung für Einzelkosten, variable Gemeinkosten und Fixkosten durchführen können,
- den Zusammenhang zwischen Leistungsbudget, Finanzplan und Planbilanz kennen,
- die Auswirkungen verschiedener Geschäftsfälle auf das Leistungsbudget, den Finanzplan und die Planbilanz beurteilen können,
- anhand von Beispielen das Leistungsbudget erstellen können,
- anhand von Beispielen einen indirekten Finanzplan aufstellen können,
- wissen, aus welchen Größen sich die unterschiedlichen Cashflows zusammensetzen,
- den Unterschied zwischen Mittelverwendung und Mittelaufbringung erklären können,
- im Rahmen eines integrierten Unternehmensbudgets eine Planbilanz und Bewegungsbilanz erstellen können,
- die Ergebnisse des Leistungsbudgets, des Finanzplans und der Planbilanz erläutern und interpretieren können.

1. Integriertes Unternehmensbudget

In das integrierte Unternehmensbudget fließen alle operativen und finanziellen Maßnahmen des Unternehmens für die Planungsperiode eines Jahres ein. Die Erstellung erfolgt in zwei Schritten, und zwar:

- **Top-down** wird von der Unternehmensleitung eine verbindliche Richtschnur für das Planjahr vorgegeben und das endgültige Budget in seine Bestandteile zerlegt. Mit den Top-down-Vorgaben verfolgt die strategische Planungsebene das Ziel, die langfristige Überlebensperspektive des Unternehmens zu sichern *(vgl. Johanning et al. (2010), S. 22)*.
- **Bottom-up** erfolgt, abgeleitet aus den operativen Zielen, die Maßnahmenplanung für die einzelnen Unternehmensbereiche durch die Kostenstellenverantwortlichen selbst. Ziel der operativen Planungsebene ist die Organisation des laufenden Geschäftsbetriebes des Unternehmens, folglich die Planung der Erfolgs- und Liquiditätssicherung *(vgl. Johanning et al. (2010), S. 22)*.

Das Controlling trägt die Verantwortung für den Gesamtrahmen der Budgetierung und die Organisation. Auch für das Schließen etwaiger Planungslücken, die sich als Differenz zwischen den Bottom-up erstellten Budgets und den Zielen der Unternehmensleitung ergeben, ist der Controller zuständig.

1.1. Zusammenwirken der Planungsinstrumente

Abbildung 14 zeigt die Zusammenhänge und Bestandteile der Unternehmensplanung.

Kernstück der Unternehmensplanung ist die integrierte Planungsrechnung. Das integrierte Unternehmensbudget ist eine auf Basis der von einem Unternehmen formulierten Zielsetzungen und auf Vorgaben beruhende

- Erfolgsplanung (Plan-Gewinn- und Verlustrechnung bzw. Leistungsbudget),
- Indirekter Finanzplanung und
- Planbilanz.

Dabei zeigt

- die **Plan-Gewinn- und Verlustrechnung bzw. das Leistungsbudget** die *erfolgswirtschaftliche* und
- der **Finanzplan** die *finanzwirtschaftliche* Komponente des Unternehmensbudgets.

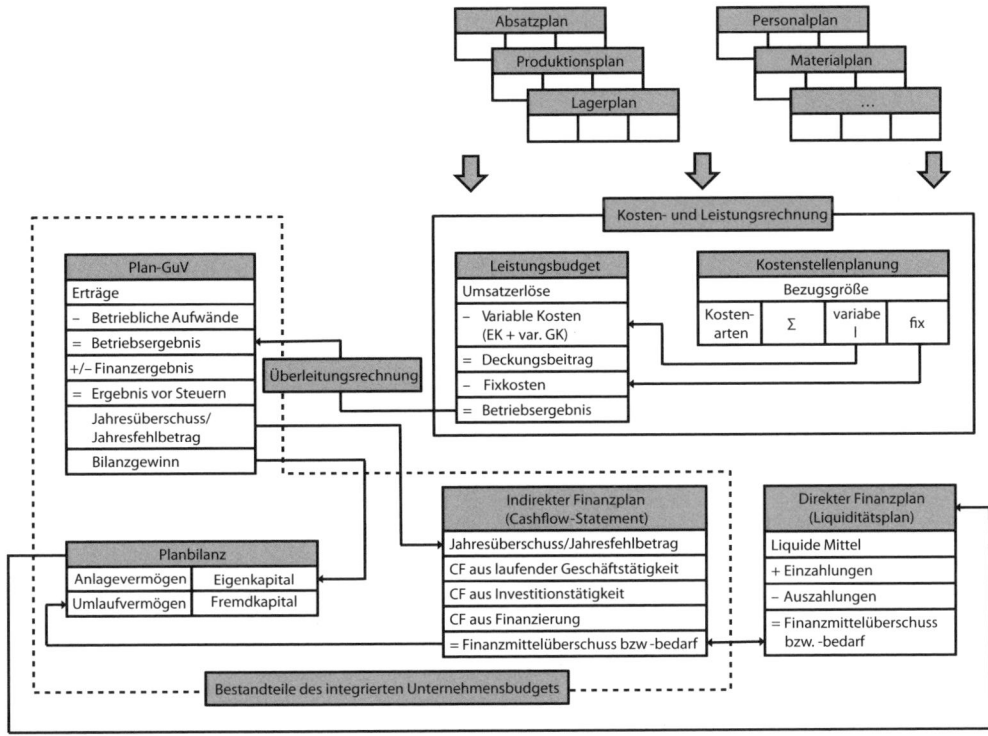

Abbildung 14: Zusammenwirken der Planungsinstrumente
(in Anlehnung an: Pölzl/Leopold (2010), S. 17)

(1) Erfolgsplanung

Die Erfolgsplanung erfolgt mit Hilfe der Plan-GuV bzw. des Leistungsbudgets. Die Erfolgsplanung kann entweder nach dem Umsatz- oder dem Gesamtkostenverfahren durchgeführt werden. Die nachfolgend in Punkt 1.2. behandelten operativen Teilpläne fließen in diesen Bestandteil des Unternehmensbudgets ein, d.h., hier finden die Maßnahmen aller Teilbereiche des Unternehmens ihren wertmäßigen Niederschlag.

Zunächst werden im **Leistungsbudget** die geplanten Kosten und Leistungen zur Berechnung des *Betriebsergebnisses* (entspricht kostenrechnerischen Grundsätzen), einander gegenübergestellt. Dabei werden die Erlöse aus der Kostenträgererfolgsplanung und die fixen bzw. variablen Kosten aus den Kostenstellenplanungen der operativen Teilbereiche übernommen.

Da in der Praxis in den meisten Fällen die Wertansätze der Kostenrechnung und der Finanzbuchhaltung nicht übereinstimmen (z.B. neutrale Aufwände, kalkulatorische Kosten), bedarf es einer **Überleitung** des Betriebsergebnisses der Kostenrechnung in das Betriebsergebnis der Unternehmensrechnung (**Plan-Gewinn- und Verlustrechnung**). Diese zeigt das *Unternehmensergebnis,* das sich letztendlich durch die

Gegenüberstellung der geplanten Aufwendungen und Erträge ergibt *(vgl. Eisl et al. (2008), S. 782)*. Ausführliche Informationen dazu finden Sie in diesem Kapitel unter Punkt 2 (Leistungsbudget).

(2) Finanzplanung

Das Instrument der Finanzplanung ist der Finanzplan, der ebenfalls Bestandteil des Gesamtbudgets ist und an das Leistungsbudget bzw. die Plan-GuV anschließt. Da ein Unternehmen nur dann in seiner Existenz gesichert ist, wenn es jederzeit in der Lage ist, seinen Zahlungsverpflichtungen nachzukommen, ist eine präzise Vorausplanung sämtlicher Liquiditätskomponenten erforderlich. Diese Vorausplanung kann entweder mittels des direkten oder indirekten Finanzplans erfolgen.

Während der **indirekte Finanzplan** Teil des integrierten Unternehmensbudgets ist *(vgl. Kapitel 2, Punkt 3)* und die Einnahmen und Ausgaben der gesamten Budgetperiode betrachtet, werden beim **direkten Finanz- bzw. Liquiditätsplan** lediglich die geplanten Einzahlungen und Auszahlungen einander gegenübergestellt *(vgl. Kapitel 3, Punkt 1)*. Beide führen jedoch zum selben Ergebnis, nämlich zum *Finanzmittelüberschuss bzw. Finanzmittelbedarf*, der zur Durchführung der geplanten Maßnahmen der Periode erforderlich ist. Im Zuge der Finanzplanung ist auch darüber zu entscheiden, wie die zusätzlichen Mittel zu beschaffen sind bzw. wie der voraussichtliche Finanzmittelüberschuss zu verwenden ist.

Die Erstellung des Finanzplanes erfolgt somit

- unter Berücksichtigung der dem Unternehmen zur Verfügung stehenden Finanzierungsquellen,
- basierend auf den Daten der Plan-Gewinn- und Verlustrechnung sowie
- den im Investitionsbudget zusammengefassten Investitionsvorhaben.

(3) Planbilanz

Die Planbilanz ergibt sich als Ableitung aus der Eröffnungsbilanz, dem Leistungsbudget bzw. der Plan-Gewinn- und Verlustrechnung sowie dem indirekten Finanzplan. Hier werden ausgehend von der Eröffnungsbilanz die Auswirkungen des Budgetierungsprozesses auf die Vermögens- und Kapitalpositionen am Ende der Planperiode dargestellt. Planbilanz und Finanzplan werden stets simultan erstellt, weil sich jede Veränderung der einzelnen Vermögens- und Schuldpositionen auf deren Endbestand auswirkt. Ausführliche Informationen dazu finden Sie in diesem Kapitel unter Punkt 4 (Planbilanz).

Diese soeben beschriebenen Bestandteile des integrierten Unternehmensbudgets stehen in engem Zusammenhang zueinander. Sobald sich eine Planungsgröße verändert (z.B. der Umsatz), hat dies nicht nur Auswirkungen auf die Erfolgsplanung, sondern schlägt sich auch auf die Liquidität und die Planbilanz nieder. Nachfolgende Darstellung zeigt auf, wie sich beispielsweise eine geplante Erhöhung des Umsatzes (gegenüber dem Vorjahreswert) auf die einzelnen Positionen auswirkt:

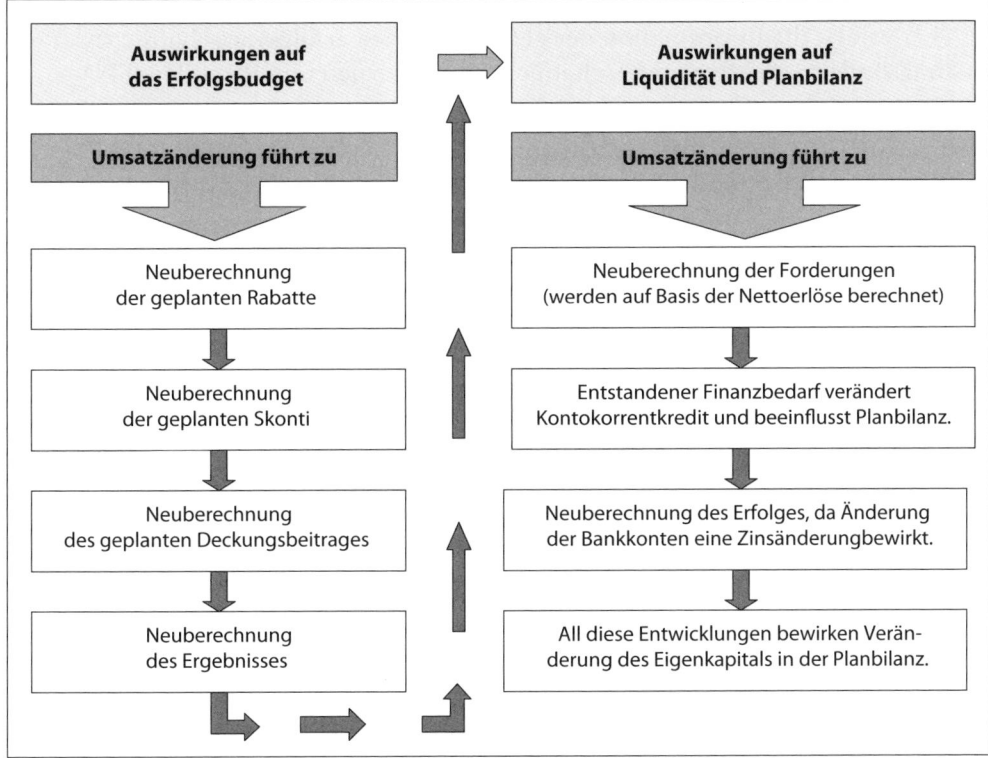

Abbildung 15: Zusammenhang Erfolgsbudget, Finanzplan und Planbilanz
(in Anlehnung an: Kropfberger/Winterheller (2003), S. 204)

1.2. Operative Teilpläne des Unternehmensbudgets

Voraussetzung für ein integriertes Unternehmensbudgets ist die Erstellung von Teilplänen (z.B. Absatzpläne, Beschaffungspläne, Produktionspläne, Investitionspläne) für die einzelnen Geschäftsbereiche. Budgets sind das inhaltlich-materielle Ergebnis des Budgetierungsprozesses. Das Unternehmensbudget ist die Gesamtheit aller aufeinander abgestimmten Einzelbudgets *(vgl. Dambrowski (1986), S. 33)*.

Daraus ergibt sich die Notwendigkeit der zeitlichen, organisatorischen und inhaltlichen Koordination sämtlicher Teilpläne der unterschiedlichen Unternehmensbereiche *(vgl. Eisl et al. (2008), S. 785)*:

- **Zeitliche Koordination**
  Für die zeitliche Koordination, d.h. den zeitlichen Rahmen für die Abgabe der jeweiligen Teilbudgets, ist der Controller zuständig.
- **Vertikale Koordination**
  Mittels der vertikalen Koordination sollen die Pläne der einzelnen Unternehmensbereiche sowohl nach oben als auch untereinander so verknüpft werden, dass sich ein integrierter Gesamtplan ergibt.

- **Horizontale Koordination**
  Hier erfolgt die Koordination der gleichgelagerten erfolgswirtschaftlichen (Leistungsbudget) und finanzwirtschaftlichen (Finanzplan und Planbilanz) Pläne.

Charakteristisch für das Unternehmensbudget ist die aufgrund der im Absatzplan definierten Auslastung aufbauende sukzessive Ermittlung der einzelnen funktionalen Budgets. Das Ergebnis eines integrierten Unternehmensbudgets sind die miteinander verknüpfte und voneinander gegenseitig abhängige Budget-Erfolgsrechnung sowie der indirekte Finanzplan, die beide letztendlich in der budgetierten Planbilanz münden.

Welche Teilpläne für ein Unternehmen relevant sind, ist unternehmensspezifisch zu entscheiden. Wichtig ist, dass diese verschiedenen Teilpläne untereinander stimmig und widerspruchsfrei verknüpft sind. In der Unternehmenspraxis werden meist für betriebliche Funktionsbereiche Budgets geplant und koordiniert. Diese **funktionalen Teilbudgets** (operating budgets) beziehen sich, wie Abbildung 16 zeigt, auf die funktionalen Teilbereiche und/oder Geschäftsbereiche eines Unternehmens *(vgl. Dambrowski (1986), S. 33)*.

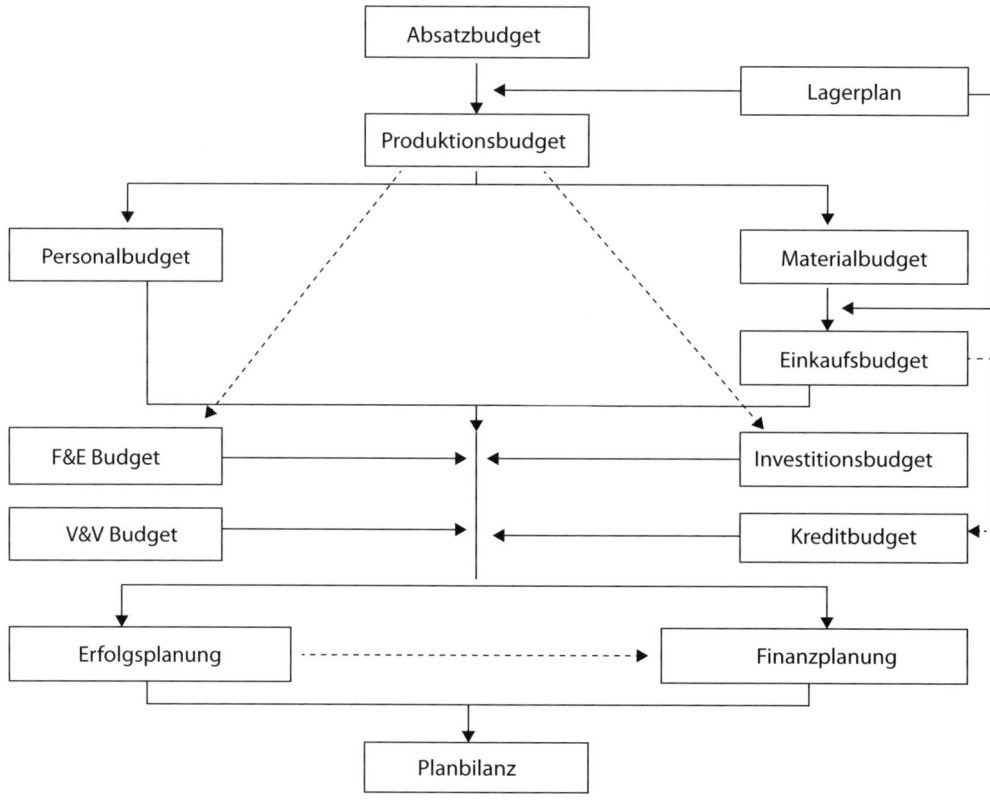

Abbildung 16: Struktur eines funktional gegliederten Budgetsystems
(in Anlehnung an: Ewert/Wagenhofer (2008), S. 412)

(1) Absatzplan bzw. Absatzbudget

Die operative Planung beginnt mit der Erarbeitung des Absatzbudgets. Der Absatzplan wird einerseits Top-down aus der strategischen Planung (z.B. Marktvolumen, Marktanteil) abgeleitet, andererseits aber auch Bottom-up (z.B. Kunden bzw. Kundengruppen, Produktionsprogramm) entwickelt *(vgl. Pölzl/Leopold (2010), S. 12)*. Unter Berücksichtigung von Marktforschungsergebnissen und Analysen der Umsatzentwicklung werden Absatz- bzw. Umsatzprognosen erstellt, die letztendlich im Absatzplan bzw. Absatzbudget münden *(vgl. Weber/Schäffer (2008), S. 269)*.

Aufgabe der Absatzplanung ist es, für den Planungszeitraum das Leistungsangebot nach Sortiment (**Sortimentsplanung**), Menge (**Mengenplanung**) und Preis (**Preisplanung**) zu bestimmen. Erst wenn diese Informationen vorliegen, kann daraus der **Erlösplan** abgeleitet werden, d.h., die Ermittlung des Gesamtumsatzes der Planperiode, differenziert nach Produktgruppen, Absatzmärkten usw., wird dadurch ermöglicht. In Zusammenhang mit der Absatzplanung sind folgende Entscheidungen zu treffen *(vgl. Höfler et al. (2015), S. 104 f.)*:

- Gestaltung des Absatzprogramms (nach Sortimentsbreite und -tiefe, differenziert nach Absatzgebieten und Kunden)
- Bestimmung von Plan-Absatzmengen und Plan-Verkaufspreisen (für einzelne Produkte, differenziert nach Märkten und Kundengruppen)
- Ermittlung des Gesamtumsatzes für die Planperiode (differenziert nach Produktgruppen, Kundengruppen bzw. Absatzmärkten)
- Bestimmung geeigneter absatzpolitischer Maßnahmen

(2) Produktionsplan bzw. Produktionsbudget

Das Produktionsbudget ergibt sich aus den im Absatzplan zugrunde gelegten Mengen unter Berücksichtigung von Anfangsbeständen und gewünschten Endbeständen der Produkte (**Lagerplan**). Demnach ist der Produktionsplan ein reiner Mengenplan, der die in der Planperiode zu produzierenden Mengen beinhaltet.

Im Zuge der Produktionsplanung muss auch überprüft werden, inwieweit die sich aus dem Absatzplan ergebenden Produktionsmengen kapazitätsmäßig abgesichert sind (z.B. Maschinenbelegung). Sollte in der Produktion ein Engpass festgestellt werden, müssten die sich daraus ergebenden Konsequenzen im **Investitionsbudget** (z.B. Ankauf neuer Maschine) Berücksichtigung finden *(vgl. Höfler et al. (2015), S. 105 ff.)*.

Außerdem bilden die im Produktionsplan festgelegten Stückzahlen und Termine die Grundlage für die Erstellung des Material- und Personalbudgets *(vgl. Weber/Schäffer (2008), S. 269)*.

(3) Materialplan bzw. Materialbudget

Aufgabe der Materialplanung ist es festzustellen, welche Materialien in welchen Mengen zur Absicherung des Produktionsplanes zu beschaffen sind und welche

Auswirkungen dies auf die Kosten hat. Demzufolge setzt sich das Materialbudget aus dem Materialbedarfs- und dem Materialkostenbudget zusammen *(vgl. Höfler et al. (2015), S. 105; Weber/Schäffer (2008), S. 269 ff.)*:

- **Materialbedarfsbudget**
  Hier geht es um die Feststellung des für die Produktion erforderlichen Bedarfs an Roh-, Hilfs- und Betriebsstoffen, Zulieferteilen sowie erforderlichen Fremdleistungen. Auch bei der Materialbeschaffung sind potentielle Lagerbestandsveränderungen zu berücksichtigen (Verbrauchsmengen müssen nicht unbedingt mit den Beschaffungsmengen identisch sein).
- **Materialkostenbudget**
  Die Materialkosten der Produktion bzw. des Absatzes ergeben sich, indem zunächst die Verbrauchskoeffizienten für jede Materialart festgelegt und diese dann mit den jeweiligen Produktions- bzw. Absatzmengen multipliziert werden. Im Anschluss daran erfolgt die Bewertung dieser Mengen zum produktspezifischen Beschaffungspreis (Planpreis).

(4) Einkaufsplan bzw. Einkaufsbudget

Die Materialplanung ist eng mit der Lagerplanung verbunden. Da aufgrund des Lagerplans die benötigten Materialien nicht zwingend dem Materialbedarf entsprechen, ergibt sich die Notwendigkeit, ein Einkaufsbudget zu erstellen. Dabei ist festzulegen, welche Rohstoffe und Ausgangsmaterialien in welchen Mengen zu welchem Zeitpunkt eingekauft werden müssen.

(5) Personalplan bzw. Personalbudget

Aufgabe der Personalplanung ist es festzustellen, welche Konsequenzen sich aus dem Absatz- bzw. Produktionsplan für den Personalbedarf sowie die Personalkosten ergeben *(vgl. Höfler et al. (2015), S. 105 f.)*:

- **Personalbedarfsbudget**
  Ausgangspunkt für das Personalbudget ist die Planung des Personalbedarfs. Hier steht vor allem die Frage im Mittelpunkt, wie viele Mitarbeiter mit welchen Qualifikationen in welchen Kostenstellen für welche Zeitperioden benötigt werden, um die im betreffenden Planungszeitraum zu erfüllenden Aufträge aus dem Leistungsprogramm sach-, termin- und qualitätsgerecht erfüllen zu können.
- **Personalkostenbudget**
  Die Fertigungslöhne werden über produktspezifische Verbrauchskoeffizienten erfasst. Diese geben den Zeitbedarf an, der bei der Arbeitstätigkeit für die Fertigung eines Stückes benötigt wird. Auch hier ergeben sich, ähnlich wie beim Materialbudget, die Personalkosten der Produktion bzw. des Absatzes, indem die unterschiedlichen Verbrauchskoeffizienten mit den jeweiligen Fertigungszeiten gewichtet werden.

Alle bisher beschriebenen Budgets sind durch eine Abhängigkeit vom Absatz und eine gegenseitige Wechselbeziehung gekennzeichnet. Im nächsten Schritt werden nun die Budgets, die nicht unmittelbar mit dem Absatz der laufenden Periode in direktem Zusammenhang stehen, geplant. Konkret umfasst dies die Bereiche Verwaltung- und Vertrieb sowie Forschung und Entwicklung *(vgl. Weber/Schäffer (2008), S. 269)*.

(6) Verwaltungs- und Vertriebsplan bzw. V&V-Budget

Das **Verwaltungsbudget** beinhaltet vor allem die Planung der Kosten für die Bereiche Geschäftsführung, Personalwesen, Rechnungswesen und Controlling. Dabei handelt es sich ausschließlich um Fixkosten, wie beispielsweise Steuern, Versicherungen, Abschreibungen des im Verwaltungsbereich vorhandenen Anlagevermögens, Gehälter und sonstige Kosten der Bereiche.

Zum **Vertriebsbudget** zählen unter anderem das Erlösschmälerungsbudget, das Werbe- und Verkaufsförderungsbudget sowie das Budget des Außendienstes und sonstige Vertriebskosten (z.B. Verpackungsmaterial).

(7) Forschungs- und Entwicklungsplan bzw. F&E-Budget

Der Forschungs- und Entwicklungsplan kann entweder indirekt in Verbindung mit der Produktion stehen (z.B. wenn das Fertigungsverfahren verbessert werden soll) oder er kann sich, unabhängig von der Produktion, aus der Strategie des Unternehmens ableiten (z.B. wenn ein neues Produkt auf den Markt gebracht werden soll).

(8) Erfolgsplan bzw. Erfolgsbudget (Leistungsbudget)

Alle bisher beschriebenen Pläne bzw. Budgets fließen in den Erfolgsplan bzw. das Leistungsbudget ein. Anschließend wird die Auswirkung der Teilbudgets auf den Jahresüberschuss (Gewinn- und Verlustrechnung), die Finanzierbarkeit (Finanzplan) und die Bilanz überprüft *(vgl. Eisl et al. (2008), S. 807)*.

(9) Investitionsplan bzw. Investitionsbudget

Das Investitionsbudget enthält die wertmäßige Zusammenstellung der Investitionsvorhaben eines Unternehmens. Die Investitionsplanung betrifft insbesondere Vorhaben in Bezug auf:

- **immaterielle Vermögensgegenstände** (z.B. Kauf bzw. Verkauf von Patenten, Lizenzen, Software)
- **Sachanlagevermögen** (z.B. Durchführung von Bauvorhaben, Kauf bzw. Verkauf von Grundstücken, Maschinen, Fahrzeugen)
- **Finanzanlagevermögen** (z.B. Erwerb von langfristigen Wertpapieren, Eingehen von Beteiligungen).

Investitions- und Finanzplanung sind eng miteinander verknüpft. Dies wird u.a. dadurch deutlich, dass geplante Investitionen nicht nur die Abschreibungsplanung beeinflussen, sondern auch die Finanzierung und in der Folge den geplanten Zinsaufwand (wenn z.B. eine Investition per Kredit finanziert wird).

(10) Kredit- und Tilgungsplan bzw. Kredit- und Tilgungsbudget

Der Kreditplan eines Unternehmens kann sich sowohl aus den Investitionen als auch vom Einkaufsplan ableiten. Demzufolge zeigt dieses Budget die vom Unternehmen aufgenommenen Kredite und Darlehen, aber auch die für die Planungsperiode geplanten Kreditrückzahlungen und Tilgungen.

(11) Indirekter Finanzplan bzw. Finanzbudget

Das Finanzbudget enthält eine vollständige Aufstellung der im Unternehmen anfallenden Einnahmen und Ausgaben. Grundlage für die Erstellung des indirekten Finanzplans sind der Erfolgsplan, der Investitionsplan sowie der Kredit- und Tilgungsplan.

(12) Planbilanz

Die Erfolgs- und Finanzplanung bilden wiederum die Grundlage für die Planbilanz. Sie zeigt die Auswirkungen des Budgetierungsprozesses auf die Vermögens- und Kapitalpositionen am Ende der Planperiode und ist der Schlusspunkt der integrierten Unternehmensplanung.

1.3. Lehrbeispiel: Teilpläne des Unternehmensbudgets

Folgendes Lehrbeispiel soll den Zusammenhang zwischen den einzelnen Teilbudgets aufzeigen *(vgl. Ewert/Wagenhofer (2008), S. 413 ff.)*.

Ausgangspunkt der Budgetierung ist die Absatzprognose. Der **Absatzplan** beinhaltet die Mengen der beiden Artikel (*Alpha* und *Beta*) sowie deren Verkaufspreise. Durch Multiplikation der Mengen der einzelnen Produkte mit den jeweiligen Nettopreisen erhält das Unternehmen den geplanten Umsatzerlös.

Absatzplan			
Produkt	**Einheiten**	**Alpha**	**Beta**
Absatzmenge	Stück	17.000	18.000
Preis	€	400,–	450,–
Umsatzerlöse	€	**6.800.000,–**	**8.100.000,–**

Der **Lagerplan** beinhaltet zum einen die Anfangsbestände (AB) der *Fertigerzeugnisse Alpha* und *Beta,* zum anderen zeigt er auch die Anfangsbestände der beiden *Rohstoffe X* und *Y,* die für die Herstellung der beiden Produkte benötigt werden. Auch die gewünschten Endbestände (EB) werden hier abgebildet, welche die Produktion sowie den Einkauf beeinflussen. Der Lagerplan zeigt, dass das Unternehmen für die Budgetperiode sowohl bei den Fertigerzeugnissen als auch bei den Rohstoffen einen Lageraufbau plant.

Lagerplan				
	Produkte		Rohstoffe	
	Alpha	Beta	X	Y
Anfangsbestand	1.500 Stück	2.000 Stück	12.000 kg	11.000 kg
Endbestand	4.500 Stück	7.000 Stück	16.000 kg	13.000 kg

Auf Basis der Absatzplanung und unter Berücksichtigung des Lagerplanes leitet sich der **Produktionsplan** ab. Zieht man von der geplanten Absatzmenge der beiden Produkte *Alpha* und *Beta* jeweils den bereits vorhandenen Anfangsbestand ab und rechnet den gewünschten Lagerendbestand hinzu, erhält man die erforderliche Produktionsmenge der beiden Artikel, die sich in diesem Fall von der geplanten Absatzmenge unterscheidet.

Produktionsplan				
Produkt		Einheiten	Alpha	Beta
	Absatzmenge	Stück	17.000	18.000
−	Anfangsbestand	Stück	1.500	2.000
+	gewünschter Endbestand	Stück	4.500	7.000
=	**Produktionsmenge**	Stück	**20.000**	**23.000**

Ausgehend von der Absatz- sowie der Produktionsplanung lässt sich der **Material-plan** ableiten. Dieser zeigt sowohl den erforderlichen Materialbedarf als auch die Materialkosten für die Absatz- bzw. Produktionsmenge. Dazu ist es notwendig, Verbrauchskoeffizienten zu planen. Diese geben Auskunft darüber, wie viel von einer Materialart (Rohstoff) für ein Produkt benötigt wird. Zur Bewertung der Mengen braucht man darüber hinaus auch noch Kenntnis bezüglich der Beschaffungspreise je Material- bzw. Rohstoffart.

Produkt *Alpha* benötigt 2 kg vom *Rohstoff X* und 4 kg vom *Rohstoff Y*. Produkt *Beta* benötigt 6 kg vom *Rohstoff X* und 4 kg vom *Rohstoff Y*. Durch Multiplikation der Verbrauchskoeffizienten mit der Absatz- bzw. Produktionsmenge erhält man den produktspezifischen Materialbedarf. Für die Planung der Materialkosten wird nun der Materialbedarf mit den Beschaffungspreisen multipliziert.

Materialbudget			
Materialart		**X**	**Y**
Verbrauchskoeffizient *Alpha*		2 kg	4 kg
Verbrauchskoeffizient *Beta*		6 kg	4 kg
Beschaffungspreise je kg	(€)	35,–	20,–
Bedarf für Absatzmenge		142.000 kg (17.000 Stk. × 2 kg) + (18.000 Stk. × 6 kg)	140.000 kg (17.000 Stk. × 4 kg) + (18.000 Stk. × 4 kg)
Kosten der Absatzmenge	(€)	**4.970.000,–**	**2.800.000,–**
Bedarf für Produktionsmenge		178.000 kg (20.000 Stk. × 2 kg) + (23.000 Stk. × 6 kg)	172.000 kg (20.000 Stk. × 4 kg) + (23.000 Stk. × 4 kg)
Kosten Produktionsmenge	(€)	**6.230.000,–**	**3.440.000,–**

Die Verbrauchsmengen an Materialien (Rohstoffen) sind nicht immer identisch mit den Beschaffungsmengen, die im **Einkaufsplan** enthalten sind. Der Grund dafür liegt bei den Lagerbestandsveränderungen. Zu Ermittlung der benötigten Einkaufsmengen geht man vom Produktionsbedarf aus und berücksichtigt die jeweiligen Bestandsveränderungen. In unserem Fall ergibt sich beim *Rohstoff X* (4.000 kg) und beim *Rohstoff Y* (2.000 kg) ein Lageraufbau.

Einkaufsbudget			
Materialart	**Einheiten**	**X**	**Y**
Bedarf für Produktionsmenge	kg	178.000	172.000
– Anfangsbestand	kg	12.000	11.000
+ gewünschter Endbestand	kg	16.000	13.000
= Materialmengenbedarf	kg	182.000	174.000
Materialkosten für Materialbedarf	€	**6.370.000,–**	**3.480.000,–**

Neben dem Materialbedarf besteht natürlich auch ein Planungsbedarf beim **Personal**. Zur Fertigung der beiden Produkte gibt es **zwei Arbeitsschritte**. Der jeweilige Zeitbedarf wird wieder durch Verbrauchskoeffizienten (Stunden) angegeben. Um die Fertigungslöhne zu errechnen, muss der Fertigungslohn pro Zeiteinheit mit dem gesamten Zeitbedarf der Absatz- bzw. Produktionsmenge multipliziert werden.

Personalbudget			
Arbeitsschritt		**1**	**2**
Verbrauchskoeffizient *Alpha*		4 Stunden	3 Stunden
Verbrauchskoeffizient *Beta*		2 Stunden	4 Stunden
Fertigungslohn pro Zeiteinheit	(€)	15,–	18,–
Bedarf für Absatzmenge		104.000 Stunden (17.000 Stk. × 4 Std.) + (18.000 Stk. × 2 Std.)	123.000 Stunden (17.000 Stk. × 3 Std.) + (18.000 Stk. × 4 Std.)
Kosten Absatzmenge	**(€)**	**1.560.000,–**	**2.214.000,–**
Bedarf für Produktionsmenge		126.000 Stunden (20.000 Stk. × 4 Std.) + (23.000 Stk. × 2 Std.)	152.000 Stunden (20.000 Stk. × 3 Std.) + (23.000 Stk. × 4 Std.)
Kosten Produktionsmenge	**(€)**	**1.890.000,–**	**2.736.000,–**

Darüber hinaus sind auch jene Budgets zu berücksichtigen, die in keinem unmittelbaren Zusammenhang mit dem Absatzplan stehen. Diesbezüglich weist das Unternehmen folgende Budgets aus (enthalten die geplanten Gesamtkosten der jeweiligen Bereiche):

Weitere Budgets		
Vertriebskostenbudget	(€)	**500.000,–**
Verwaltungskostenbudget	(€)	**300.000,–**
Forschungs- und Entwicklungsbudget	(€)	**350.000,–**

Alle diese bereichsspezifischen Budgets münden letztendlich in der **Erfolgsrechnung**, die entweder nach dem Umsatzkosten- oder Gesamtkostenverfahren dargestellt werden kann.

Beim **Umsatzkostenverfahren** werden den geplanten Periodenumsatzerlösen die Periodenkosten der abgesetzten Produkte gegenübergestellt. Diese setzen sich aus den geplanten Herstellkosten der verkauften Produkte sowie den V&V-Kosten und den F&E-Kosten der Planperiode zusammen. Bei diesem Verfahren beziehen sich sowohl die Erlöse als auch die Herstellkosten auf dasselbe Mengengerüst, nämlich die **Absatzmenge**. Ausführliche Informationen dazu finden Sie im Kapitel 2 unter Punkt 2.3.2. (Leistungsbudget nach dem Umsatzkostenverfahren).

Umsatzkostenverfahren (alle Beträge in €)	
Umsatzerlöse (Absatzmenge)	14.900.000,–
– **Variable Herstellkosten (Absatzmenge)**	
Personalkosten (1.560.000 + 2.214.000)	3.774.000,–
Materialkosten (4.970.000 + 2.800.000)	7.770.000,–
= **Deckungsbeitrag**	**3.356.000,–**
– Verwaltungskosten	300.000,–
– Vertriebskosten	500.000,–
– F&E-Kosten	350.000,–
= **Betriebsergebnis**	**2.206.000,–**

Handschriftliche Notiz: } 11.544.0

Beim **Gesamtkostenverfahren** hingegen werden den geplanten Umsatzerlösen der Periode die gesamten Periodenkosten, gegliedert nach Kostenarten, gegenüber gestellt. Ein Auseinanderklaffen zwischen Produktion und Absatz wird durch die Position Bestandsveränderung ausgeglichen. Diesbezügliche Informationen finden Sie im Kapitel 2 unter Punkt 2.3.1. (Leistungsbudget nach dem Gesamtkostenverfahren).

Gesamtkostenverfahren (alle Beträge in €)	
Umsatzerlöse (Absatzmenge)	14.900.000,–
+ **Bestandsveränderung (Lageraufbau)**	2.752.000,–
– **Variable Herstellkosten (Produktionsmenge)**	
Personalkosten (1.890.000 + 2.736.000)	4.626.000,–
Materialkosten (6.230.000 + 3.440.000)	9.670.000,–
= **Deckungsbeitrag**	**3.356.000,–**
– Verwaltungskosten	300.000,–
– Vertriebskosten	500.000,–
– F&E-Kosten	350.000,–
= **Betriebsergebnis**	**2.206.000,–**

Handschriftliche Notiz: } 14.296.0

Berechnung der Bestandsveränderung:

Variable HK der Produktionsmenge	14.296.000	(4.626.000 + 9.670.000)
Variable HK der Absatzmenge	11.544.000	(3.774.000 + 7.770.000)
Bestandsveränderung (Lageraufbau)	**2.752.000**	

Die soeben beschriebene Reihenfolge eines Budgetierungsprozesses funktioniert in der Praxis nicht so einfach, da es eine Vielzahl von sachlichen Interdependenzen gibt, welche berücksichtigt werden müssen.

2. Leistungsbudget

Unter dem Leistungsbudget wird eine aufgrund von Plandaten für einen bestimmten Planungszeitraum (Budgetperiode) erstellte Gewinn- und Verlustrechnung verstanden. Ihr Ziel ist die Ermittlung des zukünftigen Betriebs- und Unternehmensergebnisses *(vgl. Kropfberger/Winterheller (2003), S. 173).*

2.1. Grundstruktur des Leistungsbudgets

Im Leistungsbudget werden zunächst den geplanten Erlösen die geplanten Kosten der Planungsperiode gegenüber gestellt. Grundlage der Berechnung bilden der Umsatz- und Produktionsplan sowie diverse Kostenstellenpläne. Dabei folgt das Leistungsbudget dem Prinzip der **Grenzplankostenrechnung**, d.h., die Kosten werden getrennt nach variablen, zur Leistungserstellung proportional verlaufenden und fixen Kosten budgetiert. Als Ergebnis erhält man das geplante **Betriebsergebnis**, welches auf *„kalkulatorischen"* Größen beruht.

Im Anschluss daran wird das Betriebsergebnis durch eine umgekehrte Betriebsüberleitung in das **Unternehmensergebnis** umgewandelt. Diese Umrechnung auf ein *„pagatorisches"* Unternehmensergebnis ist eine wesentliche Voraussetzung zur Erstellung des Finanzplanes und der Planbilanz, sowie zur Ermittlung der voraussichtlichen Ertragssteuerbelastung.

Das Leistungsbudget ist typischerweise in Staffelform aufgebaut und entspricht den Grundsätzen des betriebsspezifischen Kostenrechnungssystems. Abbildung 17 zeigt die **Grundstruktur des Leistungsbudgets**:

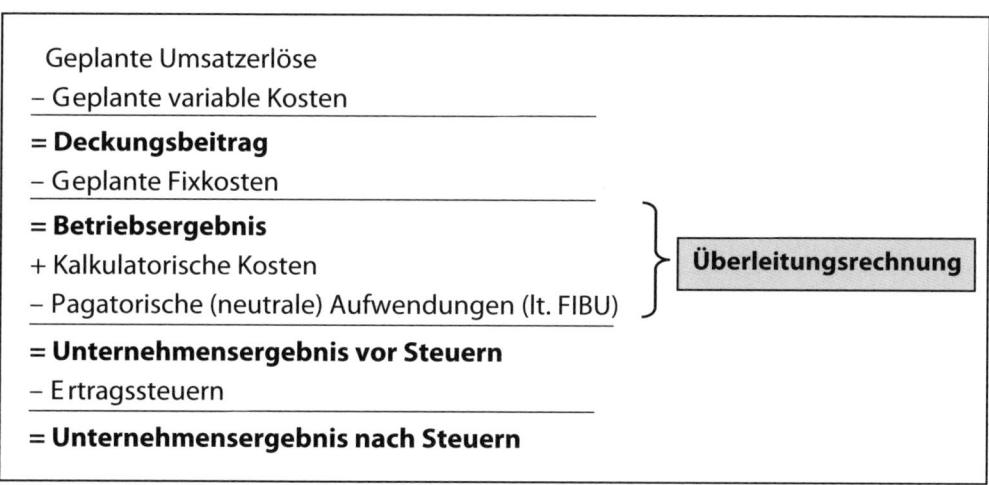

Abbildung 17: Grundstruktur des Leistungsbudgets
(in Anlehnung an: Kropfberger/Winterheller (2003), S. 173)

Der Grundaufbau des Leistungsbudgets ist für alle Betriebe gleich. Branchenunterschiede gibt es nur bei der Planung der Erträge und Kosten. Durch die Gegenüberstellung von Erlösen und Kosten einer Periode erlangt man einen fundierten Einblick in die Erfolgssituation des jeweiligen Unternehmens. Die Ermittlung des Periodenerfolges kann für das gesamte Unternehmen, insbesondere aber auch für einzelne Teilbereiche (Märkte, Sparten, Produktgruppen, Produkte, Kundensegmente usw.) erfolgen:

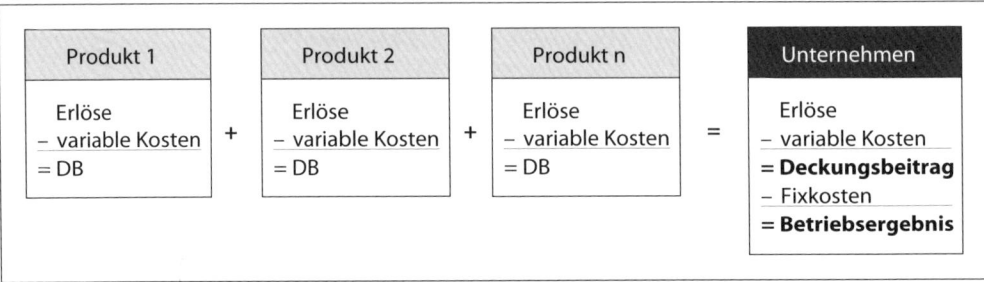

Abbildung 18: Ermittlung des Betriebsergebnisses *(in Anlehnung an: Eisl et al. (2008), S. 820)*

Insgesamt zeigt das Leistungsbudget, welche Kosten, wo, für welche Produkte entstehen sollen bzw. welches Ergebnis, mit welchen Produkten, auf welchen Märkten, bei welchen Kunden erzielt werden soll *(vgl. Eisl et al. (2008), S. 783 f.)*.

Das Leistungsbudget gibt somit Auskunft über die Kosten und den Erfolgsbeitrag von Produkten, Produktgruppen, Abteilungen, Kundensegmenten usw. und nimmt damit eine Schlüsselrolle in der operativen Unternehmensplanung und -steuerung ein.

Die zentralen Fragen bei der Erstellung des Leistungsbudgets lauten:

- Welche Produkte können in welcher Stückzahl zu welchem Preis verkauft werden?
- Welche Kosten sind damit verbunden?
- Wie hoch sind die generierbaren Deckungsbeiträge?
- Welcher Erfolg entsteht daraus?

Zur Beantwortung dieser Fragen ist wiederum eine Reihe einzelner Teilplanungen erforderlich:

- Planung der **Erlöse und Bestandsveränderungen** (Absatz- und Umsatzplanung)
- Planung der **variablen und fixen Kosten**
- Planung der **Deckungsbeiträge**

2.1.1. Erlösplanung

In der Unternehmenspraxis geht man bei der Budgeterstellung grundsätzlich von der Engpasssituation eines Betriebes aus. Bei gewinnorientierten Unternehmen ist dies im Normalfall der Absatzbereich. Dementsprechend stellt die Erlös- bzw. Absatzplanung im Regelfall den ersten Schritt der Erfolgsplanung dar *(vgl. Kropfberger/Winterheller (2003), S. 173).*

Ausgehend vom gegebenen Produktionsprogramm und von den vorhandenen Produktgestaltungsmöglichkeiten (im Handel vom Warenangebot) erfolgt mit dem Leiter des Absatzbereiches die Planung der Erlöse. In diesem Zusammenhang werden die angestrebten Umsätze der Planungsperiode festgelegt, d.h., es sind die konkreten **Verkaufszahlen** und **Verkaufspreise** der einzelnen Produkte, Dienstleistungen oder Aufträge, die an Kunden in verschiedenen Regionen über verschiedene Vertriebskanäle verkauft werden, festzulegen. Da der Einsatz von Marketinginstrumenten (z.B. Werbung) normalerweise zu einer Veränderung der Nachfrage führt, sind auch diese zu planen.

Die Erlösplanung basiert einerseits auf Erkenntnissen und Erfahrungswerten der Vergangenheit und andererseits auf Einschätzungen über die zukünftige Entwicklung der Marktsituation. Bei der Planung der Erlöse stimmt sich der Leiter des Absatzbereiches in der Praxis meist mit dem Leiter des Produktionsbereiches ab.

Letztendlich werden die Absatzpläne dem **Controlling** zur Überprüfung vorgelegt. Der Controller muss nun die Absatzpläne und verkaufspolitischen Aktivitäten auf ihre erfolgsmäßigen Auswirkungen überprüfen. Aus der Sicht des Controllings ist es wesentlich, dass bei der Erlösplanung die Ertragsmaximierung im Vordergrund steht und nicht die Umsatzmaximierung! Aus diesem Grund kann die Erlösplanung nicht isoliert betrachtet werden. Vielmehr sind bereits im Rahmen der Absatz- bzw. Erlösplanung die mit den Umsätzen sowie den verkaufspolitischen Aktivitäten verbundenen kosten- und ertragsmäßigen Auswirkungen, insbesondere Kosten- und Deckungsbeitragsüberlegungen, mit einzubeziehen *(vgl. Egger/Winterheller (2007), S. 70).* Als Hilfsmittel zur Umsatzplanung wird auch oft die **Break-Even-Analyse** eingesetzt *(vgl. Kapitel 2, Punkt 2.4.1.).*

Die Umsatzplanung spielt vor allem deshalb eine zentrale Rolle, weil der zukünftige Umsatz als dominante Größe alle weiteren Pläne bestimmt. Die Erlösplanung steht grundsätzlich im Spannungsfeld zwischen den strategischen Unternehmenszielen und den operativ realistischen Umsetzungsmöglichkeiten *(vgl. Kropfberger/Winterheller (2003), S. 173).*

2.1.2. Kostenplanung

Im Rahmen der Kostenplanung sind alle für das kommende Geschäftsjahr vorgesehenen Aktivitäten und Projekte in Hinblick auf ihre kostenmäßigen Konsequenzen zu bewerten. Somit erstreckt sich die Kostenplanung über das gesamte Unternehmen. Welche Kosten fix bzw. variabel sind, hängt von der konkret zu beurteilenden Entscheidungssituation ab. Der Anteil an fixen und variablen Kosten wird durch Kostenauflösung ermittelt.

2.1.2.1. Planung der variablen Kosten

Sobald die Entscheidung für ein bestimmtes Absatzvolumen gefallen ist, wird damit auch bereits die Höhe der variablen Kosten bestimmt *(vgl. Egger/Winterheller (2007), S. 70)*. Zu den variablen Kosten zählen all jene, bei denen ein direkter funktionaler Zusammenhang zwischen der Erstellung der Leistung einerseits und der Kostenhöhe andererseits besteht *(vgl. Kropfberger/Winterheller (2003), S. 179)*. Im Falle einer Änderung in der Leistungserstellung kommt es in der Folge automatisch zu einer Anpassung der variablen Kosten. Die Anpassung der Kosten kann entweder proportional, progressiv oder degressiv zum steigenden Leistungsumfang erfolgen.

Zu den proportional zur Leistungserstellung verlaufenden Kosten gehören vor allem die geplanten **variablen Herstellkosten**. Für deren Planung wird auf diverse Produktionspläne bzw. Stücklisten zurückgegriffen, aus denen der Materialverbrauch und die notwendigen Produktionszeiten hervorgehen. Durch Multiplikation der geplanten Mengen (Standardmengen) und Zeiten mit festen, jeweils für die Budgetperiode vorgegebenen Planpreisen (Standardpreisen) ergeben sich die für das Budget heranzuziehenden variablen Kostenpositionen. Im Einzelnen zählen dazu *(vgl. Egger/Winterheller (2007), S. 90 ff.)*:

- **Fertigungsmaterial** (Planmengen × vorgegebener Planpreis)
  Bei Produktionsbetrieben wird das Fertigungsmaterial und bei Handelsbetrieben der Wareneinsatz grundsätzlich als variable Kosten budgetiert.
- **Fertigungslöhne** (Vorgabezeit × geplanter Minuten- oder Stundenfaktor)
  In Produktionsbetrieben sind die Lohnkosten vorwiegend stückabhängig (Akkordlohn) und somit variabel. Bei Handelsbetrieben hingegen stellen die Löhne meist fixe Bereitschaftslöhne dar.
- **Variable Material- und Fertigungsgemeinkosten**
  Die variablen Gemeinkosten sind dadurch gekennzeichnet, dass sie sich im Ausmaß der Leistungserstellung zwar verändern (wie z.B. der Leistungsstromverbrauch, Hilfslöhne, Hilfsstoffe), ihnen aber die unmittelbare mengenmäßige Beziehung zur Leistungserstellung fehlt. Sie werden daher entweder über
  - **Zuschlagssätze** den Einzelkosten zugeschlagen (z.B. die variablen Material-GK werden mit einem Prozentsatz dem Fertigungsmaterial zugeschlagen) oder über
  - **Verrechnungssätze** weiter verrechnet (z.B. die variablen Fertigungs-GK werden in Form eines Stundensatzes verteilt).
- **Variable Vertriebskosten**
  Als variable Kosten sind auch die mengenabhängigen Vertriebskosten (wie z.B. Ausgangsfrachten, Verpackungsmaterial) sowie die vom Verkaufspreis der Leistung abhängigen Vertriebskosten (wie z.B. Verkaufsprovisionen, Skonto, Rabatte) zu planen. Diese Kosten sind rein absatzbedingt und verlaufen proportional zur verkauften Menge *(vgl. Egger/Winterheller (2007), S. 94 f.)*.

2.1.2.2. Planung der fixen Kosten

Sie haben ihre Ursache in der Leistungsbereitschaft der Potenzialfaktoren. Dazu gehören insbesondere das Anlagevermögen sowie bestehende Verträge jeder Art. Fixkosten entstehen, unabhängig von der jeweiligen Leistungserstellung, d.h., sie passen sich dem geänderten Leistungsumfang weder nach oben noch nach unten an, solange keine diesbezügliche Entscheidung getroffen wird. Eine Änderung (Erhöhung oder Senkung) der Fixkosten erfolgt somit nicht automatisch, sondern bedarf einer Entscheidung. Langfristig gesehen sind auch alle Fixkosten beeinflussbar *(vgl. Egger/Winterheller (2007), S. 85 ff.)*.

Die fixen Kosten werden üblicherweise getrennt nach **Verantwortungsbereichen** budgetiert, die sich in der Regel mit den Kostenstellen decken. Die wichtigsten Fixkostenpositionen sind:

- **Personalkosten:** Planung der Gehälter und des kalkulatorischen Unternehmerlohnes sowie sämtlicher Leistungs- und Nichtleistungsentgelte inklusive Lohn- und Gehaltsnebenkosten (z.B. gesetzlicher Sozialaufwand, Kommunalsteuer).
- **Abschreibungen:** Ermittlung des geplanten Abschreibungsaufwandes für die Planperiode. Die Abschreibungen werden vom Investitionsplan wesentlich beeinflusst.
- **Zinsen:** Planung der künftigen Zinsen für das Eigenkapital (kalkulatorische Zinsen) und Fremdkapital (entstehen u.a. durch die Inanspruchnahme von Darlehen, Betriebsmittelkrediten, Investitionskrediten).
- **Sonstige Fixkosten:** Darunter fallen u.a. Mieten, Leasingraten, Versicherungen, Rechts- und Beratungskosten, Patent- und Lizenzgebühren.

2.1.3. Planung von Deckungsbeiträgen

Eine wirtschaftlich besonders wichtige Größe ist der Deckungsbeitrag (DB). Zieht man von der Summe der geplanten Erlöse die mit diesen zusammenhängenden variablen Kosten ab, erhält man den geplanten Deckungsbeitrag. Ist dieser höher als die Fixkosten, erwirtschaftet das Unternehmen ein positives Betriebsergebnis. Solange sich ein positiver Deckungsbeitrag ergibt, ist (zumindest kurzfristig) die Unternehmensfortführung wirtschaftlich sinnvoll. Langfristig muss natürlich gewährleistet sein, dass die gesamten Kosten durch die Umsatzerlöse gedeckt werden.

Deckungsbeitragsberechnungen können auch isoliert für einzelne Artikel/Aufträge angestellt werden. In diesem Zusammenhang gibt der DB darüber Auskunft, welchen Anteil einzelne Produkte bzw. Aufträge an der Fixkostendeckung haben. Eine exakte Analyse der Deckungsbeiträge liefert wertvolle Informationen im Rahmen der Sortimentsplanung. Die DB-Rechnung zeigt, dass nicht der Erlös allein, sondern erst der Deckungsbeitrag für das Ergebnis maßgebend ist. Daher ist die Verkaufssteuerung nach Deckungsbeiträgen effizienter als die Steuerung nach reinen Erlösen.

Bei der Planung des Absatzes zeigt sich die Förderungswürdigkeit einzelner Produkte aufgrund des Stückdeckungsbeitrages **(absoluter Deckungsbeitrag)**. Je höher dieser für einen Artikel ausfällt, desto intensiver sollten auch die Absatzbemühungen für dieses Produkt sein.

Die **relativen Deckungsbeiträge** (DB je Engpasseinheit) hingegen sind bei der Absatzplanung vor allem dann von Interesse, wenn das Unternehmen mit Engpässen konfrontiert ist. Reichen beispielsweise die Kapazitäten in der Produktion nicht aus, um alle Artikel in den Mengen zu produzieren, die das Unternehmen auch verkaufen könnte, dann soll bei der Produktionsplanung, entsprechend der vorhandenen Kapazitäten, die Produktionsrangfolge mit Hilfe der relativen Deckungsbeiträge festgelegt werden. Ausgenommen davon sind bereits für die Planperiode fix abgeschlossene Aufträge, da diese bei Nichterfüllung für das Unternehmen höchstwahrscheinlich negative Konsequenzen (z. B. Pönalstrafen) hätten.

Lehrbeispiel: Sortimentsplanung mittels relativer Deckungsbeiträge

		Produkt A	Produkt B	Produkt C
Stückerlös	(€)	18,–	24,–	36,–
Variable Kosten je Stück	(€)	7,–	8,–	14,–
Stückdeckungsbeitrag (absoluter DB)	(€)	**11,–**	**16,–**	**22,–**
Rangfolge		1	2	3
Fertigungszeit je Stück		3 Minuten	6 Minuten	5 Minuten
db je Minute (relativer DB)	(€)	**3,70**	**2,70**	**4,40**
Rangfolge		2	3	1

Kommentar:
Betrachtet man die Stückdeckungsbeiträge der drei Produkte, erscheint es zunächst vorteilhaft, Produkt C zu forcieren, da hier der Deckungsbeitrag mit € 22,– am höchsten ist. In diesem Fall sind jedoch noch weitere Überlegungen anzustellen, nämlich wie viel Produktionszeit die einzelnen Produkte von der Engpass-Maschine benötigen. Da die verschiedenen Produkte den Maschinenengpass mit unterschiedlichen Fertigungszeiten belegen, ist hier der Deckungsbeitrag je Maschinenminute (= relativer Deckungsbeitrag) zu ermitteln. Durch die Betrachtung der relativen Deckungsbeiträge wird die Reihenfolge der Vorteilhaftigkeit verändert, was für die Erstellung des Absatzplans von Bedeutung ist.

2.2. Überleitungsrechnung

Das **Betriebsergebnis** bzw. der Periodenerfolg (= Deckungsbeitrag des Unternehmens abzüglich der Fixkosten) basiert auf **kalkulatorischen Größen**, die sich aus der Kostenrechnung ergeben. Da die Kostenrechnung jedoch oftmals nicht auf denselben Daten basiert wie die Finanzbuchhaltung (z.B. neutrale Aufwände, kalkulatorische Kosten), können sich die Ergebnisse des externen und des internen Rechnungswesens unterscheiden. Aus diesem Grund ist eine sogenannte **Überleitungsrechnung** erforderlich, die diese Unterschiede transparent macht. In jenen Betrieben, die von einer Verrechnung kalkulatorischer Größen absehen (häufig bei Klein- und Mittelbetrieben), entfällt die Überleitungsrechnung. Hier sind Betriebsergebnis und Unternehmensergebnis identisch.

Mit Hilfe der Überleitungsrechnung wird der Zusammenhang zwischen dem Betriebsergebnis und dem Unternehmensergebnis wieder hergestellt. Dies geschieht dadurch, dass zunächst alle im Betriebserfolg enthaltenen **kalkulatorischen Kosten** (Zusatzkosten und Anderskosten) dem Betriebsergebnis wieder **hinzugezählt** und die kalkulatorischen Erlöse (Andersleistungen und Zusatzleistungen) abgezogen werden. Anschließend sind die nicht in den Gemeinkosten aufscheinenden **neutralen Aufwendungen abzuziehen** sowie die neutralen Erträge dazuzurechnen *(vgl. Kropfberger/Winterheller (2003), S. 190)*.

Überleitungsrechnung	
=	**Betriebsergebnis**
+	**Kalkulatorische Kosten** (soweit sie den Betriebserfolg vermindert haben)
	• kalkulatorische Abschreibungen
	• kalkulatorische Zinsen (EKZ und FKZ)
	• kalkulatorische Wagnisse
	• kalkulatorischer Unternehmerlohn
	• sonstige kalkulatorische Kosten
−	**Kalkulatorische Erlöse**
−	**Neutrale Aufwendungen**
	• buchmäßige (pagatorische) Abschreibungen
	• Fremdkapitalzinsen
	• sonstige neutrale Aufwendungen
+	**Neutrale Erträge**
=	**Unternehmensergebnis vor Steuern**

Abbildung 19: Überleitungsrechnung
(in Anlehnung an: Kropfberger/Winterheller (2003), S. 190)

Durch diese Überleitungsrechnung wird einerseits der Zusammenhang mit der Finanzplanung hergestellt, die auf reinen pagatorischen Größen beruht. Andererseits ist die Überleitung zum Unternehmensergebnis notwendig, um die voraussichtliche Ertragssteuerbelastung von Kapitalgesellschaften (Körperschaftsteuer) zu ermitteln. Eine Budgetierung der Umsatzsteuer kann entfallen, da sie nur Durchlaufcharakter hat und somit erfolgsneutral ist.

2.3. Darstellung des Leistungsbudgets bzw. der Plan-GuV

Um einen späteren Soll-Ist-Vergleich zu ermöglichen, ist es notwendig, dass die Ermittlung des geplanten **Betriebsergebnisses** (als Ergebnis des **Leistungsbudgets**) sowie die Ermittlung des geplanten **Unternehmensergebnisses** (als Ergebnis der **Plan-Gewinn- und Verlustrechnung**) nach dem gleichen Schema erfolgen.

So wie die Plan-GuV grundsätzlich entweder nach dem **Gesamtkostenverfahren** oder nach dem **Umsatzkostenverfahren** erstellt werden kann, sind auch bezüglich der Darstellung des Leistungsbudgets beide Alternativen denkbar. **Beide Verfahren führen zum selben Ergebnis**, sie unterscheiden sich lediglich in der Darstellung der Kosten und Erlöse.

2.3.1. Gesamtkostenverfahren (GKV)

Die Gliederung der **Gewinn- und Verlustrechnung nach dem Gesamtkostenverfahren (§ 231 (2) UGB)** hat folgendes Aussehen:

1. Umsatzerlöse
2. Veränderung des Bestands an fertigen und unfertigen Erzeugnissen sowie an noch nicht abrechenbaren Leistungen
3. Andere aktivierte Eigenleistungen
4. Sonstige betriebliche Erträge, wobei Gesellschaften, die nicht klein sind, folgende Beträge aufgliedern müssen:
   a) Erträge aus dem Abgang vom und der Zuschreibung zum Anlagevermögen mit Ausnahme der Finanzanlagen
   b) Erträge aus der Auflösung von Rückstellungen
   c) übrige
5. Aufwendungen für Material und sonstige bezogene Herstellungsleistungen:
   a) Materialaufwand
   b) Aufwendungen für bezogene Leistungen
6. Personalaufwand:
   a) Löhne und Gehälter, wobei Gesellschaften, die nicht klein sind, Löhne und Gehälter getrennt voneinander ausweisen müssen
   b) Soziale Aufwendungen, davon Aufwendungen für Altersversorgung, wobei Gesellschaften, die nicht klein sind, folgende Beträge zusätzlich gesondert ausweisen müssen:
      aa) Aufwendungen für Abfertigungen und Leistungen an betriebliche Mitarbeitervorsorgekasse
      bb) Aufwendungen für gesetzlich vorgeschriebene Sozialabgaben sowie vom Entgelt abhängige Abgaben und Pflichtbeiträge

7. Abschreibungen:
   a) auf immaterielle Gegenstände des Anlagevermögens und Sachanlagen
   b) auf Gegenstände des Umlaufvermögens, soweit diese die im Unternehmen üblichen Abschreibungen überschreiten
8. Sonstige betriebliche Aufwendungen, wobei Gesellschaften, die nicht klein sind, Steuern, soweit sie nicht unter Z 18 fallen, gesondert ausweisen müssen
9. **Betriebsergebnis (Zwischensumme aus Z 1 bis 8)**
10. Erträge aus Beteiligungen, davon aus verbundenen Unternehmen
11. Erträge aus anderen Wertpapieren und Ausleihungen des Finanzanlagevermögens, davon aus verbundenen Unternehmen
12. Sonstige Zinsen und ähnliche Erträge, davon aus verbundenen Unternehmen
13. Erträge aus dem Abgang von und der Zuschreibung zu Finanzanlagen und Wertpapieren des Umlaufvermögens
14. Aufwendungen aus Finanzanlagen und aus Wertpapieren des Umlaufvermögens, davon haben Gesellschaften, die nicht klein sind, gesondert auszuweisen:
    a) Abschreibungen
    b) Aufwendungen aus verbundenen Unternehmen
15. Zinsen und ähnliche Aufwendungen, davon betreffend verbundene Unternehmen
16. **Finanzergebnis (Zwischensumme aus Z 10 bis 15)**
17. **Ergebnis vor Steuern (Zwischensumme aus Z 9 und Z 16)**
18. Steuern vom Einkommen und vom Ertrag
19. **Ergebnis nach Steuern**
20. Sonstige Steuern, soweit nicht unter den Posten 1 bis 19 enthalten
21. Jahresüberschuss/Jahresfehlbetrag
22. Auflösung von Kapitalrücklagen
23. Auflösung von Gewinnrücklagen
24. Zuweisung zu Gewinnrücklagen
25. Gewinnvortrag/Verlustvortrag aus dem Vorjahr
26. **Bilanzgewinn (Bilanzverlust)**

Abbildung 20: Gliederung der GuV nach dem Gesamtkostenverfahren
(unter Berücksichtigung des Rechnungslegungsänderungsgesetzes 2014)

Mit dem Rechnungslegungsänderungsgesetz 2014 (RÄG 2014) gibt es aufgrund des Wegfalls von § 205 UGB den Gliederungsposten *„Zuweisung zu und Auflösung von unversteuerten Rücklagen"* nicht mehr. Zur Verbesserung der internationalen Vergleichbarkeit von Jahresabschlüssen entfällt mit dem RÄG 2014 auch der Ausweis der außerordentlichen Aufwendungen und Erträge. Diese sind nun in „ordentlichen" Positionen enthalten. Bei mittleren und großen Unternehmen wurde das „Ergebnis der gewöhnlichen Geschäftstätigkeit (EGT)" durch die Position „Ergebnis vor Steuern" ersetzt. Die hier beschriebenen Änderungen gelten nicht nur für das Gesamtkostenverfahren, sondern auch für das Umsatzkostenverfahren.

Ausgehend vom Gliederungsschema des Gesamtkostenverfahrens gem. § 231 UGB und unter Berücksichtigung der Tatsache, dass das Leistungsbudget nach dem Prinzip der Grenzplankostenrechnung aufgebaut ist, ergibt sich bezüglich der Darstellung des **Leistungsbudgets nach dem Gesamtkostenverfahren** folgendes Bild:

	Gesamtkostenverfahren (GKV)
	Geplante Erlöse (Absatzmenge)
–	Erlösschmälerungen (z.B. Rabatte, Skonti)
=	Nettoerlöse bzw. Nettoumsatz
+	Bestandserhöhungen (bewertet zu variablen Herstellkosten)
–	Bestandsminderungen (bewertet zu variablen Herstellkosten)
+	Aktivierte Eigenleistungen (bewertet zu variablen Herstellkosten)
=	**Betriebsleistung**
–	**Geplante variable Kosten**
	Variable Herstellkosten der Produktionsmenge
	Variable Verwaltungs- und Vertriebskosten der Absatzmenge
	Sondereinzelkosten des Vertriebs
=	**Deckungsbeitrag**
–	**Geplante Fixkosten der Periode**
=	**Betriebsergebnis**
+	Kalkulatorische Kosten
–	Neutrale Aufwendungen
=	**Unternehmensergebnis vor Steuern**
–	Steuern vom Einkommen und Ertrag
=	**Unternehmensergebnis nach Steuern**

Abbildung 21: Darstellung des Leistungsbudgets nach dem GKV

Das Gesamtkostenverfahren ist **produktionsmengenbezogen**. Hier wird die Gesamtleistung des Unternehmens den Gesamtkosten (Materialkosten, Personalkosten, Abschreibungen usw.) der Periode gegenübergestellt. Weitere, ins Detail gehende Ausführungen zum Gesamtkostenverfahren finden Sie im Kapitel 3 unter Punkt 2.3.1.

Im Zusammenhang mit der Erstellung des Leistungsbudgets nach dem Gesamtkostenverfahren ergibt sich folgende **Vorgehensweise:**

- Ausgangspunkt der Berechnung sind die um Erlösschmälerungen bereinigten **Nettoerlöse** der Periode. **Erlösschmälerungen** sind Minderungen des Bruttoumsatzes durch Rabatte, Skonti, Warenrücksendungen (Retouren) und Forderungsausfälle. Der verbleibende Erlös wird als Nettoerlös bzw. Nettoumsatz bezeichnet.

- Entspricht in einer Planungsperiode die Produktionsmenge nicht der Verkaufsmenge, weil es Lagerbestandsveränderungen bei Halb- und Fertigerzeugnissen bzw. aktivierten Eigenleistungen gibt, dann sind die Periodenerlöse um die **Bestandsveränderungen** und aktivierten Eigenleistungen, bewertet zu variablen Herstellkosten, zu korrigieren *(vgl. Eisl et al. (2008), S. 167 f.)*.
  - Werden mehr Waren hergestellt als verkauft, sind die Kosten der Periode in Relation zum Umsatz zu hoch. In diesem Fall sind die Herstellkosten der auf Lager gelegten Produkte durch eine *positive Bestandsveränderung* den Umsätzen hinzuzurechnen.
  - Werden mehr Produkte verkauft als produziert, sind die Produktionskosten verhältnismäßig zu gering. Die Umsatzerlöse sind um die Herstellkosten der vom Lager genommenen Produkte in Form einer *negativen Bestandsveränderung* zu korrigieren.

**Bestandsmehrungen erhöhen die Leistung,
Bestandsminderungen verringern sie!**

- Im nächsten Schritt erfolgt die Berechnung des **Periodendeckungsbeitrages**, indem von der gesamten Betriebsleistung die geplanten variablen Kosten der Periode abgezogen werden. Diese setzen sich folgendermaßen zusammen *(vgl. Kropfberger/Winterheller (2003), S. 91)*:
  - **variable Herstellkosten der Produktionsmenge** (Fertigungsmaterial, Fertigungslöhne, variable Material- und Fertigungsgemeinkosten)
  - **variable Verwaltungs- und Vertriebskosten der Absatzmenge**
  - **Sondereinzelkosten des Vertriebs**
- Das **Betriebsergebnis** der Planperiode ergibt sich letztendlich als Differenz zwischen dem Deckungsbeitrag und den geplanten **Periodenfixkosten**. Dazu zählen sämtliche für die Budgetperiode geplanten Fixkosten der Fertigung, des Materialbereichs, der Forschung und Entwicklung sowie der Verwaltung und des Vertriebs *(vgl. Coenenberg et al. (2003), S. 103)*.
- Für den Fall, dass in einem Unternehmen kalkulatorische Kosten angesetzt wurden, ist nun, um vom Betriebsergebnis zum **Unternehmensergebnis vor Steuern** zu gelangen, eine Überleitungsrechnung erforderlich. Handelt es sich bei diesem Unternehmen um eine Kapitalgesellschaft (AG, GmbH), dann müsste auch noch die entsprechende Körperschaftsteuer abgezogen werden. Als Resultat erhält man das **Unternehmensergebnis nach Steuern**.

2.3.2. Umsatzkostenverfahren (UKV)

Die Gliederung der **Gewinn- und Verlustrechnung** nach dem **Umsatzkostenverfahren (§ 231 (3) UGB)** hat folgendes Aussehen:

1. Umsatzerlöse
2. Herstellungskosten der zur Erzielung der Umsatzerlöse erbrachten Leistungen
3. **Bruttoergebnis vom Umsatz**
4. Vertriebskosten
5. Allgemeine Verwaltungskosten
6. Sonstige betriebliche Erträge, wobei Gesellschaften, die nicht klein sind, folgende Beträge aufgliedern müssen:
   a) Erträge aus dem Abgang vom und der Zuschreibung zum Anlagevermögen mit Ausnahme der Finanzanlagen
   b) Erträge aus der Auflösung von Rückstellungen
   c) übrige
7. Sonstige betriebliche Aufwendungen
8. **Betriebsergebnis (Zwischensumme aus Z 1 bis 7)**
9. Erträge aus Beteiligungen, davon aus verbundenen Unternehmen
10. Erträge aus anderen Wertpapieren und Ausleihungen des Finanzanlagevermögens, davon aus verbundenen Unternehmen
11. Sonstige Zinsen und ähnliche Erträge, davon aus verbundenen Unternehmen
12. Erträge aus dem Abgang von und der Zuschreibung zu Finanzanlagen und Wertpapieren des Umlaufvermögens
13. Aufwendungen aus Finanzanlagen und aus Wertpapieren des Umlaufvermögens, davon haben Gesellschaften, die nicht klein sind, gesondert auszuweisen:
    a) Abschreibungen
    b) Aufwendungen aus verbundenen Unternehmen
14. Zinsen und ähnliche Aufwendungen, davon betreffend verbundene Unternehmen
15. **Finanzergebnis (Zwischensumme aus Z 9 bis 14)**
16. **Ergebnis vor Steuern (Zwischensumme aus Z 8 und Z 15)**
17. Steuern vom Einkommen und vom Ertrag
18. **Ergebnis nach Steuern**
19. Sonstige Steuern, soweit nicht unter den Posten 1 bis 18 enthalten
20. Jahresüberschuss/Jahresfehlbetrag
21. Auflösung von Kapitalrücklagen
22. Auflösung von Gewinnrücklagen
23. Zuweisung zu Gewinnrücklagen
24. Gewinnvortrag/Verlustvortrag aus dem Vorjahr
25. **Bilanzgewinn (Bilanzverlust)**

Abbildung 22: Gliederung der GuV nach dem Umsatzkostenverfahren
(unter Berücksichtigung der Änderungen des RÄG 2014)

Ausgehend vom Gliederungsschema des Umsatzkostenverfahrens gem. § 231 UGB und unter Berücksichtigung der Tatsache, dass der Aufbau des Leistungsbudgets dem Prinzip der Grenzplankostenrechnung folgt, ergibt sich bezüglich der Darstellung des **Leistungsbudgets nach dem Umsatzkostenverfahren** folgendes Bild:

Umsatzkostenverfahren (UKV)	
	Geplante Erlöse (Absatzmenge)
–	Erlösschmälerungen (z.B. Rabatte, Skonti)
=	Nettoerlöse bzw. Nettoumsatz
–	**Geplante variable Kosten**
	Variable Herstellkosten der Absatzmenge
	Variable Verwaltungs- und Vertriebskosten der Absatzmenge
	Sondereinzelkosten des Vertriebs
=	**Deckungsbeitrag**
–	Fixe Vertriebskosten
–	Fixe Verwaltungskosten
–	Sonstige fixe Kosten
=	**Betriebsergebnis**
+	Kalkulatorische Kosten
–	Neutrale Aufwendungen
=	**Unternehmensergebnis vor Steuern**
–	Steuern vom Einkommen und Ertrag
=	**Unternehmensergebnis nach Steuern**

Abbildung 23: Darstellung des Leistungsbudgets nach dem UKV

Das Umsatzkostenverfahren orientiert sich an der Verkaufsmenge und ist demzufolge absatzbezogen *(vgl. Eisl et al. (2008), S. 167 f.)*. Durch die **Absatzorientierung** entspricht das Umsatzkostenverfahren sehr häufig der Gestaltung des innerbetrieblichen Berichtswesens und ermöglicht dadurch eine Verbindung mit der kurzfristigen Erfolgsrechnung *(vgl. Denk et al. (2016), S. 379 f.)*. Weitere, ins Detail gehende Ausführungen zum Umsatzkostenverfahren finden Sie im Kapitel 3 unter Punkt 2.3.2.

Im Zusammenhang mit der Erstellung des Leistungsbudgets nach dem Umsatzkostenverfahren ergibt sich folgende **Vorgehensweise**:

● Zunächst werden den um die Erlösschmälerungen bereinigten Periodenerlösen **(Nettoerlöse)** nur die variablen Kosten der abgesetzten Leistungen (Cost of Sales) gegenübergestellt. Die Differenz zeigt den Deckungsbeitrag der Planperiode. Die **variablen Kosten der Absatzmenge** setzen sich zusammen aus *(vgl. Coenenberg et al. (2003), S. 103)*:

- variablen Herstellkosten der Absatzmenge
- variablen Verwaltungs- und Vertriebsgemeinkosten
- Sondereinzelkosten des Vertriebs

Die Herstellkosten der Absatzmenge werden unabhängig davon, ob sie in der laufenden Periode oder bereits früher angefallen sind, ausgewiesen. Im Gegensatz dazu bleiben die Kosten für produzierte, jedoch noch nicht abgesetzte Leistungen unberücksichtigt. Alle verkauften Waren werden so betrachtet, als wären sie im betreffenden Zeitraum auch hergestellt worden. Da sich die Erlöse und die Kosten in Bezug auf den betrachteten Leistungsumfang entsprechen, ist in der Folge keine Korrektur des Ergebnisses um Bestandsveränderungen oder aktivierte Eigenleistungen notwendig.

- Der **Betriebserfolg** ergibt sich, indem man vom Deckungsbeitrag der Periode die gesamten Periodenfixkosten abzieht. Die **Fixkosten** werden der Periode zugerechnet, in der sie auch tatsächlich anfallen. Sie setzen sich zusammen aus *(vgl. Coenenberg et al. (2003), S. 103)*:
  - **Fixkosten der Fertigung**
  - **Fixkosten des Materialbereichs**
  - **Fixkosten der Forschung und Entwicklung**
  - **Fixkosten der Verwaltung**
  - **Fixkosten des Vertriebs**

- Analog zum Gesamtkostenverfahren ist auch beim Umsatzkostenverfahren eine Überleitungsrechnung erforderlich (falls kalkulatorische Kosten angesetzt wurden), um vom Betriebsergebnis zum **Unternehmensergebnis vor Steuern** zu gelangen. Bei Vorliegen einer Kapitalgesellschaft wäre auch hier die Körperschaftsteuer abzuziehen (**Unternehmensergebnis nach Steuern**).

Das Umsatzkostenverfahren ist nach betrieblichen Funktionsbereichen bzw. Kostenstellen (Herstellkosten des Umsatzes, Verwaltungskosten, Vertriebskosten) untergliedert. Die Kostenarten (Löhne, Gehälter, Material, Abschreibungen usw.) werden nach Einzel- und Gemeinkosten getrennt und wie beim Betriebsabrechnungsbogen auf die jeweiligen Kostenstellen umgelegt. Daher ist für die Anwendung des Umsatzkostenverfahrens eine **Kostenstellenrechnung** und eine **Kostenträgerstückrechnung** (zur Kalkulation der Herstellkosten) erforderlich *(vgl. Denk et al. (2016), S. 378 f.)*.

Der Vorteil des Umsatzkostenverfahrens gegenüber dem Gesamtkostenverfahren ist vor allem darin zu sehen, dass hier eine nach Produktarten differenzierte Erfolgsanalyse möglich ist. So kann im Rahmen einer auf dem Umsatzkostenverfahren basierenden stufenweisen Deckungsbeitragsrechnung z.B. der Erfolgsbeitrag eines Produktes berechnet werden. Dies kann wichtige Informationen für die Produktionsprogrammplanung eines Unternehmens beinhalten *(vgl. Wala/Haslehner (2016), S. 150)*.

Die wesentlichen **Unterschiede** zwischen **Umsatz- und Gesamtkostenverfahren** sind in folgender Übersicht nochmals zusammengefasst:

Umsatzkostenverfahren	Gesamtkostenverfahren
Erlösen werden nur die Kosten für verkaufte Produkte bzw. Leistungen gegenübergestellt	Erlösen werden die gesamten Periodenkosten gegenübergestellt
marktorientiert	produktionsorientiert
keine Bestandsveränderungen	Berücksichtigung von Bestandsveränderungen
→ Kostenstellen- und Kostenträgerrechnung notwendig	→ rechnerische Einfachheit
höhere Aussagekraft, da Gliederung nach Produkten und Produktgruppen sowie stärkere Differenzierung nach Verantwortungsbereichen	nur beschränkte Zuordnung der Kosten auf Produkte und Produktgruppen möglich
Funktionskosten, Produkterfolg ersichtlich	Kostenarten ersichtlich
international verbreiteter (Vorschrift nach US-GAAP, zulässig nach IFRS)	(noch) dominierend in der österreichischen Praxis; außerhalb Europas wenig verbreitet

Abbildung 24: Gegenüberstellung Umsatz- und Gesamtkostenverfahren

Lehrbeispiel: Leistungsbudget Produktionsbetrieb

Für den Produktionsbetrieb *Save Glas KG*, der Sicherheitshartglas herstellt, soll das Leistungsbudget für die Planperiode erstellt werden. Folgende Daten stehen zur Verfügung:

Geplante Produktions- und Absatzmenge	50.000 m²
Planverkaufspreis netto	€ 85,– je m²
Geplante variable Kosten:	
Fertigungsmaterialverbrauch	25 kg Floatglas je m²
Planmaterialpreis	€ 0,75 je kg
Bearbeitungszeit für Härten und Schneiden	15 Minuten je m²
Maschinenstundenverrechnungssatz	€ 50,– je Stunde
Fertigungslohn	€ 12,– je m²
Sonstige variable Fertigungsgemeinkosten	40 % der Fertigungslöhne

Geplante fixe Kosten:		
Personalkosten (Gehälter und Hilfslöhne)	€	530.000,–
Miete	€	125.000,–
Versicherungen	€	80.000,–
Sonstige Kosten	€	171.050,–
Kalkulatorische Abschreibung	€	500.000,–
Kalkulatorische Zinsen	€	300.000,–
Steuerliche Abschreibung	€	400.000,–
Fremdkapitalzinsen	€	200.000,–
Körperschaftsteuerbelastung		**25 %**

Aufgabenstellung:

Erstellen Sie das **Leistungsbudget** und ermitteln Sie das **Betriebsergebnis** sowie das **Unternehmensergebnis**!

Lösung:

Leistungsbudget der *Save Glas KG*				
	Erlöse	50.000 m² × € 85,–		4.250.000,–
–	**Variable Kosten**			2.402.500,–
	Materialkosten	25 kg × € 0,75 × 50.000 m²	937.500,–	
	Maschinenkosten	€ 50,– × 50.000 m² × (15 min/60 min)	625.000,–	
	Fertigungslöhne	€ 12,– × 50.000 m²	600.000,–	
	Variable Fertigungs-GK	40 % von € 600.000,– Fertigungslöhnen	240.000,–	
=	**Deckungsbeitrag (DB)**			1.847.500,–
–	**Fixkosten**	€ 530.000,– + € 125.000,– + € 80.000,– + € 171.050,– + € 500.000,– + € 300.000,–		1.706.050,–
=	**Betriebsergebnis**			141.450,–
+	**Kalkulatorische Kosten**			800.000,–
	kalk. Abschreibung		500.000,–	
	kalk. Zinsen		300.000,–	
–	**Neutrale Aufwände**			600.000,–
	steuerliche Abschreibung		400.000,–	
	Fremdkapitalzinsen		200.000,–	
=	**Unternehmensergebnis**			341.450,–

Kommentar:

Da es bei der *Save Glas KG* weder einen Lageraufbau noch einen Lagerabbau gibt, entspricht in diesem Fall das Gesamtkostenverfahren dem Umsatzkostenverfahren. Ausgehend von den Nettoumsatzerlösen werden zunächst im Rahmen einer einstufigen Deckungsbeitragsrechnung die variablen Kosten abgezogen und im Anschluss daran der Deckungsbeitrag ermittelt. Die bei diesem Unternehmen für die Planperiode voraussichtlich anfallenden Fixkosten in Höhe von € 1.706.050,– sind geringer als der Deckungsbeitrag, wodurch sich ein positives Betriebsergebnis (welches auf kalkulatorischen Größen beruht) ergibt. Eine Überleitung des Betriebsergebnisses in das Unternehmensergebnis ist bei der *Save Glas KG* deshalb erforderlich, weil die kalkulatorischen Kosten nicht den pagatorischen Aufwendungen entsprechen. Somit beträgt das Unternehmensergebnis € 341.450,–.

2.4. Instrumente der Erlös- und Kostenplanung

2.4.1. Gewinnschwellenanalyse (Break-Even-Point)

Die Gewinnschwellenanalyse ist in der Praxis häufig integrierter Bestandteil des Leistungsbudgets. Sie ist ein besonders anschauliches **Hilfsmittel zur Erfolgsplanung**, aber auch zur Steuerung und Überwachung des Unternehmens und seiner Produkte *(vgl. Coenenberg et al. (2009), S. 302)*. Als Instrument der Erfolgsplanung dient sie zur Bestimmung jenes Umsatzvolumens, bei dem gerade eine Vollkostendeckung eintritt, und hilft somit, folgende zentrale Fragestellung zu beantworten:

„Wie hoch muss der Umsatz des Unternehmens im kommenden Geschäftsjahr mindestens sein, damit alle Kosten gedeckt werden können?"

Die Ermittlung einer umsatzbezogenen Gewinnschwelle ist insbesondere für operative Planungszwecke von Bedeutung. Break-Even-Analysen geben grundsätzlich einen Überblick über Umsätze, Kosten, Gewinne und Verluste für alternative Beschäftigungsgrade und tragen zur Beantwortung folgender Fragen bei *(vgl. Prell-Leopoldseder (2010), S. 202)*:

- Bei welchen Kosten bzw. Erlösen werden gerade noch Gewinne erzielt?
- Bei welcher Kapazitätsauslastung geraten die einzelnen Produkte eines Unternehmens in die Verlustzone?
- Wie wirken sich Absatzänderungen auf den Gewinn des Unternehmens aus?
- Welcher Gewinn kann bei Vollauslastung realisiert werden?
- Welche Menge muss man mindestens verkaufen, damit alle Ausgaben gedeckt sind?

Grundlegende Aufgabe der Gewinnschwellenanalyse ist die Bestimmung des sogenannten Break-Even-Point (BEP). Dieser liegt genau dort, wo die Erlöse der abgesetzten Leistungen den Gesamtkosten entsprechen oder, anders ausgedrückt, dort, wo die Summe der erzielbaren Deckungsbeiträge genau der Summe der noch zu deckenden Fixkosten entspricht. An der Gewinnschwelle wird demnach weder ein Gewinn noch ein Verlust erzielt. An diesem Punkt gelten nachfolgende Gleichungen:

Erlöse (E)	**= Gesamtkosten (GK)**
Gewinn (G)	**= 0**
Periodendeckungsbeitrag (DB)	**= Fixkosten (K_{fix})**

Eine Gewinnschwellenanalyse kann grundsätzlich für einzelne Produkte bzw. Produktgruppen, aber auch für betriebliche Teilbereiche oder den Gesamtbetrieb durchgeführt werden. In **Ein-Produkt-Unternehmen** lässt sich der Break-Even-

Point entweder mengenmäßig in Stück (Mindestabsatz) oder wertmäßig in Geldeinheiten (Mindestumsatz bzw. Break-Even-Umsatz) ermitteln. Demgegenüber ist bei **Mehr-Produkt-Unternehmen**, die eine Vielzahl unterschiedlicher Produkte herstellen, nur eine wertmäßige Berechnung des Mindestumsatzes möglich.

2.4.1.1. Break-Even-Analyse bei Ein-Produkt-Unternehmen

Um für ein Produkt (Produktgruppe) eine Break-Even-Analyse durchführen zu können, müssen folgende Ausgangsdaten bekannt sein *(vgl. Coenenberg et al. (2009), S. 304 ff.)*:

- **Preis** (p) pro verkaufter Einheit
- **Variable Kosten** (k_{var}) pro produzierter Einheit
- **Fixe Kosten** (K_{fix}) pro Periode (Monat, Quartal, Jahr)
- **Menge** (x) der verkauften Einheiten pro Periode (Monat, Quartal, Jahr)

Der **Break-Even-Punkt** zeigt jene Absatzmenge, bei der die Gesamtkosten und die Gesamterlöse gleich hoch sind, sich also ein Gewinn von null ergibt. Jede über diesen Punkt hinausgehende produzierte und verkaufte Produkteinheit führt zu einem Gewinn in Höhe des Stückdeckungsbeitrages. Ist hingegen die effektive Absatzmenge kleiner als die Break-Even-Menge, erwirtschaftet das Unternehmen einen Verlust. Ausgangspunkt für die rechnerische Ermittlung ist die Gewinngleichung. Dabei wird der **Gewinn gleich null** gesetzt:

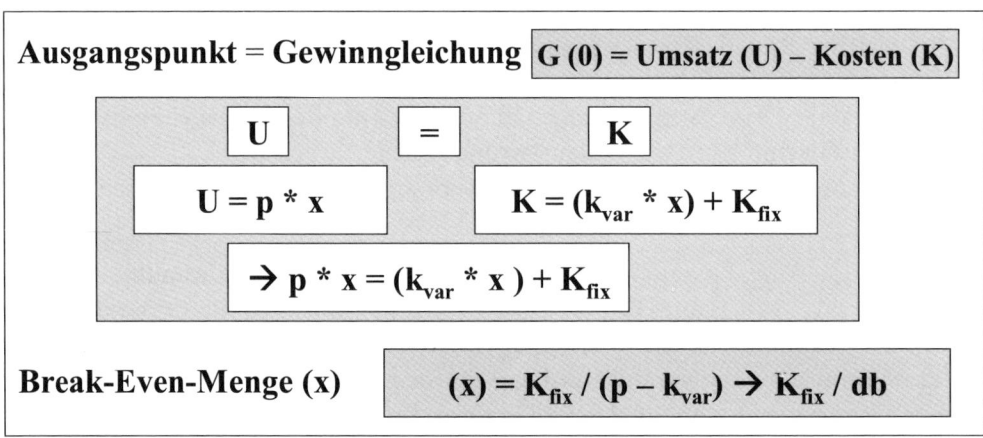

Abbildung 25: Rechnerische Ermittlung der Gewinnschwelle
(Quelle: Prell-Leopoldseder (2010), S. 203)

Die Differenz zwischen dem Stückpreis (p) und den variablen Stückkosten (k_{var}) ist der produktbezogene Stückdeckungsbeitrag (db). Letztendlich ergibt sich durch Umformung der Gleichung die verkürzte **Formel** zur Ermittlung der Gewinnschwellenmenge:

$$\textbf{Break-Even-Menge} = \frac{\text{Geplante Fixkosten der Periode } (K_{fix})}{\text{Stückdeckungsbeitrag (db)}}$$

Da für die Gewinnschwelle „**Gewinn = 0**" gilt, ergibt sich die unmittelbare Beziehung

$$\textbf{Deckungsbeitrag (DB)} = \textbf{Fixkosten } (K_{fix})$$

Lehrbeispiel: Gewinnschwelle bei Ein-Produkt-Unternehmen

Die oben dargestellten Zusammenhänge sollen anhand des folgenden Beispiels verdeutlicht werden:

Geplante Menge der verkauften Einheiten (x) pro Jahr		3.000 Stück
Geplanter Preis je verkaufte Einheit (p)	€	250,–
Geplante variable Kosten je produzierte Einheit (k_{var})	€	150,–
Geplante Fixkosten pro Jahr (K_{fix})	€	250.000,–
In den geplanten Fixkosten sind enthalten:	€	
Abschreibungen		45.000,–
Kalk. Eigenkapitalzinsen	€	5.000,–

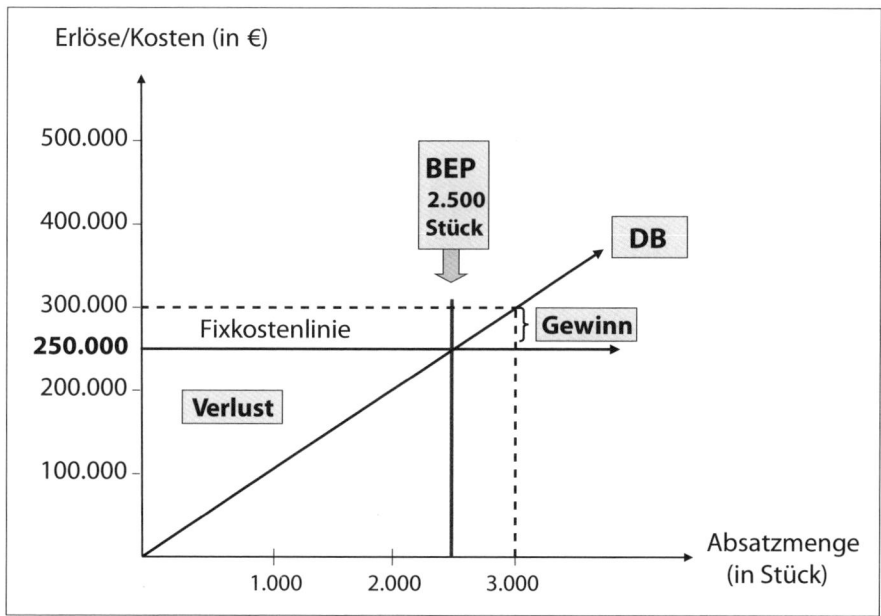

Abbildung 26: Grafische Darstellung der Break-Even-Analyse

Aus obiger Darstellung lassen sich folgende Aussagen ableiten:

- Die Fixkostenlinie liegt bei allen Absatzmengen auf der Höhe von € 250.000,–.

- Die Deckungsbeitragslinie beginnt im Nullpunkt und erreicht bei einer Absatzmenge von 3.000 Stück (prognostizierte Absatzobergrenze) einen Wert von € 300.000,–.
- Die Gewinnschwelle wird erreicht, wenn die Deckungsbeitragslinie die Fixkostenlinie schneidet, was bei einer Stückzahl von 2.500 der Fall ist.

Aus den soeben dargestellten Zusammenhängen ergibt sich in der Folge eine Vielzahl von Informationsmöglichkeiten *(vgl. Coenenberg et al. (2003), S. 266 ff.)*:

(1) Mindestabsatzmenge (BEP I)

Welche Menge (Break-Even-Menge, Deckungsmenge) muss mindestens verkauft werden, um alle geplanten Kosten zu decken?

Um die Gesamtkosten eines Produktes zu decken, muss der Deckungsbeitrag so hoch sein, dass damit alle Fixkosten gedeckt werden können. Nur so können Verluste verhindert werden. Die Beantwortung dieser Frage ist für Unternehmen auch in Zusammenhang mit Produkteinführungen interessant, damit man weiß, ob sich die Einführung überhaupt lohnt *(vgl. Prell-Leopoldseder (2010), S. 204)*. Die Break-Even-Menge wird stets auf ganze Einheiten (Stück, Tonnen usw.) aufgerundet.

$$
\begin{aligned}
x * (p - k_{var}) &= K_{fix} \\
x * db &= K_{fix} \\
x &= K_{fix} / db \\
x &= 250.000 / 100 \\
x_{BEP\,I} &= \textbf{2.500 Stück}
\end{aligned}
$$

(2) Break-Even-Umsatz (U_{BEP})

Welcher Umsatz (Mindestumsatz, Deckungserlös) muss mindestens erzielt werden, um alle geplanten Kosten zu decken?

Der Break-Even-Umsatz ergibt sich aus der Multiplikation der Mindestabsatzmenge (x_{BEP}) mit dem Verkaufspreis (p):

$$
\begin{aligned}
U_{BEP} &= x_{BEP\,I} * p \\
U_{BEP} &= 2.500 * 250 \\
U_{BEP} &= \textbf{€ 625.000,–}
\end{aligned}
$$

(3) Break-Even-Point mit Plangewinn (BEP II)

Welche Absatzmenge muss mindestens erreicht werden, damit ein Plangewinn in der Höhe von € 20.000,– generiert werden kann?

Will ein Unternehmen den geplanten Gewinn in die Mindestumsatzberechnung einbauen, dann muss zur Errechnung des Mindestumsatzerlöses im Zähler der Plangewinn zu den Fixkosten dazu gerechnet werden. Demzufolge muss der Deckungsbeitrag so hoch sein, dass damit alle Fixkosten gedeckt sind und zusätzlich der vorgegebene Zielgewinn (G) erreicht werden kann.

$$
\begin{aligned}
x * (p - k_{var}) &= (K_{fix} + G) \\
x &= (K_{fix} + G) / db \\
x &= (250.000 + 20.000) / 100 \\
x_{BEP\,II} &= \textbf{2.700 Stück}
\end{aligned}
$$

(4) Sicherheitsspanne (in %)

Um wie viel Prozent darf die Kapazitätsauslastung maximal sinken, damit kein Verlust entsteht?

Die Sicherheitsspanne bzw. der Sicherheitskoeffizient (S) gibt an, um wie viel Prozent die geplante Absatzmenge bzw. der geplante Umsatz maximal sinken darf, bevor das Unternehmen Verluste schreibt. Um die Sicherheitsspanne zu berechnen, zieht man vom Planumsatz den Mindestumsatz ab und dividiert diesen Differenzbetrag durch den Planumsatz.

$$\text{Sicherheitsspanne (in \%)} = \frac{(\text{Planumsatz} - \text{Mindestumsatz}) \times 100}{\text{Planumsatz}}$$

Die aktuelle (geplante) Absatzmenge (x_{PLAN}) liegt bei 3.000 Stück, die Gewinnschwelle ($x_{BEP\,I}$) wurde mit 2.500 Stück berechnet. Die prozentuelle Sicherheitsspanne (S) errechnet sich wie folgt:

$$
\begin{aligned}
x_{PLAN} &= 3.000 \text{ Stück} \\
x_{BEP\,I} &= 2.500 \text{ Stück} \\
S &= (x_{PLAN} - x_{BEP\,I}) * 100 / x_{PLAN} \\
S &= (3.000 - 2.500) * 100 / 3.000 \\
\mathbf{S} &= \mathbf{16{,}67\ \%}
\end{aligned}
$$

Bei gegebener Kapazität, Kostenstruktur und Absatzlage darf der Umsatz bzw. die derzeitige Absatzmenge von 3.000 Stück um maximal 16,67 % zurückgehen, ehe die Verlustgrenze für das betreffende Produkt erreicht wird. Für die Praxis bedeutet dies, dass Betriebe umso besser gegen Verluste gewappnet sind, je höher diese Kennzahl ausfällt. Insofern kommt dem Sicherheitskoeffizienten die Eigenschaft eines Risikomaßstabes zu.

(5) Liquiditätspunkt (bzw. Cashflow-Point)

Welche Menge muss das Unternehmen mindestens verkaufen, damit alle Ausgaben gedeckt sind?

In diesem Fall kommen bei den Fixkosten nur ausgabenwirksame Größen zum Ansatz. Dementsprechend werden im Zähler die nicht zahlungswirksamen Beträge (z.B. Abschreibungen, kalkulatorische Eigenkapitalzinsen, kalkulatorischer Unternehmerlohn) von den Fixkosten abgezogen und durch den Stück-Deckungsbeitrag dividiert.

$$\text{Liquiditätspunkt (LP)} = \frac{(\text{Fixkosten} - \text{nicht ausgabenwirksame Kosten})}{\text{Stückdeckungsbeitrag}}$$

$$
\begin{aligned}
LP &= (K_{fix} - \text{nicht ausgabenwirksame Kosten}) / db \\
LP &= 250.000 - (45.000_{Abschreibung} + 5.000_{EKZ}) / 100 \\
x_{LP} &= \mathbf{2.000 \text{ Stück}}
\end{aligned}
$$

(6) Verkaufspreiserhöhung (bzw. -senkung)

Wie weit darf der Absatz (x) maximal zurückgehen, damit sich trotz einer Erhöhung des Verkaufspreises um 10 % der Gewinn nicht verringert?

Um diese Zielsetzung zu erreichen, muss der Deckungsbeitrag nach der Erhöhung des Verkaufspreises (DB_{neu}) mindestens so hoch sein wie der Deckungsbeitrag vor der Veränderung (DB_{alt}). Bei einer geplanten Absatzmenge von 3.000 Stück ergibt sich:

$$
\begin{aligned}
DB_{neu} &= DB_{alt} \\
x * (250 * 1,1 - 150) &= 3.000 * (250 - 150) \\
x * (275 - 150) &= 300.000 \\
x &= \textbf{2.400 Stück}
\end{aligned}
$$

Der Absatz darf also gegenüber der ursprünglichen Verkaufsmenge von 3.000 Stück um höchstens 600 Stück (das entspricht 20 %) zurückgehen, wenn kein Gewinnrückgang entstehen soll.

Um wie viel muss der Absatz (x) steigen, damit trotz einer Senkung des Verkaufspreises um 10 % der Gewinn gleich bleibt?

Eine analoge Vorgehensweise ergibt sich, wenn jene Absatzmenge errechnet werden soll, die bei einer 10%igen Senkung des Verkaufspreises mindestens erforderlich ist, um keine Gewinneinbußen zu erleiden:

$$
\begin{aligned}
x * (250 * 0,9 - 150) &= 3.000 * (250 - 150) \\
x * (225 - 150) &= 300.000 \\
x &= \textbf{4.000 Stück}
\end{aligned}
$$

Der Absatz müsste nach der Preissenkung also um mindestens 33,3 % auf 4.000 Stück gesteigert werden, um einen Gewinnrückgang zu verhindern. Dabei sind etwaige Kapazitätsgrenzen, sowohl absatz- als auch produktionsseitig, zu beachten.

2.4.1.2. Break-Even-Analyse bei Mehr-Produkt-Unternehmen

Die soeben dargestellte Gewinnschwellenanalyse ist bei Unternehmen, die mehrere Produkte mit jeweils unterschiedlichen Stückdeckungsbeiträgen herstellen, nicht anwendbar. Demzufolge hat die traditionelle Formel ($x_{BEP} = K_{fix} / db$) bei Mehr-Produkt-Unternehmen keine Gültigkeit.

Hier wird die Gewinnschwelle dann erreicht, wenn die gesamten Erlöse der einzelnen Produktarten die gesamten Kosten, die für diese Produkte entstehen, decken. Dies bedeutet, in Mehr-Produkt-Unternehmen kann keine Break-Even-Absatzmenge, sondern lediglich der Break-Even-Umsatz, der im Schnittpunkt von Umsatz- und Gesamtkostenkurve liegt, errechnet werden. Kurzum, es ist nur eine **wertmäßige Ermittlung** der Gewinnschwelle möglich.

In Zusammenhang mit der Berechnung des Break-Even-Umsatzes kommt der sogenannte **„Deckungsgrad"** (oftmals auch als „Deckungsbeitragsintensität" bezeichnet) zur Anwendung *(vgl. Eisl et al. (2008), S. 418)*:

> **Deckungsgrad** = Stückdeckungsbeitrag (db) / Preis pro verkaufter Einheit (p)

Je nach Anzahl der Produkte ergeben sich unterschiedliche **produktspezifische Stückdeckungsbeiträge**. Bei mehreren Produkten müssen die stückbezogenen Größen (wie Preise, Stück-DB und variable Stückkosten) jeweils mit den Mengen der einzelnen Produkte im Sortiment gewichtet werden. Um eine solche Differenzierung zu erreichen, ist es notwendig, die Umsätze und Kosten nach Produktarten zu berücksichtigen. Der Gesamtdeckungsgrad aller Produkte resultiert somit aus der Addition aller Produkt-Deckungsgrade:

$$DB_{Gesamt} = DB_{Produkt\ 1} + DB_{Produkt\ 2} + DB_{Produkt\ 3} + DB_{Produkt\ n}$$

$$U_{Gesamt} = U_{Produkt\ 1} + U_{Produkt\ 2} + U_{Produkt\ 3} + U_{Produkt\ n}$$

In Mehrproduktunternehmen lässt sich der Break-Even-Umsatz (U_{BEP}) mithilfe der **DBU-Quot-e** respektive des **DBU-Faktors** (durchschnittlicher Deckungsbeitrag in % vom Umsatz) bestimmen. Diese Kennzahl ist aufgrund der einfachen Handhabung in der Praxis weit verbreitet und findet auch im Handel und Dienstleistungsbereich Anwendung (hier oftmals als Deckungsbeitragsspanne bezeichnet).

> **DBU-Quote** = Gesamtdeckungsbeitrag (DB_{Gesamt}) / Gesamtumsatz (U_{Gesamt})

Die DBU-Quote gibt somit das Verhältnis von Deckungsbeitrag und Umsatz an. So besagt beispielsweise eine DBU-Quote von 40 %, dass der Deckungsbeitrag 40 % vom Umsatz ausmacht.

Um letztendlich den Break-Even-Umsatz für das gesamte Produktions- bzw. Absatzprogramm ermitteln zu können, werden die geplanten Fixkosten durch den DBU-Faktor (sollte stets auf mindestens 4 Dezimalstellen gerundet werden) dividiert:

> **Break-Even-Umsatz (U_{BEP})** = Geplante Fixkosten der Periode (K_{fix}) / DBU-Quote

Die Ermittlung des Break-Even-Umsatzes beruht auf der Annahme eines konstanten Produktmix. Jede Änderung in der Zusammensetzung des Produktspektrums führt folglich auch zu einer Änderung des Break-Even-Umsatzes.

Lehrbeispiel: DBU-Quote bei Mehr-Produkt-Unternehmen

Plant beispielsweise ein Unternehmen für die Budgetperiode Fixkosten i.H.v. € 800.000,–, dann muss bei einem DBU-Faktor von 40 % ein Mindestumsatz von € 2.000.000,– erzielt werden, damit sich ein Betriebsergebnis von null ergibt bzw. keine Verluste entstehen.

	Umsatzerlöse	2.000.000,–	
–	variable Kosten	1.200.000,–	
=	**Deckungsbeitrag**	**800.000,–**	**DBU-Faktor** (40 % vom Umsatz)
–	Fixkosten	800.000,–	
=	**Betriebsergebnis (vor Steuern)**	0,–	
Die Break-Even-Gleichung **Deckungsbeitrag = Fixkosten** ist ebenfalls erfüllt.			

Auch die Rechnung mit dem DBU-Faktor kann modifiziert bzw. mit diversen Zielvorgaben versehen werden. So kann beispielsweise die Frage nach dem Break-Even-Umsatz unter Berücksichtigung einer bestimmten Umsatzrentabilität beantwortet werden.

Welcher Umsatz (U) muss mindestens erreicht werden, wenn das Unternehmen ein Betriebsergebnis in der Höhe von 5 % des Umsatzes (= Umsatzrentabilität) anstrebt?

	Umsatzerlöse	100 %	1,0 U	2.285.714,30
–	variable Kosten	60 %	0,6 U	1.371.428,60
=	**Deckungsbeitrag**	**40 %**	**0,4 U**	914.285,70
–	Fixkosten (in €)	800.000	800.000	800.000,00
=	**Betriebsergebnis (vor Steuern)** **5 % vom Umsatz**		**0,05 U**	114.285,70

$$\begin{aligned} DB &= (K_{fix} + G) \\ 0,4\,U &= 800.000 + 0,05\,U \\ 0,35\,U &= 800.000 \\ U &= 2.285.714,30 \end{aligned}$$

Das Unternehmen möchte mit dem geplanten Umsatz also nicht nur die Fixkosten in Höhe von € 800.000,– decken, sondern zusätzlich auch noch eine Umsatzrentabilität (Betriebsergebnis im Verhältnis zum Umsatz) von 5 % erzielen. Durch Einsetzen in die oben dargestellte Formel können nun der erforderliche Umsatz und im Anschluss daran die restlichen Größen ermittelt werden.

Lehrbeispiel: Gewinnschwelle bei Mehr-Produkt-Unternehmen

Ein Mehrproduktunternehmen plant in der kommenden Periode die Herstellung und den Vertrieb von drei verschiedenen Produkten (A, B und C). Diesbezüglich liegen folgende Informationen vor:

Produkt	Nettopreis je Stück (in €)	Umsatzerwartung (in €)	variable Herstellkosten je Stück (in €)
A	120,–	840.000,–	40,95
B	180,–	900.000,–	56,70
C	165,–	660.000,–	72,15

Bezüglich der variablen Vertriebskosten rechnet das Unternehmen mit 15 % vom Erlös. Die gesamten Fixkosten belaufen sich auf € 1.245.000,–.

Aufgabenstellung:

Ermitteln Sie den **Break-Even-Umsatz** mithilfe der DBU-Quote (auf 4 Dezimalstellen runden) für das Verkaufs- bzw. Produktionsprogramm dieses Mehrproduktunternehmens!

Lösung:

Produkt	Umsatz-erlös	Absatz-menge	Preis je Stück	Var. HK je Stück	V&V je Stück	DB je Stk.	Gesamt- DB
A	840.000,–	7.000 Stk.	120,–	40,95	18,00	61,05	427.350,–
B	900.000,–	5.000 Stk.	180,–	56,70	27,00	96,30	481.500,–
C	660.000,–	4.000 Stk.	165,–	72,15	24,75	68,10	272.400,–
Summe	**2.400.000,–**						**1.181.250,–**

Absatzmenge = Umsatzerwartung / Nettopreise je Stück
DBU-Quote = DB 1.181.250 / Umsatz 2.400.000 → **0,4922 (DBU-Quote)**
BEP-Umsatz = Kf 1.245.000 / 0,4922 → **€ 2.529.524,– (BEP-Umsatz)**

Kommentar:

In Mehr-Produkt-Unternehmen wird der Break-Even-Umsatz mithilfe der DBU-Quote ermittelt. Zur Berechnung der DBU-Quote wird der Gesamtdeckungsbeitrag des Unternehmens durch die Umsatzerlöse (siehe Angabe) dividiert. Angesichts dessen, dass in diesem Unternehmen drei unterschiedliche Produkte hergestellt und vertrieben werden, ergeben sich ebenso viele produktspezifische Stückdeckungsbeiträge (Nettoerlöse abzüglich variabler Herstellkosten und variabler Vertriebskosten). Werden diese jeweils mit den Mengen der einzelnen Produkte im Sortiment gewichtet, resultiert daraus der Gesamtdeckungsbeitrag des Unternehmens. Letztendlich ergibt für dieses Unternehmen ein Break-Even-Umsatz in Höhe von € 2.529.524,–.

2.4.2. Deckungsbeitragsrechnung

Die Deckungsbeitragsrechnung bezieht neben der Kostenseite auch die Erlösseite in die Berechnung mit ein. Sie setzt, in Abhängigkeit von der Beschäftigung, eine Trennung der in einem Unternehmen geplanten Kosten in fixe und variable Bestandteile voraus.

Geplante Umsatzerlöse
– Geplante variable Kosten
= Deckungsbeitrag der Planperiode
– Planfixkosten der Periode
– Betriebsergebnis der Planperiode

Σ DB > Kf → Positiver Betriebserfolg
Σ DB < Kf → Negativer Betriebserfolg

Abbildung 27: Grundmodell der Deckungsbeitragsrechnung

Werden den geplanten Nettoerlösen die entsprechenden variablen Plankosten gegenübergestellt, ergibt sich der **Deckungsbeitrag** der Planperiode *(vgl. Prell-Leopoldseder (2010), S. 189)*. Dieser dient zur Abdeckung der gesamten Fixkosten und zur Erzielung eines gewünschten Betriebsergebnisses. Zieht man anschließend von diesem Deckungsbeitrag die für die Budgetperiode geplanten Fixkosten ab, resultiert daraus das voraussichtliche **Betriebsergebnis**.

Diese Vorgehensweise entspricht dem Grundmodell des Leistungsbudgets und bildet auch die Grundlage für viele weitere Ausprägungsformen. Nachfolgend werden die einstufige und die mehrstufige Deckungsbeitragsrechnung näher beschrieben. Der zentrale Unterschied liegt in der rechnerischen Behandlung der Fixkosten.

2.4.2.1. Einstufige Deckungsbeitragsrechnung

Bei Anwendung der einstufigen Deckungsbeitragsrechnung gehen die **Fixkosten als ein Block** in die Betriebsergebnisrechnung ein, in der mehrstufigen Deckungsbeitragsrechnung hingegen wird der Fixkostenblock aufgespalten und stufenweise verrechnet.

In Mehr-Produkt-Unternehmen werden zunächst für sämtliche Produkte die Nettopreise sowie die variablen Stückkosten geplant. In der Folge können die Deckungsbeiträge, welche die einzelnen Produktarten voraussichtlich in der Planperiode erwirtschaften, ermittelt werden. Um den gesamten Unternehmensdeckungsbeitrag zu erhalten, werden die Deckungsbeiträge der verschiedenen Erzeugnisse addiert und anschließend davon die geplanten Fixkosten als Fixkostenblock abgezogen. Die Differenz zeigt den voraussichtlichen Betriebserfolg der Planperiode.

Bei Aufgliederung nach einzelnen Produktarten liegt eine Produkterfolgsrechnung mit Deckungsbeiträgen je Produktart und einem kalkulatorischen Periodenerfolg vor *(vgl. Schweitzer/Küpper (2008), S. 462 ff.)*. Dies sei an folgendem Beispiel veranschaulicht:

Produkte	I	II	III	IV	V
Bruttopreis je Produkteinheit	42,50	20,00	37,50	30,00	25,00
– Erlösschmälerungen (20 % für Rabatt und Skonti)	8,50	4,00	7,50	6,00	5,00
= **Nettopreis je Produkteinheit**	**34,00**	**16,00**	**30,00**	**24,00**	**20,00**
Nettoerlös je Produktart	14.960,00	5.760,00	13.800,00	12.840,00	9.800,00
– Variable Kosten je Produktart	10.259,00	2.257,00	9.278,00	8.021,00	4.791,00
= **Deckungsbeitrag je Produktart**	**4.701,00**	**3.503,00**	**4.522,00**	**4.819,00**	**5.009,00**
Unternehmensdeckungsbeitrag	22.554,00				
– Geplante Fixkosten	10.280,00				
= **Geplanter Periodenerfolg**	**12.274,00**				

Abbildung 28: Einstufige Periodenerfolgsrechnung

Dieses Beispiel zeigt mithilfe der einstufigen Deckungsbeitragsrechnung, welchen Beitrag die einzelnen Produktarten zur Deckung der gesamten Unternehmensfixkosten leisten. In der Folge können daraus Informationen zur Steuerung des Produktsortiments gewonnen werden.

Die Schwachpunkte der einstufigen DB-Rechnung, insbesondere der undurchsichtige Charakter des Deckungsbeitrages bzw. seine mangelnde Aussagefähigkeit hinsichtlich des genauen Artikelgewinnes, sind vor allem auf die vorgenommene Gleichbehandlung sämtlicher Fixkosten zurückzuführen. Für kurzfristige Entscheidungen ist dies nicht weiter problematisch, für mittel- und langfristige Entscheidungen jedoch schon *(vgl. Prell-Leopoldseder (2010), S. 201)*.

Die einstufige Deckungsbeitragsrechnung ist für die Unternehmenssteuerung nur begrenzt tauglich. Insbesondere in jenen Fällen, in welchen die variablen Kosten eher gering sind und der Fixkostenblock einen hohen Anteil an den Gesamtkosten einnimmt (z.B. bei Erzeugungsbetrieben mit einem hohen Automatisierungsgrad), stößt die einstufige DB-Rechnung schnell an ihre Grenzen *(vgl. Prell-Leopoldseder (2010), S. 201)*. Eine erhebliche Verbesserung tritt ein, wenn es gelingt, den Fixkostenblock verursachungsgerecht zuzuordnen. Dazu ist zu hinterfragen, wer für die Entstehung der Fixkosten verantwortlich ist.

2.4.2.2. Mehrstufige Deckungsbeitragsrechnung

Bei der mehrstufigen bzw. stufenweisen DB-Rechnung werden die Fixkosten nicht so wie beim Direct Costing als Block verrechnet, sondern nach ihrer Kostenverursachung differenziert. Nach dem Kriterium der Zurechenbarkeit wird zwischen Produktfixkosten, Produktgruppenfixkosten, Kostenstellen- bzw. Bereichsfixkosten und Unternehmensfixkosten unterschieden. Aufgrund dieser Differenzierung können nun die geplanten Fixkosten in der Planerfolgsrechnung stufenweise berücksichtigt werden.

Bezugsebene	Fixkosten	Beispiele
Produktfixkosten	Entstehen durch die Entwicklung, Produktion und den Vertrieb eines Produktes	Entwicklungskosten, Kosten für Spezialmaschinen und Spezialwerkzeuge, Patent- und Lizenzgebühren
Produktgruppenfixkosten	Fixkosten, die bei der Erzeugung bestimmter Produktgruppen entstehen	Kosten für gemeinsam genutzte Gebäude, Maschinen und Anlagen, Personalkosten der Verantwortlichen, Vertriebskosten für die Produktgruppe

Kostenstellenfixkosten	Erfassung jener Fixkosten, die nicht bereits dem Produkt bzw. der Produktgruppe zugeordnet werden konnten	Meisterlöhne, Raumkosten
Bereichsfixkosten, Divisions- und Spartenfixkosten	Fixkosten, die speziell für diese Hierarchieebene (z.B. Werke, Betriebe) anfallen	Bereitschaftskosten spezieller Unternehmensbereiche, Verwaltungs- und Vertriebsgemeinkosten der jeweiligen Organisationseinheit
Konzern- bzw. Unternehmensfixkosten	Erfassung aller „Restfixkosten", die nicht schon vorher den jeweiligen Hierarchieebenen zugeordnet werden konnten; diese so genannten „Overheadkosten" betreffen insbesondere die Kosten der Zentralverwaltung eines Unternehmens	Kosten der Geschäftsführung, Personalverwaltung, Rechnungswesen

Abbildung 29: Bezugsebenen der mehrstufigen Deckungsbeitragsrechnung

Durch diese stufenweise Verteilung der Fixkosten ergeben sich **stufenspezifische Deckungsbeiträge**, mit denen der jeweilige Ergebnisbetrag dargestellt werden kann. Im nachfolgenden Beispiel wird dies verdeutlicht *(vgl. Schweitzer/Küpper (2008), S. 466)*:

Bereiche		1			2	
Produktgruppen		A		B	C	
Produkte		I	II	III	IV	V
	Bruttoerlöse	18.700	7.200	17.250	16.050	12.250
–	Erlösschmälerung	3.740	1.440	3.450	3.210	2.450
=	Nettoerlöse	14.960	5.760	13.800	12.840	9.800
–	variable Kosten	10.259	2.257	9.278	8.021	4.791
=	**Deckungsbeitrag I**	**4.701**	**3.503**	**4.522**	**4.819**	**5.009**
–	Produktfixkosten			100		
=	**Deckungsbeitrag II (Produkt)**	**4.701**	**3.503**	**4.422**	**4.819**	**5.009**
	Σ DB je Produktgruppe	8.204		4.422	9.828	
–	Produktgruppenfixkosten	150			250	
=	**Deckungsbeitrag III (Produktgruppe)**	**8.054**		**4.422**	**9.578**	

	Σ DB je Bereich	12.476	9.578
−	Bereichsfixe Kosten	4.295	4.795
=	**Deckungsbeitrag IV (Bereich)**	**8.181**	**4.783**
	Σ DB der Unternehmung	12.964	
−	Unternehmensfixkosten	690	
=	**Geplanter Periodenerfolg**	**12.274**	

Abbildung 30: Mehrstufige Periodenerfolgsrechnung

Mit Hilfe dieser Vorgehensweise kann festgestellt werden, inwieweit einzelne Produkte, Produktgruppen oder auch Unternehmensbereiche in der Lage sind, die ihnen unmittelbar zurechenbaren fixen Kosten zu decken. Darüber hinaus erhält man Informationen über die Erfolgssituation einzelner Produkte, Produktgruppen, Bereiche und das Gesamtunternehmen. Die mehrstufige Deckungsbeitragsrechnung ist somit ein Instrument zur verantwortungsgerechten Zuordnung von Kosten und Erlösen auf die jeweiligen Verursacher.

Als Konsequenz wird ersichtlich, in welchen Bereichen, unter den gegebenen Planungsprämissen, die höchsten (niedrigsten, eventuell negativen) Deckungsbeiträge erzielt werden. Mit Hilfe der stufenweisen DB-Rechnung kann die Zusammensetzung des Betriebsergebnisses bis auf die Produktebene nachvollzogen werden. Dadurch kann bereits bei der Planung ungünstigen Kostenentwicklungen gegengesteuert werden.

Durch die detaillierte Darstellung ist eine differenzierte DB-Analyse möglich, die als wertvolle Entscheidungsgrundlage im Rahmen der Unternehmenssteuerung dient. Die mehrstufige DB-Rechnung spielt vor allem bei der Planung von Produkt- bzw. Bereichserfolgen eine wichtige Rolle und findet in vielen Branchen (z.B. Produktionsbetriebe, Handelsbetriebe) Anwendung.

2.4.3. Plankostenrechnung

Die Plankostenrechnung ist ein System der Kostenrechnung, in dem die Kosten für zukünftige Abrechnungsperioden ermittelt bzw. vorgegeben werden und die Einhaltung dieser Werte kontrolliert wird. Sie dient insbesondere der Bereitstellung von Daten für unternehmerische Entscheidungen **(Dispositionsfunktion)** und der Kontrolle der Wirtschaftlichkeit des Leistungsprozesses bzw. der Beseitigung von Unwirtschaftlichkeiten **(Kontrollfunktion)**.

Die Plankostenrechnung kommt vor allem in Produktionsbetrieben zur Anwendung, wo sie eine exakte Kostenplanung und -kontrolle (Soll-Ist-Vergleich) im Fertigungsbereich ermöglicht. Die **Kostenkontrolle** besteht im Vergleich der Plankosten mit den Istkosten und in der Feststellung und Analyse der aufgetretenen Abweichungen. Dieser Soll-Ist-Vergleich samt Analyse ermöglicht ein rechtzeitiges Eingreifen bei negativen Entwicklungen und bildet die Grundlage für Rationalisierungsmaßnahmen sowie für die Verbesserung der Planung.

2.5. Leistungsbudget in Dienstleistungsunternehmen

In Dienstleistungsunternehmen gibt es keine physischen Produktionsfaktoren *(vgl. Gaedke/Winterheller (2008), S. 74)*. Da eine Spedition oder eine Softwareentwicklung ebenso zum Dienstleistungsbereich zählt wie beispielsweise eine Steuerberatungs- oder Rechtsanwaltskanzlei, ein Finanzdienstleister, ein Hotelbetrieb oder Radio und Fernsehen, präsentiert sich der Wirtschaftszweig der Dienstleistungsbetriebe sehr heterogen. Es erweist sich als besonders schwierig, hier Besonderheiten für die Allgemeinheit des Dienstleistungsbereiches aufzuzeigen. Diese hängen einerseits vom Aufbau des Geschäftsmodells, andererseits von den kritischen Erfolgsfaktoren in diesem Geschäft ab *(vgl. Eisl et al. (2008), S. 819)*. Nachfolgend finden Sie eine mögliche Vorgehensweise zur Aufstellung eines Leistungsbudgets in Dienstleistungsunternehmen.

Ausgangspunkt für die Erstellung des Leistungsbudgets bilden die Erwartungen der Geschäftsführung für die zu planende Periode. Im Dienstleistungsbereich erfolgt die Aufstellung des **Leistungsbudgets** in **zwei Schritten** *(vgl. Egger/Winterheller (2007), S. 122 ff.)*:

1. Schritt: Unter Berücksichtigung der Fixkosten, des Plangewinns, der variablen Kosten je Leistungseinheit und der voraussichtlich erzielbaren Verkaufspreise wird zunächst ein Budgetentwurf erstellt.

2. Schritt: Im Anschluss daran wird dieser Budgetentwurf mit Verbesserungsmöglichkeiten überarbeitet. Erst dann kann das Budget für die Budgetperiode verabschiedet werden.

Vorgehensweise bei der Erstellung des Leistungsbudgets

- Die Budgeterstellung in Dienstleistungsbetrieben beginnt mit der **Planung der Fixkosten**. Diese werden in Anlehnung an die Fixkosten des laufenden Jahres geplant und in Bezug auf bereits bekannte Änderungen, wie beispielsweise Veränderungen beim Personal, den Stromkosten, der Erhöhung der Miete, angepasst. Sobald das Unternehmen die Fixkosten des Budgetjahres kennt, weiß man auch, welcher Deckungsbeitrag zur vollen Kostendeckung erforderlich ist. Wird nun zu den Fixkosten noch der Plangewinn hinzugerechnet, ergibt sich der zur Erzielung des Plangewinns und zur Fixkostendeckung **notwendige Deckungsbeitrag** *(vgl. Egger/Winterheller (2007), S. 124 ff.)*.
- Im nächsten Schritt werden die **variablen Kosten je Leistungseinheit** geplant. Diese sind im Dienstleistungssektor vergleichsweise gering (z.B. bei Beherbergungsbetrieben Kosten für Wäscherei und Frühstück) und können unter Umständen sogar null sein (z.B. in einem Hallenbad).
  - **Planung des Fertigungsmaterials**
    Bei vielen Dienstleistungsbetrieben ist das Fertigungsmaterial auftragsvariabel und kann daher nur insoweit geplant werden, als zum Zeitpunkt der Budgeterstellung bereits Aufträge vorliegen.

- **Planung der Lohnkosten**

  In Dienstleistungsunternehmen ergeben sich vor allem wegen der Problematik der ständigen Leistungsbereitschaft Schwierigkeiten im Hinblick auf die Zurechnung der im Zusammenhang mit Kundenaufträgen anfallenden Lohnkosten. Grundsätzlich ist zu diskutieren, ob die Lohnkosten fix oder variabel sind *(vgl. Egger/Winterheller (2007), S. 125 f.)*:

  a) Planung der Lohnkosten als **variable Kosten (Auftragslöhne)**

     Dies geschieht vorwiegend in Unternehmen mit einer großen Anzahl an Mitarbeitern. Falls nicht alle Aufträge realisiert werden können, werden die verbleibenden Lohnkosten als Hilfslöhne unter den Fixkosten erfasst. Überstundenlöhne und leistungsbezogene Prämien können auf jeden Fall als variabel angesetzt werden.

  b) Planung der Lohnkosten als **fixe Kosten (Bereitschaftslöhne)**

     Die zweite Möglichkeit besteht darin, die Lohnkosten als Bereitschaftslöhne unter den Fixkosten zu planen, was in der Regel bei Betrieben mit geringerer Beschäftigtenzahl geschieht, die Schwankungen in der Auftragslage nicht durch Auftragsverschiebungen ausgleichen können.

- Schließlich sind noch die Verkaufspreise festzulegen. Der Gesamterlös des Unternehmens berechnet sich als Produkt der abzusetzenden Leistungseinheiten mit dem Verkaufspreis pro Leistungseinheit. Werden nun die variablen Kosten vom Umsatzerlös subtrahiert, ergibt sich der **erzielbare Deckungsbeitrag**. Im Extremfall entspricht der erzielbare Deckungsbeitrag dem Umsatzerlös, nämlich dann, wenn in einem Unternehmen keine variablen Kosten anfallen.

Nachdem die Planung sowohl des notwendigen als auch des erzielbaren Deckungsbeitrages abgeschlossen ist, werden diese beiden Deckungsbeiträge, wie folgendes Schema zeigt, einander gegenübergestellt:

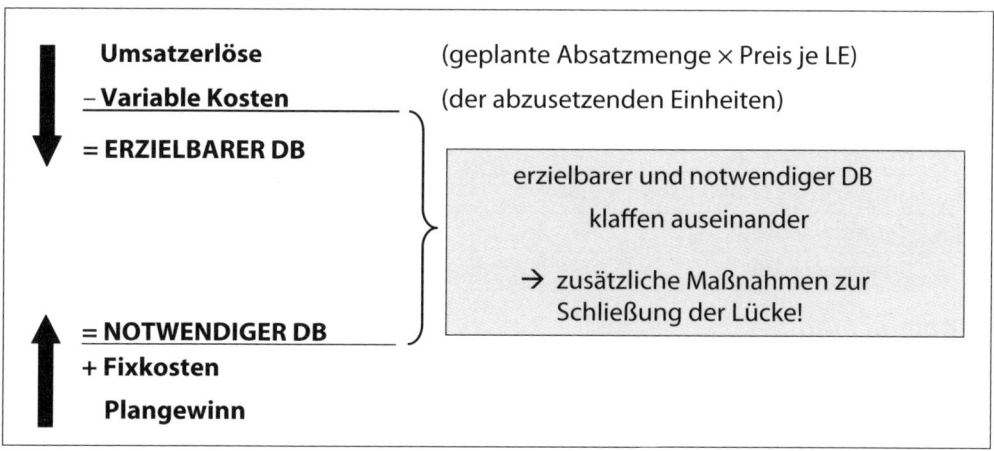

Abbildung 31: Erstellung des Leistungsbudgets in Dienstleistungsbetrieben *(Quelle: Egger/Winterheller (2007), S. 127)*

Die Budgetverabschiedung ist erst dann möglich, wenn der erzielbare Deckungsbeitrag und der notwendige Deckungsbeitrag einander entsprechen. Wenn dies nicht der Fall ist, ergeben sich folgende Möglichkeiten der Budgetkorrektur *(vgl. Egger/ Winterheller (2007), S. 127)*:

- **Erzielbarer DB > Notwendiger DB** Erhöhung des Plangewinnes
- **Erzielbarer DB < Notwendiger DB** Kostensenkung (sowohl variable als auch fixe) und/oder Umsatzsteigerung

Lehrbeispiel: Leistungsbudget Steuerberatungskanzlei

In der Steuerberatungskanzlei *Bach&Partner* arbeiten Herr Bach und seine zwei Angestellten Frau Schubert und Herr Haydn. Das Bruttogehalt von Frau Schubert beläuft sich auf € 4.610,–, das Bruttogehalt des bereits langjährigen Mitarbeiters Haydn auf € 5.130,–. Die Mitarbeiter erhalten 14 Monatsgehälter. Da Herr Bach auf eine exklusive Lage seiner Kanzlei besonders großen Wert legt und seine Büroräume in der Wiener Innenstadt liegen, hat er eine monatliche Miete von € 3.460,– zu bezahlen. Des Weiteren sind sonstige Aufwendungen in Höhe von € 60.000,– zu kalkulieren. Die variablen Kosten von *Bach&Partner* sind vernachlässigbar. Aus seiner langjährigen Erfahrung weiß Herr Bach, dass in etwa 2.800 Beratungsstunden jährlich an Kunden verrechnet werden können. Den Verrechnungssatz pro Stunde in Höhe von € 95,– hat Herr Bach um 5 % erhöht. Er kalkuliert mit einem Plangewinn von € 70.000,–.

Aufgabenstellung:

Erstellen Sie das **Leistungsbudget** für die Steuerberatungskanzlei *Bach&Partner* und kommentieren Sie kurz das Ergebnis.

Leistungsbudget Steuerberatungskanzlei *Bach&Partner*		
Planung der Fixkosten:	237.880,–	
Gehälter ((4.610 + 5.130) × 14)	136.360,–	
Miete (3.460 × 12)	41.520,–	
Sonstige Aufwendungen	60.000,–	
+ Plangewinn	70.000,–	
= **Notwendiger DB**		307.880,–
Umsatzerlös (2.800 h × 95 × 1,05)	279.300,–	
– Variable Kosten	0,–	
Erzielbarer DB		279.300,–

Kommentar:

Vorliegendes Leistungsbudget zeigt, dass der erzielbare DB geringer ist als der notwendige DB. Daher muss Herr Bach Maßnahmen ergreifen, um diese Lücke zu schließen. Beispiele für mögliche Maßnahmen wären:

- Senkung der Fixkosten (z.B. Büroräume verlegen und bei den Mietkosten einsparen)
- Reduktion des Plangewinnes

- Steigerung der Produktivität (Anzahl der absetzbaren Stunden)
- Erhöhung des Verrechnungssatzes

2.6. Leistungsbudget im Handelsbetrieb

Die Natur des Handels führt dazu, dass dieser ein sehr breites Sortiment mit vielen verschiedenen Artikeln hat. Im Laufe einer Budgetierungsperiode kommt es dazu, dass bereits bestehende Artikel aus dem Sortiment ausscheiden, sich das Sortiment verändert, indem neue Artikel hinzukommen, von denen zum Zeitpunkt der Budgetierung weder Einkaufs- noch Verkaufspreis bekannt sind, oder sich Preise von Artikeln im Verkaufsangebot ändern *(vgl. Eisl et al. (2008), S. 818)*. Sowohl die Artikelvielfalt als auch die Flexibilität im Sortiment führen dazu, dass eine Budgetierung auf Artikelebene weder sinnvoll noch mit akzeptablem Aufwand durchgeführt werden kann *(vgl. Feldbauer-Durstmüller (2001), S. 202)*. Aus diesem Grund wird die Budgetierung auf Basis von Artikelgruppen durchgeführt.

Bei der Erstellung des Leistungsbudgets in Handelsbetrieben wird, ähnlich wie bei der Auftragsfertigung, von den in einem Unternehmen vorhandenen Kapazitäten und den sich daraus ergebenden Fixkosten ausgegangen *(vgl. Egger/Winterheller (2007), S. 118)*. Infolgedessen werden auch bei Handelsbetrieben in erster Linie die Fixkosten geplant. Wird zu diesen Fixkosten nun der budgetierte Betriebsgewinn addiert, ergibt sich der erforderliche Deckungsbeitrag. Im Anschluss daran kann der Umsatz geplant werden. Konkret ergibt sich nachstehender **Planungsablauf**:

1. Schritt: Planung der Fixkosten

2. Schritt: Berechnung des erforderlichen Deckungsbeitrages
(Deckungsbeitrag = Fixkosten + Gewinn)

3. Schritt: Planung des Umsatzes
(Mindestumsatz = Deckungsbeitrag + variable Kosten)

Da in Handelsbetrieben die Planung auf Basis von Artikelgruppen erfolgt, werden im Zuge der Budgetierung den einzelnen Artikelgruppen nicht nur der erforderliche Wareneinsatz und die umsatzabhängigen Vertriebssonderkosten, sondern auch die artikelgruppenspezifischen Fixkosten zugeordnet. Dies geschieht im Rahmen der **stufenweisen Fixkostendeckungsrechnung bzw. der mehrstufigen Deckungsbeitragsrechnung** (siehe Abbildung 32).

Ausgangspunkt der Planung bilden die Warengruppen. Fixkosten, die durch diese Artikelgruppen jeweils entstanden sind, werden den entsprechenden Artikelgruppen zugerechnet (Fixkosten, die von einer Sortimentsgruppe verursacht werden, werden der Sortimentsgruppe zugerechnet etc.). Auf diese Art und Weise kann das Unternehmen den tatsächlichen Beitrag einer Artikelgruppe, einer Sortimentsgruppe oder einer Abteilung zum Gesamt-DB feststellen und erkennen, ob eine Artikelgruppe einen positiven oder negativen Deckungsbeitrag erwirtschaftet *(vgl. Egger/Winterheller (2007), S. 118 f.)*.

Abteilung		A			B		
Sortimentsgruppe (Warengruppe)		I	II	III	IV		
Produkt	1	2	3	4	5	6	7	8
Umsatzerlöse								
− Vertriebssonderkosten								
= Nettoerlöse								
− Variable Kosten (Wareneinsatz)								
= **DB I**								
− Produktfixe Kosten								
= **DB II**	Σ		Σ		Σ		Σ	
− Fixkosten einer Sortimentsgruppe								
= **DB III**		Σ				Σ		
− Abteilungsfixkosten								
= **DB IV**				Σ				
− Betriebsfixkosten								
= **Betriebsergebnis**								

Abbildung 32: Stufenweise Fixkostendeckungsrechnung im Handel
(*Quelle: Egger/Winterheller (2007), S. 119*)

Lehrbeispiel: Leistungsbudget Handelsunternehmen

Das Handelsunternehmen *Bio Products OG* möchte das Angebot an biologischen Produkten ausweiten und plant diesbezüglich mit folgenden Zahlen:

Das Unternehmen rechnet für die Budgetperiode mit einem **Gesamtumsatz** von € 4.313.000,–. Davon entfallen € 340.000,– auf die biologischen Produkte, welche sich aus den Warengruppen Frischwaren, Tiefkühlprodukte und Trockensortiment zusammensetzen. Die Umsätze der Warengruppen stehen im Verhältnis 3 : 1 : 4,5.

Der **Wareneinsatz** bei den Frischwaren beträgt 60 %, bei den Tiefkühlprodukten 95 % und beim biologischen Trockensortiment 65 %. Der Wareneinsatz aller anderen Produkte beläuft sich auf € 2.781.000,–.

Auf Grund von Besonderheiten bestimmter **Warengruppen** rechnet das Unternehmen mit folgenden **Fixkosten**:

  €   4.000,–   für Frischwaren,
  €   3.000,–   für Tiefkühlprodukte,
  €   3.000,–   für das Trockensortiment sowie
  € 52.000,–   für restliche Warengruppen des Handelsunternehmens.

Zur Betreuung der ausgebauten Bio-Waren-Abteilung werden zwei neue Mitarbeiter eingestellt. Deren **Lohnkosten** betragen monatlich € 2.000,– (inkl. aller Lohnnebenkosten). Es werden 14 Monatsgehälter ausbezahlt.

Die **abteilungsfixen Kosten** der anderen Abteilungen belaufen sich auf € 872.000,–. Zusätzlich müssen noch Abschreibungen, Raumkosten (wie Beleuchtung und Beheizung), Stromkosten, Fremdleistungen (wie Beratung, Werbung, Instandhaltung etc.) als **betriebsfixe Kosten** in Höhe von € 95.000,– berücksichtigt werden.

Aufgabenstellung:

a) Erstellen Sie das **Leistungsbudget** für das Handelsunternehmen *Bio Products OG* mit Hilfe
   (1) der mehrstufigen Deckungsbeitragsrechnung,
   (2) der einstufigen Deckungsbeitragsrechnung!
b) Überprüfen, entscheiden und begründen Sie, ob es sinnvoll ist, das Angebot an biologischen Produkten auszuweiten!

Lösung:

(1) Mehrstufige Deckungsbeitragsrechnung

Mittels der mehrstufigen DB-Rechnung kann zunächst festgestellt werden, ob die einzelnen Bereiche der neu geplanten Bio-Initiative einen positiven Deckungsbeitrag erwirtschaften:

Leistungsbudget: Stufenweise Fixkostendeckungsrechnung *Bio Products OG*				
Abteilung	**Biologische Produkte**			**Restlicher Handel**
Warengruppen	**Frisch-waren**	**TK-Produkte**	**Trocken-sorten**	
Erlöse	120.000,–	40.000,–	180.000,–	3.973.000,–
– Wareneinsatz	– 72.000,–	– 38.000,–	– 117.000,–	– 2.781.000,–
= **DB I**	**48.000,–**	**2.000,–**	**63.000,–**	**1.192.000,–**
Fixkosten Warengruppen	– 4.000,–	– 3.000,–	– 3.000,–	– 52.000,–
= **DB II**	**44.000,–**	**– 1.000,–**	**60.000,–**	**1.140.000,–**
∑ **DB II**		103.000,–		1.140.000,–
– Fixkosten Abteilung		– 56.000,–		– 872.000,–
= **DB III**		47.000,–		268.000,–
∑ **DB III**		315.000,–		
– Betriebsfixe Kosten		– 95.000,–		
= **Betriebsergebnis**		220.000,–		

Berechnung der Umsatzerlöse:

Gesamtumsatz	4.313.000,–	(: 8,5 = 40.000 × 3 → € 120.000,– Frischwaren)
– Umsatz biologische Produkte	340.000,–	
= Geplanter Umsatz restl. Handel	3.973.000,–	

Kommentar:

Die Warengruppe Tiefkühlprodukte der biologischen Produkte erwirtschaftet einen leicht negativen Deckungsbeitrag II in Höhe von € 1.000,–. Würde das Unternehmen die Tiefkühlprodukte aus dem Sortiment nehmen, hätte dies eine Verbesserung des Betriebsergebnisses von € 1.000,– zur Folge. Dennoch sollten die TK-Produkte nicht aus dem Sortiment ausgeschieden werden, da sie zur Vollständigkeit des Bio-Angebots beitragen. Zudem ist es durchaus möglich, dass der Absatz dieser Warengruppe in Zukunft gesteigert wird (derzeit noch in der Markteinführungsphase), wodurch relativ schnell ein positiver Deckungsbeitrag entstehen könnte.

(2) Einstufige Deckungsbeitragsrechnung

Leistungsbudget: Einstufige Deckungsbeitragsrechnung *Bio Products OG*		
	Erlöse		4.313.000,–
–	Wareneinsatz		– 3.008.000,–
=	**DB** (= ∑ DB I)	(48.000 + 2.000 + 63.000 + 1.192.000)	**1.305.000,–**
–	**Fixkosten**		**– 1.085.000,–**
	Warengruppen	62.000,–	
	Abteilung	928.000,–	
	Betrieb	95.000,–	
=	**Betriebsergebnis**		**220.000,–**

Kommentar:

Hier werden die Fixkosten als Fixkostenblock von der Deckungsbeitragssumme abgezogen. Demzufolge zeigt die einstufige Deckungsbeitragsrechnung aber nicht, ob alle Produkte auch in der Lage sind, die ihnen unmittelbar zurechenbaren Fixkosten zu decken. Unabhängig davon, ob das Betriebsergebnis mittels der einstufigen oder der mehrstufigen Deckungsbeitragsrechnung ermittelt wird, beide Verfahren führen zum selben Ergebnis.

2.7. Fallbeispiel: Leistungsbudget der Bike Extreme KG

Der Motorradhersteller *Bike Extreme KG* stellt zwei unterschiedliche Motorräder her, und zwar das Motorrad „DeLuxe" und das Motorrad „Classic" *(in Anlehnung an: Eisl et al. (2008), S. 859)*:

(1) Absatzplanung

Die geplante Absatzmenge vom **Motorrad „DeLuxe"**, welches zu € 11.000,– je Stück verkauft wird, liegt bei 950 Stück. Für die Herstellung eines Stückes des Typs „DeLuxe" benötigt man zwölf Stunden und die Materialeinzelkosten betragen € 5.200,– je Motorrad.

Das **Motorrad „Classic"** hingegen erzielt einen Nettoerlös von € 9.000,–. Geplant ist eine Produktion von 350 Stück bei einer Bearbeitungszeit von neun Stunden je Motorrad und Materialeinzelkosten in Höhe von € 4.100,– je Stück.

Wie schon im Vorjahr ist die Produktionsmenge durch die „Just-in-time"-Produktion gleich der Absatzmenge.

(2) Gemeinkostenplanung

Der Motorradhersteller *Bike Extreme KG* führt drei Hauptkostenstellen. Der BAB zu Teilkosten zeigt diesbezüglich für die zu planende Periode folgende Plankosten (alle Beträge in TEUR):

Kostenarten	Summe		Material		Fertigung		V&V	
	fix	var.	fix	var.	fix	var.	fix	var.
Löhne		900		180		720		
Gehälter	850		170		85		595	
Lohnnebenkosten		900		180		720		
Gehaltsnebenkosten	850		170		85		595	
Versicherung	250				175		75	
Strom	30	130	10	26	10	104	10	
Miete	220		22		154		44	
Kalk. Abschreibung	510		76,5		408		25,5	
Kalk. Zinsen	200		20		140		40	
Sonstige Kosten	540	320	54	128	378	192	108	
Summe	**3.450**	**2.250**	**522,5**	**514**	**1.435**	**1.736**	**1.492,5**	**0**

Darüber hinaus sind bei der Planung **Unternehmensfixkosten** für Beiträge und Gebühren in Höhe von € 300.000,– zu berücksichtigen.

→Teilk. ZS = 8,1%

Fert.-h Satz = 118,3 /h

Aufgabenstellung:

a) Berechnen Sie die **variablen Kalkulationssätze** der Hauptkostenstellen des Motorradherstellers *Bike Extreme KG*. Unterstellen Sie in diesem Zusammenhang eine Abhängigkeit der Materialgemeinkosten von den Materialeinzelkosten und berücksichtigen Sie in der Fertigung eine Abhängigkeit der Fertigungsgemeinkosten von den Fertigungsstunden (auf eine Dezimalstelle runden).

b) Erstellen Sie das **Leistungsbudget** nach dem Gesamtkostenverfahren und errechnen Sie sowohl das Betriebsergebnis als auch das Unternehmensergebnis vor Steuern. Berücksichtigen Sie in diesem Zusammenhang, dass die steuerliche Abschreibung € 490.000,– beträgt und Fremdkapitalzinsen in Höhe von € 125.000,– anfallen.

c) Errechnen Sie die **Deckungsbeiträge** für beide Motorräder!

d) Ermitteln Sie den **Break-Even-Umsatz**!

Lösung: Leistungsbudget Bike Extreme KG

a) Berechnung der variablen Kalkulationssätze der Hauptkostenstellen

$$\text{Materialgemeinkosten-Zuschlagssatz} = \frac{\text{variable MGK} \times 100}{\text{Materialeinzelkosten}}$$

$$514.000 \times 100 \, / \, 6.375.000 = \mathbf{8,1\ \%}$$

Ist die Bezugsbasis eine **Wertgröße** (wie hier das Fertigungsmaterial), dann spricht man von Zuschlagsbasis, mit deren Hilfe ein **prozentueller Zuschlagssatz** errechnet wird. In diesem Fall werden die variablen Materialgemeinkosten mit € 514.000,– aus der Gemeinkostenplanung (siehe Teilkosten BAB: Materialstelle) entnommen und durch die Materialeinzelkosten i.H.v. € 6.375.000,– dividiert.

Berechnung der Materialeinzelkosten:	„DeLuxe"	(950 Stück × FM 5.200) →	4.940.000,–
	„Classic"	(350 Stück × FM 4.100) →	1.435.000,–
			6.375.000,–

$$\text{Verrechnungssatz je Fertigungsstunde} = \frac{\text{variable FGK}}{\text{Fertigungsstunden}}$$

$$1.736.000 \, / \, 14.550 \text{ Stunden} = \mathbf{€\ 119{,}3 \text{ je h}}$$

Ist die Bezugsbasis eine **Mengengröße** (wie hier die Fertigungsstunden), dann wird ein **Verrechnungssatz** ermittelt, d.h. ein Eurobetrag, der darüber Auskunft gibt, wie viel Gemeinkosten (in diesem Fall variable Fertigungsgemeinkosten) je Stunde in der Kostenstelle Fertigung anfallen. Die variablen Fertigungsgemeinkosten betragen laut Gemeinkostenplanung € 1.736.000,–. Dividiert man diese durch die geplanten Fertigungsstunden, ergibt sich der geplante variable Verrechnungssatz je Fertigungsstunde für die Kostenstelle Fertigung.

Vom Motorrad „DeLuxe" werden 950 Stück zu je zwölf Stunden und vom Motorrad „Classic" 350 Stück zu je neun Stunden gefertigt. Dies ergibt eine Gesamtfertigungszeit von 14.550 Stunden (= Bezugsgröße für die Kostenstelle Fertigung).

Berechnung der Fertigungsstunden:	„DeLuxe"	(950 Stück × 12 Std.) →	11.400 Stunden
	„Classic"	(350 Stück × 9 Std.) →	3.150 Stunden
			14.550 Stunden

$$\text{V\&V-Gemeinkosten-Zuschlagssatz} = \frac{\text{var. V\&V-Gemeinkosten} \times 100}{\text{var. Herstellkosten}}$$

Für die Weiterverrechnung der variablen Verwaltungs- und Vertriebsgemeinkosten wird in der Praxis eine Abhängigkeit von den **variablen Herstellkosten** angenommen. Diese setzen sich aus den Material- und Fertigungseinzelkosten sowie den variablen Material- und Fertigungsgemeinkosten zusammen.

Da die *Bike Extreme KG* bei der Gemeinkostenplanung für den Verwaltungs- und Vertriebsbereich keine variablen Verwaltungs- und Vertriebsgemeinkosten geplant hat, kann für diese Kostenstelle auch kein variabler Gemeinkosten-Zuschlagssatz ermittelt werden.

b) Erstellung des Leistungsbudgets

Zunächst ergibt sich der Deckungsbeitrag als Differenz von den geplanten Nettoumsatzerlösen und den geplanten variablen Kosten der *Bike Extreme KG*. Werden nun vom DB die geplanten Fixkosten abgezogen, zeigt dies den **Betriebserfolg** des Motorradherstellers (negativ = Betriebsverlust bzw. positiv = Betriebsgewinn).

Da das Leistungsbudget bis zur Ermittlung des Betriebsergebnisses auf kalkulatorischen Größen aufbaut, erfolgt auch die Ermittlung des Betriebsergebnisses nach den Prinzipien der Kostenrechnung. Der Betriebserfolg basiert somit einerseits auf kalkulatorischen Größen, denen zum Teil die pagatorische Grundlage fehlt (wie die kalk. Abschreibung, kalk. Zinsen, kalk. Wagnisse, kalk. Unternehmerlohn), andererseits werden pagatorische Größen in Form von neutralen Aufwendungen (wie Zinsaufwand für Fremdkapital, außerordentlicher und betriebsfremder Aufwand) vernachlässigt.

Um den Zusammenhang mit der Finanzplanung herzustellen, die auf rein pagatorischen Größen aufbaut, wird der Betriebserfolg durch eine Betriebsüberleitung in den **Unternehmenserfolg** umgerechnet.

	Leistungsbudget *Bike Extreme KG*			
	Nettoumsatzerlöse		13.600.000	(950 Stk. × 11.000) + (350 Stk. × 9.000)
–	**Variable Kosten**		8.625.000	
	Materialeinzelkosten	6.375.000		(950 Stk. × 5.200) + (350 Stk. × 4.100)
	var. Material-GK	514.000		
	var. Fertigungs-GK	1.736.000		
=	**Deckungsbeitrag (DB)**		4.975.000	
–	**Fixe Kosten**		3.750.000	
	fixe GK (lt. Planung)	3.450.000		
	Unternehmens-Kf	300.000		
=	**Betriebsergebnis**		1.225.000	
+	**Kalkulatorische Kosten**		710.000	
	kalk. Abschreibung	510.000		
	kalk. Zinsen	200.000		
–	**Neutrale Aufwendungen**		615.000	
	steuerliche Abschreibung	490.000		
	Fremdkapitalzinsen	125.000		
=	**Unternehmensergebnis**		1.320.000	

Kommentar:

- Die **Nettoumsatzerlöse** ergeben sich durch Multiplikation die Nettoerlöse je Stück mit der jeweiligen Absatzmenge.
- Die **variablen Kosten** von insgesamt € 8.625.000,– setzen sich folgendermaßen zusammen:

  – **Materialeinzelkosten:**   Multiplikation der Materialkosten je Stück mit der jeweiligen Produktionsmenge. Sie betragen in Summe € 6.375.000,–.

  – **Variable Materialgemein-**   Laut Gemeinkostenplanung (€ 514.000,–)
  kosten:

  – **Variable Fertigungsgemein-**   Laut Gemeinkostenplanung (€ 1.736.000,–)
  kosten:

- Die **fixen Kosten** von insgesamt € 3.750.000,– setzen sich folgendermaßen zusammen:

  – **Fixe Gemeinkosten:**   Laut Gemeinkostenplanung aus BAB (€ 3.450.000,–)

  – **Unternehmensfixe Kosten:**   Laut Angabe (€ 300.000,–)

Um **vom Betriebsergebnis zum Unternehmensergebnis** zu gelangen, ist, wie bereits zuvor erwähnt, eine Betriebsüberleitung erforderlich. In diesem Zusammenhang werden zunächst die kalkulatorische Abschreibung (laut BAB € 510.000,–) sowie die kalkulatorischen Zinsen (laut BAB € 200.000,–) wieder zum Betriebsergebnis dazugerechnet und anschließend die an deren Stelle tretenden neutralen Aufwendungen abgezogen. Diese pagatorischen Größen sind aus der Angabe ersichtlich (steuerliche Abschreibung € 490.000,– und Fremdkapitalzinsen € 125.000,–).

c) Berechnung der Deckungsbeiträge

Grundsätzlich ergibt sich der **Deckungsbeitrag** als Differenz zwischen Nettoerlösen und variablen Kosten (Einzelkosten und variable Gemeinkosten). Der Deckungsbeitrag stellt jenen Teil des Erlöses dar, der nach Abzug der variablen Kosten dem Unternehmen zur Deckung der in einer Periode angefallenen Fixkosten zur Verfügung steht.

	„DeLuxe"	„Classic"	Berechnung
Nettoerlöse	**11.000,0**	**9.000,0**	
– variable Kosten	**−7.052,8**	**−5.505,8**	
Materialeinzelkosten	5.200,0	4.100,0	
8,1 % variable Material-GK	421,2	332,1	(5.200 bzw. 4.100 × 8,1 %)
variable Fertigungs-GK	1.431,6	1.073,7	(12 h bzw. 9 h × 119,3 €)
= **DB je Motorrad**	**3.947,2**	**3.494,2**	

Kommentar:

- Die **variablen Materialgemeinkosten** der beiden Motorräder ergeben sich durch Multiplikation der jeweiligen Materialeinzelkosten mit dem zuvor errechneten variablen Materialgemeinkosten-Zuschlagssatz von 8,1 %.
- Die **variablen Fertigungsgemeinkosten** erhält man durch Multiplikation der für die beiden Motorräder jeweils erforderlichen Fertigungszeit mit dem vorhin ermittelten variablen Verrechnungssatz von € 119,3 je Fertigungsstunde.

Da sich die Förderungswürdigkeit einzelner Produkte aufgrund des Deckungsbeitrages je Mengeneinheit ergibt, wäre in diesem Fall dem Unternehmen *Bike Extreme KG* zu empfehlen, ihre Absatzbemühungen beim Motorrad „DeLuxe" zu forcieren, da dieses den höheren absoluten Deckungsbeitrag je Stück aufweist.

Unter Berücksichtigung der für die beiden Motorräder unterschiedlichen Fertigungszeiten sollte jedoch für die Beurteilung der Vorteilhaftigkeit der relative Deckungsbeitrag, sprich der Deckungsbeitrag je Fertigungsstunde herangezogen werden. Dieser ergibt sich aus der Division des Stückdeckungsbeitrages durch die jeweilige Fertigungszeit. Konkret bedeutet dies für die beiden Motorräder:

Berechnung relativer   „DeLuxe"   (€ 3.947,2 / 12 Std.) →   **328,9 € je Stunde**
Deckungsbeitrag: „Classic"   (€ 3.494,2 / 9 Std.) →   **388,2 € je Stunde**

Die Berechnung der relativen Deckungsbeiträge zeigt, wie sich jetzt die Vorteilhaftigkeit der beiden Motorräder umdreht. In Abhängigkeit von den Fertigungsstunden wäre nun das Motorrad „Classic" gegenüber dem Motorrad „DeLuxe" zu bevorzugen.

d) Ermittlung des Break-Even-Umsatzes

Bei einem Mehrproduktunternehmen wird die Gewinnschwelle erreicht, wenn die gesamten Erlöse der einzelnen Produktarten die gesamten Kosten, die für diese Produkte entstehen, decken. Da bei der *Bike Extreme KG* verschiedene Motorräder hergestellt werden, ist es nicht möglich, eine Break-Even-Absatzmenge zu ermitteln. Es kann nur der Break-Even-Umsatz errechnet werden, der im Schnittpunkt von Umsatz- und Gesamtkostenkurve liegt.

In diesem Fall müssen die stückbezogenen Größen (wie Preise, Stück-DB und variable Stückkosten) jeweils mit den Absatzmengen der beiden Motorräder im Sortiment gewichtet werden. Der **Break-Even-Umsatz** kann dann mit der **DBU-Quote** (= durchschnittlicher DB in % des Umsatzes) errechnet werden. Damit die Frage nach dem Break-Even-Umsatz so genau als möglich beantwortet werden kann, soll die DBU-Quote stets auf mindestens vier Dezimalstellen gerundet werden.

Variante 1:

Die **DBU-Quote** ergibt sich, indem man den Gesamt-DB aus dem Leistungsbudget (€ 4.975.000,–) durch den Gesamterlös aus dem Leistungsbudget (€ 13.600.000,–) dividiert:

DBU-Quote	=	DB 4.975.000 / Umsatzerlöse 13.600.000	→ **0,3658**
U_{BEP}	=	fixe Kosten 3.750.000 / DBU-Quote 0,3658	→ **€ 10.251.504,–**

Variante 2:

Eine alternative Berechnungsmöglichkeit für die DBU-Quote ergibt sich, indem zunächst der Gesamtdeckungsbeitrag ermittelt (dieser ergibt sich aus der Multiplikation der jeweiligen Stückdeckungsbeiträge mit den Absatzmengen) und anschließend durch den Gesamterlös dividiert wird:

Berechnung des **Gesamt-DB:**	„DeLuxe"	(950 Stück × DB 3.947,2)	→	€	3.749.840,–
	„Classic"	(350 Stück × DB 3.494,2)	→	€	1.222.970,–
				€	**4.972.810,–**
Berechnung des **Gesamterlöses:**	„DeLuxe"	(950 Stück × € 11.000)	→	€	10.450.000,–
	„Classic"	(350 Stück × € 9.000)	→	€	3.150.000,–
				€	**13.600.000,–**

DBU-Quote	=	DB 4.972.810 / Umsatzerlöse 13.600.000	→ **0,3656**
U_{BEP}	=	fixe Kosten 3.750.000 / DBU-Quote 0,3656	→ **€ 10.257.112,–**

Kommentar:

Die Rundungsdifferenz der beiden DBU-Ouoten (Variante 1: DBU-Quote = 0,3658 und Variante 2: DBU-Quote = 0,3656) entsteht dadurch, dass sowohl bei der Berechnung der Kalkulationssätze als auch bei der Ermittlung der Stückdeckungsbeiträge auf eine Dezimalstelle gerundet wurde. In der Folge unterscheidet sich der Gesamt-DB vom DB aus dem Leistungsbudget.

2.8. Übungsaufgaben zum Leistungsbudget

Multiple-Choice-Fragen

Kreuzen Sie an, ob folgende Aussagen richtig oder falsch sind!	richtig	falsch
Der Aufbau des Leistungsbudgets erfolgt nach dem Prinzip der Grenzplankostenrechnung, d.h. es erfolgt keine Trennung in variable und fixe Kosten.		x
Bei Ein-Produkt-Unternehmen ist im Rahmen der Break-Even-Analyse nur eine wertmäßige Ermittlung möglich. Dazu werden die fixen Kosten und der Stückdeckungsbeitrag herangezogen.		x
Die Ermittlung des Betriebsergebnisses erfolgt nach den Prinzipien der Kostenrechnung, d.h. unter Verwendung kalkulatorischer Größen. Da der Finanzplan jedoch auf rein pagatorischen Größen aufbaut, ist der Betriebsgewinn auf den Unternehmensgewinn zurückzuführen.	x	
Bei Mehrproduktunternehmen werden für die Berechnung des Mindestumsatzes im Rahmen der Break-Even-Analyse die Fixkosten und die DBU-Quote herangezogen.	x	
Bei einem integrierten Unternehmensbudget werden auf Basis der formulierten Zielsetzung eines Unternehmens ein Leistungsbudget, ein direkter Finanzplan und eine Planbilanz erstellt.		x
Die Erlösplanung beinhaltet auch die Planung der variablen Kosten für die geplanten Erlöse je Produkt bzw. Produktgruppe.		x
Die Planbilanz stellt den Erfolg des Unternehmens am Ende der Planperiode dar und ergibt sich zwingend als Ableitung aus der Eröffnungsbilanz, der Plan-GuV sowie des indirekten Finanzplans.		x
Die Ermittlung des Betriebsergebnisses erfolgt nach den Prinzipien der Kostenrechnung, d.h. unter Verwendung kalkulatorischer Größen.	x	
Die Gewinnschwellenanalyse ist oft integrierter Bestandteil des Leistungsbudgets. Sie ist ein besonders anschauliches Hilfsmittel der Finanzplanung.		x
Bei der Anwendung des Umsatzkostenverfahrens wird ein Lageraufbau mit den Herstellkosten bewertet und zu den Umsatzerlösen dazugerechnet.		x
Das Gesamtkostenverfahren ist produktionsmengenbezogen und das Umsatzkostenverfahren ist absatzmengenbezogen.	x	

Beispiel 1: Leistungsbudget (Product GmbH)

Der Produktionsbetrieb *Product GmbH* stellt Ihnen für die Planperiode zur Erstellung des Leistungsbudgets folgende Informationen zur Verfügung:

Geplanter Absatz	15.000 Stück
Bruttoverkaufspreis je Stück (inkl. 20 % USt)	€ 324,–
Geplante Produktion	17.000 Stück
Fertigungsmaterialeinsatz	0,4 kg pro Stück
	Planpreis: € 180,– je kg
Fertigungszeit	45 Minuten je Stück
Fertigungslohn	€ 50,– je Stunde
Hilfsmaterialeinsatz	20 kg je Stück
	Planpreis: € 0,50 je kg
Geplante Fertigungs-Hilfslöhne	€ 800.000,– (Variator 6)
Verpackungskosten	€ 2,50 je verkauftem Stück
Sonstige Fertigungsgemeinkosten	€ 1.000.000,– (Variator 2)
Körperschaftssteuersatz	25 %

Darüber hinaus plant das Unternehmen folgende **fixe Gemeinkosten:**

- Gehälter: € 200.000,–
- Kalkulatorische Abschreibung: € 220.000,–
- Kalkulatorische Gesamtkapitalzinsen: € 140.000,–
- Die steuerliche Abschreibung beträgt € 180.000,– und die Fremdkapitalzinsen € 90.000,–.

Aufgabenstellung:

a) Erstellen Sie das **Leistungsbudget** für die Planperiode nach dem **Gesamtkostenverfahren** und ermitteln Sie das sich dabei ergebende Betriebsergebnis sowie das erzielbare Unternehmensergebnis.
b) Wie viel Stück muss die *Product GmbH* in der Planperiode voraussichtlich verkaufen, damit die **Gesamtkosten** gedeckt sind **(Break-Even-Point)?**
c) Ermitteln Sie den **Break-Even-Umsatz** der Planperiode.

Beispiel 2: Leistungsbudget (Coffee KG)

Die *Coffee KG* produziert zwei unterschiedliche Kaffeevollautomaten: **Espresso** und **Longo**. Für die Budgetperiode plant das Unternehmen mit folgenden Zahlen:

Produkt	Anfangs-bestand	Variable Herstellkosten des Anfangsbestandes	Geplanter Absatz	Geplante Produktion
Espresso	100 Stück	€ 375,– je Stück	1.800 Stück	2.000 Stück
Longo	50 Stück	€ 450,– je Stück	1.000 Stück	1.200 Stück

Der Plan-BAB weist für die drei Kostenstellen für die Budgetperiode folgende **Gemeinkosten** aus (alle Beträge in €):

Kostenart	Materialstelle	Fertigung	Verwaltung & Vertrieb
Gemeinkosten variabel	196.000,–	182.000,–	54.320,–
Gemeinkosten fix	70.000,–	150.000,–	180.000,–
darin enthalten sind:			
kalk. Abschreibungen	25.000,–	70.000,–	35.000,–
kalk. Zinsen	20.000,–	40.000,–	25.000,–
kalk. Unternehmerlohn			50.000,–

Während die Abschreibungen der FIBU sowohl in ihrer Höhe als auch in ihrer Verteilung den kalkulatorischen Abschreibungen entsprechen, betragen die gesamten Fremdkapitalzinsen der *Coffee KG* € 60.000,–. Der Komplementär des Unternehmens tätigt eine Privatentnahme in Höhe des kalkulatorischen Unternehmerlohnes.

Für die Budgetperiode plant das Unternehmen für die beiden Produkte mit folgenden **Einzelkosten und Bruttoerlösen**:

	Einheiten	Espresso	Longo
Fertigungsmaterial	€ je Stück	200,–	250,–
Fertigungslöhne	€ je Stück	80,–	100,–
Bruttoerlös (inkl. 20 % USt)	€ je Stück	570,–	900,–

Aufgabenstellung:

a) Ermitteln Sie die **Gemeinkostenzuschlagssätze** der Hauptkostenstellen zu Teilkosten (auf ganze Stellen runden).
b) Berechnen Sie für die beiden Kaffeeautomaten **Espresso** und **Longo** unter Anwendung der differenzierenden Zuschlagskalkulation die **Herstellkosten und Selbstkosten je Stück**.
c) Erstellen Sie, unter Berücksichtigung obiger Informationen und unter Anwendung des Verbrauchsfolgeverfahrens FIFO, das **Leistungsbudget** der *Coffee KG* für die Budgetperiode nach dem **Umsatzkostenverfahren**.

Beispiel 3: Leistungsbudget mit Teilplänen (Poloplast OG)

Für den Produktionsbetrieb *Poloplast OG*, der die **Artikel A1** und **A2** erzeugt, ist für die folgende Periode ein **Leistungsbudget** zu planen. Zur Erstellung der einzelnen Teilpläne stehen folgende Daten zur Verfügung (alle Geldbeträge sind auf TEUR zu runden):

(1) Absatz- und Umsatzplan

Absatzmengen:	**A1:** 100.000 Stück	**A2:** 200.000 Stück
Verkaufspreise:	**A1:** € 220,– je Stück	**A2:** € 170,– je Stück

(2) Vertriebsbudget

Provisionen für die freien Handelsvertreter: 1,45 % vom Umsatz (V10)

Gehälter: € 2.000.000,–

Gehaltsnebenkosten: 30 % der Gehaltskosten

Sonstige Gemeinkosten des Vertriebes: 2 % vom Umsatz (V10)

Kosten für Werbung: € 1.000.000,–

Abschreibung: € 900.000,– → davon entfallen: 10 % auf die Position „Gebäude"

90 % auf die Position „Maschinen"

(3) Produktionsmengenplan

Anfangsbestände: **A1:** 5.000 Stück à € 150,– **A2:** 20.000 Stück à € 115,–

Produktion im Planungszeitraum: **A1:** 105.000 Stück **A2:** 210.000 Stück

(4) Materialeinsatzplan

Für die Produktion von **A1** ist das Fertigungsmaterial **M1** notwendig; pro Stück wird mit einem Verbrauch von 5 kg bei einem Einkaufspreis von € 16,– je kg gerechnet.

Für die Produktion von **A2** ist das Fertigungsmaterial **M2** notwendig; pro Stück wird mit einem Verbrauch von 10 kg bei einem Einkaufspreis von € 7,– je kg gerechnet.

(5) Beschaffungsmengenplan und Budget

Anfangsbestände Fertigungsmaterialien: **M1:** 50.000 kg **M2:** 200.000 kg

Sollendbestände Fertigungsmaterialien: **M1:** 60.000 kg **M2:** 190.000 kg

(6) Verwaltungsbudget

Gehälter: € 600.000,–

Gehaltsnebenkosten: 30 % der Gehaltskosten

Sonstige Verwaltungsgemeinkosten in Abhängigkeit des Umsatzes: 1,5 %

Sonstige Verwaltungsgemeinkosten: € 400.000,–

Abschreibung: € 300.000,– → davon entfallen: 10 % auf die Position „Gebäude"

90 % auf die Position „Maschinen"

(7) Produktionsbudget

Die Fertigung von **A1** erfolgt durch die **Kostenstelle 1**

Die Fertigung von **A2** erfolgt durch die **Kostenstelle 2**

Abschreibungen: → davon entfallen: 10 % auf die Position „Gebäude"

90 % auf die Position „Maschinen"

Aufgrund der durchgeführten Kostenplanung ergeben sich folgende Werte (Beträge in €):

Kostenart	V	Kostenstelle 1	Kostenstelle 2
Fertigungslöhne	10	5.000.000,–	6.200.000,–
Hilfslöhne	5	600.000,–	800.000,–
Lohnnebenkosten Fertigungslöhne	10	1.500.000,–	1.860.000,–
Lohnnebenkosten Hilfslöhne	5	180.000,–	240.000,–
Hilfsmaterial	8	600.000,–	900.000,–
Energie	8	500.000,–	800.000,–
Abschreibungen	0	860.000,–	1.170.000,–

Aufgabenstellung:

Erstellen Sie zunächst die Teilpläne der verschiedenen Unternehmensbereiche und im Anschluss daran das **Leistungsbudget**. Berechnen Sie in diesem Zusammenhang den Betriebserfolg **mehrstufig** unter Anwendung des **Gesamtkostenverfahrens**!

Berücksichtigen Sie in diesem Zusammenhang, dass die **Bewertung** der nicht abgesetzten Artikel zu **Teilkosten** erfolgt und die Lagerentnahmen dem Prinzip **first in first out (FIFO)** entsprechen.

(1) Absatz- und Umsatzplan

Teil-Absatzsegment	Absatz	Preis/Stk.	Umsatz
Artikel **A1**			
Artikel **A2**			
Summen			

(2) Vertriebsbudget

Kostenarten	Kosten gesamt	V	K fix	K variabel
Provisionen				
Gehälter				
Gehaltsnebenkosten				
Sonstige Gemeinkosten				
Werbung				
Abschreibung				
Summe				

(3) Produktionsmengenplan

Artikel	Anfangsbestand	Absatz	Produktion	Planendbestand
A 1				
A 2				

(4) Materialeinsatzplan

Artikel	FM	Einsatzmenge pro Stück	Produktion	Einsatzmenge gesamt	Preis/kg (in €)	Materialeinsatz (in €)
A 1	M 1					
A 2	M 2					
Summe						

(5) Beschaffungsmengenplan und Budget

FM	AB (in kg)	Einsatzmenge gesamt	Soll-EB (in kg)	Einkaufsmenge gesamt	Preis/kg (in €)	Materialkosten Einkauf (in €)
M 1						
M 2						
Summe						

(6) Verwaltungsbudget

Kostenarten	Kosten gesamt	V	K fix	K variabel
Gehälter				
Gehaltsnebenkosten				
Sonstige GK (Umsatz)				
Sonstige Gemeinkosten				
Abschreibung				
Summe				

(7) Produktionsbudgets

Kostenstelle 1 (Produkt A1)	Kosten gesamt	V	K fix	K variabel
Fertigungslöhne				
Hilfslöhne				
LNK Fertigungslöhne				
LNK Hilfslöhne				
Hilfsmaterial				
Energie				
Abschreibung				
Summe				

Kostenstelle 2 (Produkt A2)	Kosten gesamt	V	K fix	K variabel
Fertigungslöhne				
Hilfslöhne				
LNK Fertigungslöhne				
LNK Hilfslöhne				
Hilfsmaterial				
Energie				
Abschreibung				
Summe				

Leistungsbudget *Poloplast OG*				
		Artikel A 1	Artikel A 2	Gesamt
	Umsatzerlöse			
	Bestandsveränderungen: + Lageraufbau – Lagerabbau			
–	**Variable Kosten**			
=	**DB I**			
–	Fixe Fertigungskosten			
=	**DB II**			
–	Fixe Vertriebsgemeinkosten			
–	Fixe Verwaltungsgemeinkosten			
=	**Betriebserfolg**			

15.10

Beispiel 4: BEP-Analyse Mehr-Produkt-Unternehmen (Faber GmbH)

Der Controlling-Abteilung des Produktionsbetriebes *Faber GmbH* liegen für die **Planperiode** folgende Daten vor:

	Einheiten	Produkt A	Produkt B	Produkt C
Geplanter Absatz	Stück	34.000	56.000	29.000
Nettoverkaufspreis	€ je Stück	25,–	21,–	36,–
Fertigungszeit	Minuten	15	12	18
Fertigungsmaterial	kg je Stück	1,2	2,0	3,5

Geplant wird mit einem **Materialpreis** von € 3,50 je kg und einem Stundensatz der **variablen Fertigungsgemeinkosten** von € 50,– je Stunde.

Die **variablen Vertriebskosten** werden in Höhe von 11% vom Nettoumsatzerlös geplant.

Die **Fixkosten** werden mit € 370.000,– budgetiert.

Aufgabenstellung:

a) Bei welcher **Umsatzhöhe (Break-Even-Umsatz)** wird in der Planperiode voraussichtlich die Gewinnschwelle erreicht?
b) Berechnen Sie den geplanten **Betriebserfolg** (Gewinn bzw. Verlust) für den Budgetierungszeitraum!
c) Wie hoch ist die **Sicherheitsspanne** (auf zwei Dezimalstellen runden)?

Beispiel 5: Leistungsbudget Dienstleistungsunternehmen (CarFix)

Die Autoreparaturwerkstätte *CarFix* (Einzelunternehmen) stellt zur Ermittlung des **Leistungsbudgets** folgende Daten und Informationen zur Verfügung:

- Für die zu planende Periode rechnet das Unternehmen damit, im Ausmaß von 5.600 Stunden Reparaturarbeiten für Kunden durchzuführen. Der dem Kunden gegenüber zur Verrechnung gelangende Stundensatz liegt bei € 120,– (zuzüglich 20 % USt). Der Stundenlohn beträgt einheitlich € 50,–.
- Da das für die Reparaturarbeiten erforderliche Material vom jeweiligen Reparaturauftrag abhängt, kann das den Kunden zu verrechnende Material nicht vorausgeplant werden.
- In der Budgetperiode sind in dieser Autoreparaturwerkstätte drei Gesellen bei einer Gesamtarbeitszeit von 6.500 Stunden beschäftigt.
- Bezüglich der Lohnnebenkosten (Urlaubsgeld, Weihnachtsremuneration, Arbeitgeberanteil zur Sozialversicherung, Kommunalsteuer sowie freiwillige Sozialleistungen) rechnet dieser Betrieb mit einem Zuschlagssatz von insgesamt 60 %.
- Aufgrund von Erfahrungswerten kalkuliert das Unternehmen mit einem Hilfsmaterialverbrauch (Schrauben, Lacke usw.) von € 25.000,–. Darüber hinaus fallen jährlich Fixkosten für Versicherungen, Abschreibungen, Zinsen, usw. von insgesamt € 40.000,– an.
- Da die Räumlichkeiten, in der die Reparaturwerkstätte untergebracht ist, angemietet werden, muss bei der Erstellung des Leistungsbudgets eine Monatsmiete in Höhe von € 5.000,– berücksichtigt werden.
- Der Eigentümer kalkuliert mit einem jährlichen Plangewinn von € 35.000,–.

Aufgabenstellung:

a) Erstellen Sie das **Leistungsbudget** dieser Autoreparaturwerkstätte.
b) Ermitteln Sie den **Break-Even-Point I** und **Break-Even-Point II**.
c) Kommentieren Sie kurz das Ergebnis!

15.10

Beispiel 6 Leistungsbudget mit mehrstufiger DB-Rechnung

Der Zulieferbetrieb *Metallplast KG* ist auf die Produktion von Metall- und Plastikartikel spezialisiert. Die **Produktgruppe Metallartikel** besteht aus den Artikeln **M1**
und **M2**. Die **Produktgruppe Plastikartikel** besteht aus den Artikeln **P1**, **P2** und **P3**.

Zur Erstellung des Leistungsbudgets für die **Planperiode (t_2)** stellt Ihnen das Unternehmen folgende Daten zur Verfügung:

Produktgruppe Metallartikel	M1	M2
Produktions- und Absatzprogramm	2.000 Stück	4.000 Stück
Bruttoerlös je Stück (inkl. 20% USt)	€ 180,–	€ 240,–
Produktionskosten variabel (je Stück)	€ 50,–	€ 100,–
Kalkulatorische Abschreibung p.a.	€ 70.000,–	€ 180.000,–
Vertriebskosten variabel	10 % vom jeweiligen Nettostückerlös	

Sowohl das Produkt **M1** als auch **M2** wird jeweils auf einer eigenen Maschine hergestellt. Die diesbezüglichen **kalkulatorischen** Abschreibungen sind in obiger Tabelle enthalten. Bei den Maschinen, die zur Herstellung der Metallartikel M1 und
M2 erforderlich sind, liegt die **pagatorische** Abschreibung um 20 % unter der kalkulatorischen Abschreibung.

Produktgruppe Plastikartikel	P1	P2	P3
Produktions- und Absatzprogramm	500 Stück	1.500 Stück	2.500 Stück
Bruttoerlös je Stück (inkl. 20 % USt)	€ 2.280,–	€ 480,–	€ 240,–
Produktionskosten variabel (je Stück)	€ 1.400,–	€ 200,–	€ 100,–
Kalkulatorische Abschreibung p.a.	€ 110.000,–	€ 240.000,–	
Vertriebskosten variabel	5 % vom jeweiligen Nettostückerlös		

Die **variablen Produktionskosten** der drei Plastikartikel **P1**, **P2** und **P3** beziehen
sich auf die laufende Periode (t_1). Für die Budgetperiode (t_2) plant das Unternehmen für alle Plastikprodukte insgesamt variable Produktionskosten in Höhe von
€ 1.375.000,–. Das Kostenverhältnis der Artikel untereinander bleibt gleich.

Die Produktion der Artikel **P2** und **P3** erfolgt auf ein und derselben Maschine.
Die **kalkulatorische Abschreibung** verteilt sich dabei auf die Produkte P2 : P3 im
Verhältnis 1 : 2. Für die Herstellung des Produktes **P1** hingegen ist eine eigene
Maschine erforderlich. Die diesbezüglichen kalkulatorischen Abschreibungen
sind in obiger Tabelle enthalten und entsprechen auch der pagatorischen Ab-
schreibung.

Für die **Planperiode** (t_2) werden folgende **Fixkosten** erwartet (alle Beträge in €):

Montage	150.000,–	Alle Artikel durchlaufen die Montage.
Export	30.000,–	Es wird nur das Produkt P1 exportiert.
Fuhrpark	60.000,–	Es werden nur die Plastikartikel mit dem werkseigenen Fuhrpark zugestellt.
Werbung	70.000,–	Die Werbung ist grundsätzlich unternehmensorientiert. 50% der Kosten sind allerdings aufgrund einer produktbezogenen Einführungswerbung dem Artikel M1 zuzurechnen.
Verpackung 1	50.000,–	In der Abteilung „Verpackung 1" erhalten alle Produkte eine Schutzverpackung.
Verpackung 2	40.000,–	Nur die Metallartikel erhalten einen dekorativen Überkarton.
Entwicklung	75.000,–	Für die Produktgruppe Plastikartikel wird eine eigene Entwicklungsabteilung eingerichtet.
Verwaltung	100.000,–	Enthält den kalkulatorischen Unternehmerlohn von € 45.000,–

Aufgabenstellung:

Erstellen Sie für die *Metallplast KG*, unter Anwendung der „**mehrstufigen Deckungsbeitragsrechnung**", das **Leistungsbudget** für die Planperiode (t_2)!

3. Indirekter Finanzplan

Ziel der Finanzplanung ist die Erhaltung der Liquidität (= Zahlungsfähigkeit) bzw. die Aufrechterhaltung des finanziellen Gleichgewichtes. Die Gestaltung des betrieblichen Leistungsprozesses bestimmt die Finanzierung und umgekehrt wiederum bestimmen die Finanzierungsmöglichkeiten die Gestaltung der betrieblichen Leistungsprozesse (wie Beschaffung, Investition, Produktion und Absatz). Es besteht ein gegenseitiges Abhängigkeitsverhältnis.

3.1. Allgemeines zur Finanzplanung

Jeder Betrieb unterliegt einem ständigen Kreislauf von Einnahmen und Ausgaben. Wird das Gleichgewicht in diesem Kreislauf gestört, kommt es zu Liquiditätsschwierigkeiten. Auch ein mit Gewinn arbeitendes Unternehmen ist in seinem Weiterbestand gefährdet, wenn es seinen Zahlungsverpflichtungen nicht nachkommen kann. Tatsächlich handelt es sich in der überwiegenden Zahl der Konkursfälle um Unternehmen, welche zwar einen Ertrag erwirtschaften, aber ihre Zahlungsverpflichtungen nicht erfüllen können. Ein Unternehmen kann daher langfristig gesehen nur überleben, wenn es nachhaltig Gewinne erzielt und darüber hinaus auch jederzeit in der Lage ist, seinen Zahlungsverpflichtungen nachzukommen.

Die Forderung nach Aufrechterhaltung der Liquidität erfordert eine genaue Vorausplanung sämtlicher Liquiditätskomponenten. Mit Hilfe des Finanzplanes werden alle geplanten Zahlungsströme innerhalb eines Unternehmens erfasst. Dadurch kann man den in der Planperiode erforderlichen Finanzbedarf abschätzen und auch frühzeitig finanzielle Engpässe erkennen. Dies wiederum erlaubt es einem Unternehmen rechtzeitig nach Möglichkeiten zur Überwindung von finanziellen Engpässen zu suchen *(vgl. Egger/Winterheller (2007), S. 65)*.

Demzufolge ist es, auf Basis der vorangegangenen mengen- und wertmäßigen Planung, **Aufgabe der Finanzplanung**,

- den sich daraus ergebenden Kapital- bzw. Finanzmittelbedarf (zeitpunkt- und zeitraumbezogen) zu ermitteln,
- die Quellen zur Deckung des Finanzmittelbedarfes aufzuzeigen,
- Aussagen über die periodenbezogene Liquidität eines Betriebes zu treffen und
- im Falle einer Über- bzw. Unterdeckung des ermittelten Kapitalbedarfs Alternativen zur Aufrechterhaltung eines ausgewogenen Finanzplanes zu erarbeiten.

Die Finanzplanung eines Unternehmens kann auf unterschiedliche Zeiträume abstellen. Je länger der Planungszeitraum ist, desto elastischer müssen die Planvorgaben sein. Bezüglich der **Fristigkeit der Finanzplanung** wird unterschieden zwischen:

- Liquiditätsvorschau (ein bis drei Monate)
  Sie gibt einen Überblick über den unmittelbaren Bedarf an liquiden Mitteln sowie den erwarteten Geldzufluss im Zeitraum von ein bis drei Monaten.

- Kurzfristige Finanzplanung (meist Einjahresplanung)
- Langfristige Finanzplanung (meist Fünfjahresplanung)

Verfahren der Finanzplanung

Die Finanzplanung kann entweder direkt oder indirekt durchgeführt werden:

- **Direkte Finanzplanung (direkter Finanzplan)**
  Die Unternehmenspraxis zeigt, dass insbesondere kurzfristige Liquiditätsplanungen (auf Monats- oder Quartalsbasis) nach der direkten Methode durchgeführt werden. Bei der Erstellung eines direkten Finanzplanes werden die einzelnen Aufwands- und Ertragspositionen in entsprechende Einzahlungen und Auszahlungen (soweit sie in der Planperiode tatsächlich anfallen) umgewandelt, was sehr aufwendig ist.
  Vor allem in Klein- und Mittelunternehmen (KMU) wird die direkte Finanzplanung eingesetzt, weil sie keine Kenntnisse aus dem Rechnungswesen voraussetzt und darüber hinaus auch leicht verständlich ist *(vgl. Eisl et al. (2008), S. 489)*. Nähere Ausführungen dazu finden Sie im Kapitel 3 unter Punkt 1 (Direkter Finanzbzw. Liquiditätsplan).
- **Indirekte Finanzplanung (indirekter Finanzplan)**
  Praktikabler ist allerdings die indirekte Finanzplanung. Der indirekte Finanzplan wird im Anschluss an das Leistungsbudget erstellt und ist Bestandteil des integrierten Unternehmensbudgets.

3.2. Grundstruktur des indirekten Finanzplanes

Finanzpläne unterliegen keinen gesetzlichen Vorschriften und sind daher in ihrer Form frei gestaltbar. In der Unternehmenspraxis werden indirekte Finanzpläne im Rahmen der integrierten Planung erstellt und sollen Aufschluss über die Finanzierbarkeit des geplanten Leistungsbudgets geben.

Da das Leistungsbudget, das den Ausgangspunkt für den indirekten Finanzplan bildet, auf Aufwendungen und Erträgen basiert, die zeitlich oft von den ihnen zugrunde liegenden Zahlungsvorgängen abweichen, muss die Finanzplanung zunächst eine Überleitung der Aufwands- und Ertragsrechnung in eine Einnahmen- und Ausgabenrechnung vornehmen *(vgl. Kropfberger/Winterheller (2003), S. 194 f.)*.

Die indirekte Finanzplanung arbeitet mit den Begriffen **Einnahmen und Ausgaben**. Diese bewirken eine Veränderung des Geldvermögens, d.h., die tatsächlichen Zu- und Abgänge liquider Mittel werden hier um die Positionen Forderungen und Verbindlichkeiten erweitert *(vgl. Vollmuth (1999), S. 121)*.

- Zu den **Einnahmen** zählen Einzahlungen, aber auch Forderungszugänge (z.B. Warenverkauf auf Ziel) und Schuldenabgänge → Erhöhung des Geldvermögens.
- Zu den **Ausgaben** zählen Auszahlungen, aber auch Forderungsabgänge und Schuldenzugänge (z.B. Warenkauf auf Ziel) → Verringerung des Geldvermögens.

Durch die Überleitung der Aufwendungen und Erträge der Erfolgsplanung in Einnahmen und Ausgaben der Finanzplanung ergibt sich der Finanzmittelsaldo aus der laufenden Geschäftstätigkeit. Dieser wird auch als **Cashflow** bezeichnet *(vgl. Eisl et al. (2008), S. 830)*. Darunter versteht man üblicherweise den durch die laufende Geschäftstätigkeit erwirtschafteten Einnahmenüberschuss eines Geschäftsjahres. Dieser gibt darüber Auskunft, welche finanziellen Mittel ein Unternehmen voraussichtlich in der Planperiode erwirtschaften wird *(vgl. Eisl et al. (2008), S. 468)*. Der Cashflow trifft keine unmittelbare Aussage über die erfolgswirtschaftliche Situation des Unternehmens, lässt aber tendenzielle Aussagen über die Liquiditätslage und über Finanzierungsspielräume zu. Abbildung 33 zeigt die **Grundstruktur eines indirekten Finanzplanes**:

Unternehmensergebnis laut Leistungsbudget

+ nicht auszahlungswirksame Aufwendungen

– nicht einzahlungswirksame Erträge

= **Cashflow aus dem geplanten Unternehmensergebnis**

    (= Zahlungsmittelzufluss bzw. -abfluss auf Grund des Leistungsbudgets)

+ **erfolgsneutrale Zahlungseingänge** durch

    Herabsetzung der Aktiven

    Erhöhung der Passiven

    Einzahlung durch den Inhaber oder die Gesellschafter

– **erfolgsneutrale Zahlungsausgänge** durch

    Erhöhung der Aktiven

    Senkung der Passiven

    Auszahlungen an den Inhaber oder die Gesellschafter

= **Finanzmittelbedarf bzw. -überschuss**

Abbildung 33: Grundstruktur eines indirekten Finanzplanes
(Quelle: Egger/Winterheller (2007), S. 66)

Ausgehend vom **Unternehmensergebnis des Leistungsbudgets** (bei Kapitalgesellschaften vom Unternehmensergebnis nach Steuern, bei Personengesellschaften vom Unternehmensergebnis vor Steuern) berücksichtigt man zunächst die nicht zahlungswirksamen Aufwendungen und Erträge, die im Unternehmensergebnis enthalten sind. In Zusammenhang mit dieser Rückrechnung werden einerseits die nicht auszahlungswirksamen Aufwendungen (wie Abschreibungen, Zuweisung zu langfristigen Rückstellungen usw.) wieder dazugerechnet und andererseits die nicht einzahlungswirksamen Erträge (wie z.B. Erträge aus Zuschreibungen oder aus der Auflösung langfristiger Rückstellungen) abgezogen *(vgl. Egger/Winterheller (2007), S. 131)*.

Als Ergebnis ergibt sich der **Cashflow aus dem geplanten Unternehmensergebnis** (bzw. aus dem Leistungsbudget). Dieser stellt einen wichtigen Indikator für die Finanzierung aus eigener Kraft dar, da Außenfinanzierungsvorgänge (z.B. Kreditaufnahme) hier unberücksichtigt bleiben. Diese erwirtschafteten finanziellen Mittel erhöhen im Planjahr grundsätzlich die Liquidität und zeigen auf, was als Bargeldüberschuss aus der laufenden Geschäftstätigkeit zur Finanzierung des Working Capital, zur Investitionsfinanzierung, zur Schuldentilgung, für Dividendenzahlungen und für Gewinnausschüttungen zur Verfügung steht *(vgl. Eisl et al. (2008), S. 468)*.

Abgesehen davon müssen auch alle **erfolgsneutralen Veränderungen der Aktiva und Passiva**, die Auswirkungen auf den Zahlungsmittelbedarf haben, in die Berechnung mit einbezogen werden. Dazu zählen insbesondere *(vgl. Kropfberger/Winterheller (2003), S. 195)*:

- Zahlungsvorgänge der laufenden Geschäftstätigkeit, die aus Änderungen des Working Capital resultieren (wie z.B. Entwicklung der Forderungen und Verbindlichkeiten)
- die Durchführung von geplanten Investitionen
- die Aufnahme und Rückzahlung von Krediten
- die Entnahme oder Einlage von finanziellen Mitteln durch die Gesellschafter

Um nun vom Cashflow aus dem geplanten Unternehmensergebnis zum Finanzmittelbedarf bzw. -überschuss zu gelangen, werden als nächstes die **erfolgsneutralen Zahlungseingänge** mit Plus dazugerechnet:

- **Herabsetzung der Aktiva**   z.B. durch Senkung von Forderungen, Abbau von Vorräten und Fertigerzeugnissen, Verminderung der ARA
- **Erhöhung der Passiva**   z.B. durch Erhöhung der Verbindlichkeiten, Anstieg der kurzfristigen Rückstellungen, Erhöhung der PRA
- **Einzahlungen der Inhaber oder Gesellschafter**   z.B. durch Privateinlagen

In weiterer Folge werden noch die **erfolgsneutralen Zahlungsausgänge** abgezogen, die insbesondere durch folgende Vorgänge entstehen:

- **Erhöhung der Aktiva**   z.B. durch Ansteigen der Forderungen, Erhöhung der Vorräte und Fertigerzeugnisse, Erhöhung der ARA
- **Senkung der Passiva**   z.B. durch Reduktion der Verbindlichkeiten und PRA, Kredittilgung, Verminderung der kurzfristigen Rückstellungen
- **Auszahlungen an Inhaber oder Gesellschafter**   z.B. Privatentnahmen

Alle diese Vorgänge erfordern entweder zusätzliche finanzielle Mittel oder sie erhöhen die finanziellen Mittel. So stellt beispielsweise die Bildung einer Rückstellung einen zahlungsunwirksamen Aufwand dar, der zwar den Gewinn verringert, aber nicht die Liquidität. Da der als Rückstellung dotierte Betrag keine Auszahlung bewirkt, muss man ihn als erfolgsneutralen Zahlungseingang zum Gewinn dazurechnen.

Erst wenn auch diese Zahlungsvorgänge Berücksichtigung gefunden haben, kann festgestellt werden, welcher zusätzliche Bedarf an Finanzmitteln zur Durchführung der geplanten Maßnahmen erforderlich ist bzw. welcher finanzielle Überschuss entsteht *(vgl. Kropfberger/Winterheller (2003), S. 195)*. Es ist nun die Aufgabe des Controllers darüber zu entscheiden, wie die zusätzlichen Mittel zu beschaffen sind bzw. wie der voraussichtliche Überschuss zu verwenden ist.

- **Finanzmittelbedarf:** Wie groß ist der Kapitalbedarf des Unternehmens?

  Welche Finanzierungsarten stehen zur Verfügung?

Der Planende muss zum einen darüber entscheiden, welche Finanzierungsmaßnahmen zu ergreifen sind (z.B. Aufnahme neuer Kredite, Ausnützung des Kontokorrentkreditrahmens, Herabsetzung bestehender Bankguthaben, Veräußerung von Wertpapieren), und zum anderen sollte er auf eine möglichst optimale Kombination der verfügbaren Finanzierungsformen (Eigen- oder Fremdfinanzierung; kurz-, mittel- oder langfristige Kreditmittel; Inlands- oder Auslandsfinanzierung, Finanzierung über Börse usw.) achten.

- **Finanzmittelüberschuss:** Wie werden überschüssige Mittel rentabel eingesetzt?

Zeigt der Finanzplan einen Überschuss, dann hat der Planende darüber zu entscheiden, wie diese überschüssigen Mittel rentabilitätsorientiert zu verwenden sind. Unter dem Gesichtspunkt der Rentabilität sind beispielsweise zu hohe Kassabestände unwirtschaftlich, weil sie keine Verzinsung erwirtschaften *(vgl. Eisl et al. (2008), S. 487)*. Ein Zahlungsmittelüberschuss kann beispielsweise zum Abbau von vorhandenen Bankkrediten oder Lieferverbindlichkeiten, zur Auszahlung an Gesellschafter oder zur Veranlagung in Wertpapiere verwendet werden.

Für den Fall, dass der im Finanzplan festgestellte Finanzmittelbedarf nicht durch die dem Unternehmen zur Verfügung stehenden Kreditreserven oder andere Finanzierungsquellen abgedeckt werden kann, ergibt sich die Notwendigkeit, das gesamte Budget (beginnend mit dem Leistungsbudget) zu überarbeiten und dabei den eingeschränkten Finanzierungsmöglichkeiten anzupassen *(vgl. Kropfberger/Winterheller (2003), S. 195)*.

3.3. Aufbau des indirekten Finanzplanes

Da sich alle geplanten Zahlungsvorgänge auf die Dauer der Vermögens- und Kapitalbindung auswirken und somit auch zu einer Änderung der **Fristenkongruenz** (besagt, dass die in Investitionen gegebene Kapitalbindungsdauer nicht länger sein darf als die Frist, bis zu der das zur Verfügung gestellte Kapital zurückgezahlt werden muss) führen, empfehlen *Egger/Winterheller*, den gesamten Finanzmittelfluss einer Periode in folgende drei Cashflow-Bereiche zu untergliedern *(vgl. Egger/Winterheller (2007), S. 66)*:

I.	**Geplanter Cashflow aus der laufenden Geschäftstätigkeit**
II.	**Geplanter Cashflow aus der Investitionstätigkeit**
III.	**Geplanter Cashflow aus der Finanzierungstätigkeit**

Diese Dreiteilung des Cashflows zeigt, ob die Veränderung der liquiden Mittel aus dem operativen Geschäft, der Investitionstätigkeit oder dem Finanzierungsbereich stammen. Demzufolge ergibt sich laut *Egger/Winterheller* folgendes Schema zur **Darstellung des indirekten Finanzplans**:

I.	**Geplanter Cashflow aus der laufenden Geschäftstätigkeit**
	a) Cashflow aus dem geplanten Unternehmensergebnis
	b) Cashflow aus der Veränderung des Working Capital
II.	**Geplanter Cashflow aus dem Investitionsbereich**
III.	**Geplanter Cashflow aus dem Finanzierungsbereich**
	a) Cashflow aus der Fremdfinanzierung
	b) Cashflow aus der Eigenfinanzierung (Privat- und Gesellschaftersphäre)
IV.	**Finanzmittelbedarf bzw. -überschuss (gemäß I–III)**
V.	**Geplante Deckung des Bedarfes bzw. Verwendung des Überschusses**

Abbildung 34: Aufbau des indirekten Finanzplans nach *Egger/Winterheller*
(Quelle: Egger/Winterheller (2007), S. 66)

I. Geplanter Cashflow aus der laufenden Geschäftstätigkeit (operativer Cashflow)

Der Cashflow aus der laufenden Geschäftstätigkeit kann entweder **direkt** (durch Gegenüberstellung der aus dem laufenden Umsatzprozess resultierenden Einzahlungen und Auszahlungen) oder **indirekt** (über die Werte der Plan-Gewinn- und Verlustrechnung sowie der Planbilanz) ermittelt werden *(vgl. Wala/Haslehner (2016), S. 251)*. Dieser operative Cashflow zeigt die Innenfinanzierungskraft eines Unternehmens und gibt an, welche Liquiditätsüberschüsse aus dem Umsatzprozess einer Planungsperiode

- für Investitionen ins Anlagevermögen,
- für Zahlungen an Eigenkapitalgeber (Dividenden, Privatentnahmen, usw.) sowie
- für Zahlungen an Fremdkapitalgeber (Kredittilgungen)

zur Verfügung stehen *(vgl. Kropfberger/Winterheller (2003), S. 128).*

Egger/Winterheller empfehlen eine Unterteilung des Cashflows aus der laufenden bzw. operativen Geschäftätigkeit in

a) Cashflow aus dem geplanten Unternehmensergebnis und

b) Cashflow aus der Veränderung des Working Capital (WC)

Diese Differenzierung ist deshalb vorteilhaft, weil es sich beim Cashflow aus dem Working Capital um keine wiederkehrenden Vorgänge handelt, die auch zu keiner nachhaltigen Veränderung des Cashflows führen.

a) Cashflow aus dem geplanten Unternehmensergebnis

Zur Ermittlung des Cashflows aus dem geplanten Unternehmensergebnis übernimmt man zunächst das **Unternehmensergebnis aus dem Leistungsbudget.** Bei Personengesellschaften (wie Einzelunternehmen, OG oder KG) wäre dies der Unternehmensgewinn vor Steuern, weil hier nicht das Unternehmen selbst Ertragssteuern bezahlt, sondern die Gesellschafter mit ihren Gewinnen einkommensteuerpflichtig sind. Bei Kapitalgesellschaften (AG oder GmbH) hingegen wird der Unternehmensgewinn nach Steuern herangezogen, weil sie körperschaftsteuerpflichtig sind.

Bei der Cashflow-Berechnung aus dem geplanten Unternehmensergebnis sind folgende **Korrekturen** zur Gewinn- und Verlustrechnung vorzunehmen:

	Unternehmensergebnis aus dem Leistungsbudget
+	Abschreibungen
–	Zuschreibungen
+	Bildung langfristiger Rückstellungen
–	Erfolgswirksame Auflösung langfristiger Rückstellungen
+	Sonstige nicht ausgabenwirksame Aufwendungen
–	Sonstige nicht einnahmenwirksame Erträge
=	**Cashflow aus dem geplanten Unternehmensergebnis**

Abbildung 35: Cashflow aus dem geplanten Unternehmensergebnis

Ausgehend vom Unternehmensgewinn werden hier die nicht **ausgabenwirksamen Aufwendungen** dazugerechnet und die nicht **einnahmenwirksamen Erträge** abgezogen:

+	**Abschreibungen**	Sowohl planmäßige als auch außerplanmäßige Abschreibungen. Wurden diese bei der Gewinnermittlung als Aufwand abgezogen, dann sind sie hier als unbarer Aufwand dazuzurechnen.
–	**Zuschreibungen**	Sofern Zuschreibungen bei der Gewinnermittlung als Ertrag dazu gezählt wurden, sind sie hier als unbarer Ertrag zu subtrahieren.
+	**Bildung langfristiger Rückstellungen**	Dotierung von Abfertigungs- und Pensionsrückstellungen
–	**Auflösung langfristiger Rückstellungen**	Erträge aus der Auflösung von Abfertigungs- und Pensionsrückstellungen
+	**Sonstige nicht ausgabenwirksame Aufwendungen**	Verluste aus dem Abgang von Anlagevermögen
–	**Sonstige nicht einnahmenwirksame Erträge**	Erträge aus dem Abgang von Anlagevermögen

Bei anlagenintensiven Unternehmen ist dieser Cashflow in der Regel wesentlich höher (wegen der Abschreibungen) als bei personalintensiven Betrieben.

b) Cashflow aus der Veränderung des Working Capital (WC)

Alle jene Größen, die nicht im Cashflow aus dem geplanten Unternehmensergebnis enthalten sind, finden in der Veränderung des Working Capital Berücksichtigung:

- Das **Working Capital als Bestandsgröße** zeigt, inwieweit das kurzfristige Vermögen (= Umlaufvermögen) in der Lage ist, die kurz- und mittelfristigen Verbindlichkeiten zu decken. Das Working Capital als Bestandsgröße ergibt sich somit als Differenz zwischen Umlaufvermögen und kurzfristigen Verbindlichkeiten sowie kurzfristigen Rückstellungen *(vgl. Kropfberger/Winterheller (2003), S. 230)*.
- Das **Working Capital als Bewegungsgröße** hingegen zeigt auf, ob und inwieweit kurzfristig das finanzielle Gleichgewicht eines Unternehmens verschoben wird, d.h. ob es zu einem Aufbau oder Abbau des kurzfristigen Vermögens bzw. der kurzfristigen Verbindlichkeiten kommt *(vgl. Egger/Winterheller (2007), S. 131)*.

Soweit die Planung im Wesentlichen den Vorjahreswerten (bezüglich Umsatz, Produktion, Zahlungszielen usw.) entspricht, kann auch davon ausgegangen werden, dass sich die Warenbestände sowie die Lieferforderungen und Lieferverbindlichkeiten in etwa wie im Vorjahr entwickeln, d.h. die Anfangsbestände zu Periodenbeginn und die Endbestände am Periodenende gleich hoch sind *(vgl. Kropfberger/Winterheller (2003), S. 196)*.

Plant ein Unternehmen hingegen die Ausweitung der betrieblichen Kapazität mit steigenden Produktions- und Umsatzzahlen, so führt dies normalerweise zu steigenden **Lieferforderungen, Warenbeständen und Lieferverbindlichkeiten**. Wichtig in diesem Zusammenhang ist, dass eine Zunahme beim Umlaufvermögen durch ein entsprechendes Umsatzwachstum gerechtfertigt ist. Steigen beispielsweise die Lieferforderungen wesentlich stärker als der Umsatz, dann ist dies ein Indiz für die schlechte Zahlungsmoral der Kunden. Eine übermäßige Zunahme bei den Fertigerzeugnissen könnte auf Absatzprobleme hindeuten, während ein übermäßiger Anstieg bei den unfertigen Erzeugnissen auf eine schlechte Produktionsplanung zurückgeführt werden kann *(vgl. Kropfberger/Winterheller (2003), S. 138)*.

Umgekehrt resultieren sinkende Umsatzzahlen in der Regel in niedrigeren Forderungs- und Warenbeständen. Diese Veränderungen sind in der Finanzplanung zu berücksichtigen, genauso wie künftige Ereignisse, die zu einer Veränderung der **kurzfristigen sonstigen Forderungen und Verbindlichkeiten** führen. Auch die **kurzfristigen Rückstellungen** (wie z.B. Steuerrückstellungen, Rückstellungen für Rechts- und Beratungskosten) sind daraufhin zu überprüfen, ob und in welcher Höhe sie im Planungszeitraum fällig oder neu gebildet werden *(vgl. Egger/Winterheller (2007), S. 132 f.)*.

Der Saldo des Cashflow aus dem Working Capital zeigt die geplanten Veränderungen im Bereich des Umlaufvermögens und der kurzfristig gebundenen Verbindlichkeiten *(vgl. Kropfberger/Winterheller (2003), S. 196)*. Hier werden somit folgende im Leistungsbudget berücksichtigte, jedoch in der Planperiode nicht zahlungswirksame Vorgänge in die Berechnung mit einbezogen:

− Aufbau des Lagers
+ Abbau des Lagers
− Erhöhung von Forderungen
+ Abbau von Forderungen
− Erhöhung der aktiven Rechnungsabgrenzung (ARA)
+ Senkung der aktiven Rechnungsabgrenzung (ARA)
+ Zuweisung zu kurzfristigen Rückstellungen
− Auflösung von kurzfristigen Rückstellungen
+ Erhöhung der kurzfristigen Verbindlichkeiten
− Abbau der kurzfristigen Verbindlichkeiten
+ Erhöhung der passiven Rechnungsabgrenzung (PRA)
− Senkung der passiven Rechnungsabgrenzung (PRA)
= **Cashflow aus der Veränderung des Working Capital**

Abbildung 36: Cashflow aus der Veränderung des Working Capital

Berechnung der geplanten Veränderungen im Umlaufvermögen und bei den kurzfristigen Verbindlichkeiten *(vgl. Egger/Winterheller (2007), S. 131 f.)*:

–	**Lageraufbau**	Bestandserhöhungen bei den Roh-, Hilfs- und Betriebsstoffen sowie den Halb- und Fertigerzeugnissen
+	**Lagerabbau**	Bestandsminderungen bei den Roh-, Hilfs- und Betriebsstoffen sowie den Halb- und Fertigprodukten
–	**Aufbau von Forderungen**	Erhöhung bei den sonstigen Forderungen und den Lieferforderungen (z.B. bei Zielverkäufen, deren Zahlung erst nach Ablauf der Planungsperiode eingeht)
+	**Abbau von Forderungen**	Reduktion der sonstigen Forderungen und Lieferforderungen (z.B. wenn Zahlungen vergangener Periode eingehen)
–	**Erhöhung der ARA**	Der Wert in der Planbilanz (31.12.) ist größer ist als jener in der Eröffnungsbilanz (1.1.)
+	**Senkung der ARA**	Der Wert in der Planbilanz (31.12.) ist kleiner als jener in der Eröffnungsbilanz (1.1.)
+	**Erhöhung kurzfristiger Rückstellungen**	Bildung bzw. Dotation von Steuerrückstellungen und sonstigen Rückstellungen (z.B. für Rechts- und Beratungskosten).
–	**Abbau kurzfristiger Rückstellungen**	ergibt sich durch die Auflösung von Steuerrückstellungen und sonstigen Rückstellungen (z.B. für Prozesskosten)
+	**Aufbau kurzfristiger Verbindlichkeiten**	Erhöhung der sonstigen Verbindlichkeiten und der Lieferverbindlichkeiten (z.B. wenn Zieleinkäufe getätigt werden, die Zahlung aber erst nach Ablauf der Planungsperiode erfolgt)
–	**Abbau kurzfristiger Verbindlichkeiten**	Reduktion bei den sonstigen Verbindlichkeiten und den Lieferverbindlichkeiten.
+	**Erhöhung der PRA**	Der Wert in der Planbilanz (31.12.) ist größer ist als jener in der Eröffnungsbilanz (1.1.)
–	**Senkung der PRA**	Der Wert in der Planbilanz (31.12.) ist kleiner als jener in der Eröffnungsbilanz (1.1.)

Bei der Ermittlung des Cashflow aus der Veränderung des Working Capital dürfen allerdings folgende zum kurzfristigen Umlaufvermögen bzw. zu den kurzfristigen Verbindlichkeiten zählende Größen **nicht unter diesem Cashflow-Bereich** erfasst werden *(vgl. Egger/Winterheller (2007), S. 132)*:

- liquide Mittel
- kurzfristig gewährte Finanzdarlehen
- kurzfristige Bankverbindlichkeiten
- kurzfristig erhaltene Finanzdarlehen

Bei einem begrenzten Wachstum können Unternehmungen mit entsprechend hohem Innenfinanzierungspotential ihren erforderlichen Finanzmittelbedarf größtenteils aus dem laufenden operativen Cashflow decken. Bei starkem Wachstum hingegen sind Betriebe auch auf eine Kapitalzufuhr von außen (Eigen- und Fremdkapital) angewiesen *(vgl. Kropfberger/Winterheller (2003), S. 138)*.

Da der operative Cashflow nur einen Teil der betrieblichen Mittelherkunft widerspiegelt, der indirekte Finanzplan jedoch alle Bereiche umfasst, die sich auf die liquiden Mittel auswirken, müssen als Nächstes auch der Investitions- und der Finanzierungs-Cashflow in die Berechnung Eingang finden *(vgl. Kropfberger/Winterheller (2003), S. 135)*.

II. Geplanter Cashflow aus dem Investitionsbereich

Hier finden alle Veränderungen des Vermögens, die sich langfristig auswirken, Berücksichtigung. Dementsprechend zeigt dieser Cashflow die Zahlungen für geplante Investitionen und Desinvestitionen im Bereich des Anlagevermögens. Geplante Anlageinvestitionen scheinen im Leistungsbudget nur in Form der geplanten Abschreibungen auf. Im Normalfall können langfristige Investitionen weder aus den im Cashflow enthaltenen Abschreibungen noch aus den Mitteln der laufenden Geldgebarung (z.B. Kontokorrentkredit, kurzfristiger Lieferantenkredit) finanziert werden. Selbst wenn es möglich wäre, sollte ein Unternehmen darauf verzichten, weil man in diesem Fall gegen das Prinzip der Fristenkongruenz verstoßen würde *(vgl. Egger/Winterheller (2007), S. 133)*.

Der Cashflow aus dem Investitionsbereich ergibt sich als **Saldo** aus den **geplanten Auszahlungen** für Investitionen und den **geplanten Einzahlungen** für Desinvestitionen *(vgl. Kropfberger/Winterheller (2003), S. 135)*.

Einzahlungen aus dem **Verkauf** von Anlagevermögen	→	Berücksichtigung mit **Plus**
Auszahlungen für die **Anschaffung** von Anlagevermögen	→	Berücksichtigung mit **Minus**

Der Investitionsplanung kommt vor allem in anlagenintensiven Betrieben große Bedeutung zu. In diesem Zusammenhang stellt sich natürlich auch immer die Frage, wie diese Investitionen finanziert werden können (Finanzierungsart) und welche Auswirkungen dies auf das Budget der nächsten Jahre hat *(vgl. Eisl et al. (2008), S. 831)*.

III. Geplanter Cashflow aus dem Finanzierungsbereich

Dadurch sollen jene Mittelfehlbeträge abgedeckt werden, die nicht durch den Cashflow der laufenden Geschäftstätigkeit gedeckt werden können. Der geplante Cashflow aus dem Finanzierungsbereich beinhaltet die Zahlungen zwischen dem Unternehmen und seinen Eigen- und Fremdkapitalgebern, mit Ausnahme der Fremdkapitalzinsen, da diese bereits im operativen Bereich enthalten sind *(vgl. Kropfberger/Winterheller (2003), S. 135)*. Dementsprechend ergibt sich hier eine Untergliederung des Cashflows in folgende zwei Teilbereiche:

a) Cashflow aus der Fremdfinanzierung

Hierher gehören sämtliche Fremdkapitalbewegungen, die sich nicht im Working Capital niederschlagen bzw. mit dem Waren- und Leistungsverkehr des Unternehmens in keinem unmittelbaren Zusammenhang stehen *(vgl. Egger/Winterheller (2007), S. 136)*. Konkret zählen dazu:

- **Darlehensaufnahme** von der Bank → mit **Plus** berücksichtigt
- **Aufnahme** von **lang-** und **kurzfristigen Bankkrediten** → mit **Plus** berücksichtigt
- **Rückzahlung** kurz- und langfristiger Bankkredite → mit **Minus** berücksichtigt
- **Tilgung** eines Darlehens → mit **Minus** berücksichtigt

Der Cashflow aus der Fremdfinanzierung ergibt sich als Saldo aus den Kreditaufnahmen und den geplanten Rückzahlungen bzw. Tilgungen.

b) Cashflow aus der Eigenfinanzierung (Privat- und Gesellschaftersphäre)

Der Cashflow aus der Privat- bzw. Gesellschaftersphäre beinhaltet sämtliche Zahlungen von den und an die Gesellschafter bzw. Eigentümer. In diesem Zusammenhang bedarf es einer Differenzierung zwischen Einzelunternehmen und Personengesellschaften sowie Kapitalgesellschaften *(vgl. Egger/Winterheller (2007), S. 136)*.

Bei der Ermittlung des Cashflows von **Einzelunternehmen bzw. Personengesellschaften** sind folgende Sachverhalte bei der Planung zu berücksichtigen:

- **Privatentnahmen** durch Eigentümer → mit **Minus** berücksichtigt
- **Privatsteuern** (z.B. Einkommensteuer) → mit **Minus** berücksichtigt
- **Auszahlung von Gewinnanteilen** → mit **Minus** berücksichtigt
- **Privateinlagen** durch Eigentümer → mit **Plus** berücksichtigt
- **Einzahlung von Kapital** durch die Gesellschafter → mit **Plus** berücksichtigt

Bei der Ermittlung des Cashflows von **Kapitalgesellschaften** gehen folgende Sachverhalte in die Planung ein:

- **Gewinnausschüttungen** (Dividenden)   → mit **Minus** berücksichtigt
- **Kapitalherabsetzung**   → mit **Minus** berücksichtigt
  (aufgrund Satzungsänderung)
- **Kapitalerhöhungen**   → mit **Plus** berücksichtigt
  (aufgrund Satzungsänderung)

Der Finanzierungs-Cashflow ergibt sich als Saldo der geplanten Auszahlungen und der geplanten Einzahlungen aus dem Finanzierungsbereich.

Es sollte stets darauf geachtet werden, dass zur Finanzierung der Privatentnahmen, der Dividendenzahlungen bzw. der Gewinnausschüttungen ein entsprechend hoher operativer Cashflow zur Verfügung steht. Ist dies wiederholt nicht der Fall, kann dies die Existenz eines Unternehmens massiv gefährden (*vgl. Kropfberger/Winterheller (2003), S. 138*).

IV. Finanzmittelbedarf bzw. -überschuss

Als Ergebnis des indirekten Finanzplans ergibt sich letztendlich ein Finanzmittelbedarf oder -überschuss. Dieser resultiert aus der Summe der jeweiligen Cashflow-Salden:

- Cashflow aus der laufenden Geschäftstätigkeit
- Cashflow aus dem Investitionsbereich
- Cashflow aus dem Finanzierungsbereich

Der sich dabei ergebende Betrag zeigt, inwieweit sich der Bestand an liquiden Mitteln (die Konten Kassa, Bank und Schecks) zwischen Jahresanfang (Eröffnungsbilanz zum 1.1.) und Jahresende (Planbilanz zum 31.12.) verändert hat.

V. Geplante Deckung des Bedarfes bzw. Verwendung des Überschusses

Nachdem der Finanzmittelbedarf bzw. -überschuss der Planungsperiode festgestellt wurde, liegt es nun am Planenden, darüber zu entscheiden, woher die zusätzlichen Mittel im Falle eines Finanzmittelbedarfs genommen werden bzw. wie der voraussichtliche Finanzmittelüberschuss verwendet werden soll. Aufgabe des Planenden ist es, im Spannungsfeld von Rentabilität, Liquidität, Sicherheit und Unabhängigkeit die optimale Unternehmensfinanzierung zu finden respektive die Überschüsse zu verwenden (*vgl. Eisl et al. (2008), S. 489*).

a) Im Falle eines **Finanzmittelbedarfs** stehen dem Unternehmen unter anderem folgende Möglichkeiten zur Verfügung (*vgl. Egger/Winterheller (2007), S. 132*):

Fremdfinanzierung	z.B. Aufnahme neuer Bankkredite bzw. Darlehen oder Anleihen, Ausnützung von Kontokorrentkreditrahmen

Eigenfinanzierung	z.B. Einzahlungen der Gesellschafter, Aufnahme neuer Geschäftspartner, Aufstockung des Eigenkapitals
Selbstfinanzierung	z.B. Nichtausschüttung erwirtschafteter Gewinne
Maßnahmen im Vermögensbereich	bei Lieferforderungen (z.B. Verbesserung des Mahnwesens) bei Warenbeständen (z.B. Ermittlung optimaler Bestellmengen) bei Anlagevermögen (z.B. Verkauf nicht betriebsnotwendiger Anlagen)

Geringere Vermögensbestände bewirken eine geringere Kapitalbindung und in der Folge eine Reduktion des Vermögensrisikos (wie z.B. Schwund).

b) Im Falle eines **Finanzmittelüberschusses** stehen dem Unternehmen folgende Verwendungsmöglichkeiten zur Verfügung *(vgl. Eisl et al. (2008), S. 477)*:

- **Auszahlungen bzw. Dividendenausschüttung an die Eigentümer oder Aktionäre**
  Dies bewirkt eine Erhöhung der Eigenkapitalrentabilität.
- **Rückzahlung von Finanzverbindlichkeiten bzw. Abbau von Krediten**
  Eine Reduktion der Schulden hat geringere Fremdkapitalzinsen und somit eine Gewinnerhöhung zur Folge.
- **Verwendung für Investitionen**
  Eine kurz- oder mittelfristige Anlage für künftige Investitionen erhöht sowohl die kurz- als auch die langfristigen Zukunftschancen eines Unternehmens.
- **Bindung im Working Capital**
  Dies bewirkt eine Erhöhung des gebundenen Kapitals und in der Folge eine Reduktion der Kapitalrendite.

Lehrbeispiel: Indirekter Finanzplan

Dem Industriebetrieb *Mayr KG* liegen folgende Planwerte für das Budgetjahr vor:

Leistungsbudget:	Erlöse	€	15.000.000,–
	– Variable Herstellkosten	€	8.500.000,–
	– Variable Vertriebskosten	€	1.700.000,–
	Deckungsbeitrag	€	4.800.000,–
	– Fixkosten	€	4.900.000,–
	Betriebsergebnis	€	– 100.000,–
	+ kalkulatorische Posten	€	310.000,–
	– pagatorische Posten	€	150.000,–
	Unternehmensergebnis	€	**60.000,–**

Eröffnungsbilanz zum 1.1.			
AKTIVA	**Betrag**	**PASSIVA**	**Betrag**
A. Anlagevermögen	1.100.000	A. Eigenkapital	750.000
B. Umlaufvermögen		B. Rückstellungen	70.000
Rohstoffvorrat	400.000	C. Verbindlichkeiten	
Lieferforderungen	350.000	Bankverbindlichkeiten	620.000
Liquide Mittel	28.000	Lieferverbindlichkeiten	450.000
C. Aktive Rechnungs-abgrenzung	12.000	D. Passive Rechnungs-abgrenzung	0
Summe Aktiva	**1.890.000**	**Summe Passiva**	**1.890.000**

Für die Erstellung des Finanzplans sind noch folgende Tatbestände zu berücksichtigen:

- Das Unternehmen plant für das kommende Jahr **Investitionen** in Höhe von € 140.000,–. Davon betreffen € 60.000,– den Kauf eines Grundstückes (geplanter Kaufzeitpunkt: März) und € 80.000,– den Kauf einer Produktionsmaschine (geplanter Kaufzeitpunkt: Mai). Die geplante Nutzungsdauer des Grundstücks beträgt 25 Jahre und bei der Maschine fünf Jahre. Für die bereits vorhandenen Anlagegüter ist mit einer buchmäßigen Abschreibung von € 120.000,– zu rechnen.
- Der **Rohstoffvorrat** wird sich in der Planperiode auf € 370.000,– reduzieren.
- Der **Debitorenbestand** wird am Jahresende mit € 360.000,– angenommen.
- Bei den **aktiven Rechnungsabgrenzungen** ist mit einer Senkung von € 5.000,– zu rechnen.
- In den **Rückstellungen** ist eine Prozessrückstellung mit € 8.000,– enthalten, die in der Planperiode zur Auszahlung gelangen wird.
- Der Komplementär tätigt **Privatentnahmen** in Höhe von € 110.000,–. Zusätzlich sind für die Zahlung der **Einkommensteuer** Entnahmen in Höhe von € 50.000,– vorgesehen.
- Das Unternehmen nimmt zur Finanzierung der Investitionen einen **Kredit** in Höhe von € 80.000,– auf. Zusätzlich sind für ein bereits bestehendes **Darlehen** jährlich € 15.000,– zu tilgen.

Aufgabenstellung:

Erstellen Sie für die Planperiode den **indirekten Finanzplan** der *Mayr KG* (alle Beträge auf TEUR runden) nach dem *Egger/Winterheller*-Schema.

Lösung:

Indirekter Finanzplan nach *Egger/Winterheller*		Betrag	Berechnung
I. **Geplanter CF aus der laufenden Geschäftstätigkeit**		213	(a) 196 + (b) 17
a) **CF aus Unternehmensergebnis**	196		
Unternehmensergebnis (+)	60		Laut Leistungsbudget
Abschreibungen (+)	136		Neu (80/5) + Alt 120
b) **CF aus Veränderung des WC**	17		
Reduktion Rohstoffe (+)	30		(AB 400 – EB 370)
Erhöhung Lieferforderungen (–)	– 10		(AB 350 – EB 360)
Auflösung Rückstellungen (–)	– 8		Verwendung Prozess-RSt
Senkung ARA (+)	5		Laut Angabe

II.	Geplanter CF aus dem Investitionsbereich		– 140	
	Investition ins Sach-AV (–)	– 140		Laut Angabe
III.	Geplanter CF aus dem Finanzierungsbereich		– 95	(a) 65 – (b) 160
	a) CF Fremdfinanzierung	65		(80 – 15)
	Kreditaufnahme (+)	80		Laut Angabe
	Tilgung (–)	– 15		Laut Angabe
	b) CF Eigenfinanzierung	– 160		
	Privatentnahme (–)	– 160		Laut Angabe
IV.	Finanzmittelbedarf		– 22	(I) 213 – (II) 140 – (III) 95

Kommentar:

Der Finanzplan der *Mayr KG* zeigt für die Budgetperiode einen Finanzmittel-bedarf in Höhe von € 22.000,–. Dies bedeutet, dass unter den gegebenen Voraussetzungen die finanziellen Mittel des Unternehmens nicht ausreichen, um die geplanten Maßnahmen durchzuführen. Um diese Finanzierungslücke zu schließen, könnte die *Mayr KG* entweder die im Unternehmen bereits vorhandenen liquiden Mittel (betragen laut Eröffnungsbilanz € 28.000,–) verwenden oder einen Kontokorrentkredit beantragen.

3.4. Bewegungsbilanz (bzw. Veränderungsbilanz)

Die **Bilanz** ist eine Stichtagsrechnung und zeigt auf der Aktivseite, welche Vermögensgegenstände ein Unternehmen hat, und auf der Passivseite die Kapitalherkunft (Eigen- und Fremdkapital), also wie das Anlage- und Umlaufvermögen finanziert wird. Somit gibt die Bilanz nicht nur Auskunft über den Wert und die Struktur sämtlicher Vermögensgegenstände (Aktiva), sondern zeigt auch die Eigentumsverhältnisse sowie den Gewinn (Passiva) eines Unternehmens *(vgl. Eisl et al. (2008), S. 460)*.

AKTIVA	PASSIVA
Anlagevermögen	**Eigenkapital**
Immaterielles Vermögen	Nennkapital
Sachanlagevermögen	Rücklagen
Finanzanlagevermögen	Bilanzgewinn bzw. -verlust
Umlaufvermögen	**Fremdkapital**
Vorräte	Rückstellungen
Forderungen	Bankkredite (kurz- und langfristig)
Wertpapiere und Anteile	Lieferverbindlichkeiten
Liquide Mittel (Kassa und Bank)	Sonstige Verbindlichkeiten
Summe Aktiva	**Summe Passiva**

Abbildung 37: Grundstruktur der Bilanz

Abgesehen davon bildet die Bilanz die Grundlage zur Erstellung der **Bewegungs-bilanz**. Diese ist ein **Hilfsmittel der Finanzplanung**, durch welche die Finanzgeba-rung eines Unternehmens transparent gemacht werden kann. Einerseits erlaubt die Bewegungsbilanz eine Überprüfung der Veränderungen der Vermögens- und Schuldpositionen und andererseits ist sie ein geeignetes Instrument zur Steuerung der Liquidität, weil sie aufzeigt, wie viel Geld wodurch eingenommen wird bzw. wo-für die finanziellen Mittel verwendet werden *(vgl. Eisl et al. (2008), S. 472).*

Grundlage für die Darstellung der Bewegungsbilanz bildet die Überlegung, dass *(vgl. Egger/Winterheller (2007), S. 138)*

- die **Zunahme des Vermögens (Aktivmehrung)**

  (z.B. durch den Kauf einer Maschine   → Aktiverhöhung im AV)

  (z.B. durch Rohstoffeinkäufe   → Aktiverhöhung im UV)

- die **Abnahme des Kapitals (Passivminderung)**

  (z.B. Darlehensrückzahlung   → Passivminderung beim FK)

  (z.B. Entnahmen der Eigentümer   → Passivminderung beim EK)

eine Verwendung von Kapital (= **MITTELVERWENDUNG**) darstellen.

Im Gegensatz dazu stellen

- die **Zunahme des Kapitals (Passivmehrung)**

  (z.B. Kreditaufnahme   → Passiverhöhung beim FK)

  (z.B. Einzahlungen der Eigentümer   → Passiverhöhung beim EK)

- die **Abnahme des Vermögens (Aktivminderung)**

  (z.B. Anlagenabschreibung   → Aktivminderung im AV)

  (z.B. Forderungsabbau   → Aktivminderung im UV)

eine Freisetzung von Kapital dar (= **MITTELHERKUNFT bzw. -AUFBRINGUNG**).

Die Bewegungsbilanz wird nicht mit Aktiva und Passiva überschrieben, sondern mit Mittelverwendung und Mittelaufbringung bzw. Mittelherkunft. Entsprechend der Bilanzgleichheit gilt auch für die Bewegungsbilanz, dass die Summe der Mittelauf-bringungen immer genauso groß sein muss wie die Summe der Mittelverwendun-gen.

MITTELVERWENDUNG	MITTELHERKUNFT
Aktivmehrungen	Passivmehrungen
Passivminderungen	Aktivminderungen
Summe Mittelverwendung	**Summe Mittelherkunft**

Abbildung 38: Darstellung der Bewegungsbilanz

Sie stellt die einfachste Form der Kapitalflussrechnung dar und dient zur Dokumentation der Mittelverwendung und der Mittelherkunft.

Mittelverwendung: „Wofür werden die finanziellen Mittel verwendet?"

Mittelherkunft: „Wie wurde diese Mittelverwendung finanziert bzw. welche Mittel wurden zur Finanzierung freigesetzt?"

Um die Finanzgebarung eines Unternehmens mittels einer Bewegungsbilanz transparent zu machen, vergleicht man die einzelnen Bilanzpositionen an zwei unterschiedlichen Bilanzstichtagen. Im Rahmen der integrierten Planungsrechnung bedeutet dies, dass die Werte der einzelnen Bilanzpositionen der Schlussbilanz (= Planbilanz zum 31.12.) den entsprechenden Positionen der Eröffnungsbilanz zum 1.1. gegenübergestellt werden. Um einen besseren Vergleich der einzelnen Bilanzpositionen zu ermöglichen, empfiehlt es sich, im Rahmen der Budgetierung die Bilanzen in Staffelform einander gegenüberzustellen.

	Bilanz zum 1.1.	Bilanz zum 31.12.	Mittel-verwendung	Mittel-herkunft
Anlagevermögen	€ 250.000,–	€ 270.000,–	€ 20.000,–	
Umlaufvermögen	€ 550.000,–	€ 540.000,–		€ 10.000,–
Eigenkapital	€ 300.000,–	€ 360.000,–		€ 60.000,–
Fremdkapital	€ 500.000,–	€ 450.000,–	€ 50.000,–	
Summe			**€ 70.000,–**	**€ 70.000,–**

Diese Vorgehensweise zeigt die Zu- bzw. Abnahme der jeweiligen Bilanzpositionen und somit auch die Veränderung der liquiden Mittel (= **Veränderungsbilanz**). Auf diese Weise kann man feststellen, ob durch die jeweiligen Bilanzpositionen finanzielle Mittel aufgebracht oder verwendet wurden *(vgl. Eisl et al. (2008), S. 474)*.

Im Zusammenhang mit den Vermögensgegenständen des Anlagevermögens empfiehlt sich, sowohl die Neuanschaffungen als auch die Anlagenabschreibungen nicht zu saldieren, sondern gesondert auszuweisen. Auf diese Weise kann die in den jeweiligen Anlagen enthaltene Mittelaufbringung und Mittelverwendung differenziert dargestellt werden *(vgl. Egger/Winterheller (2007), S. 138)*.

Die Bewegungsbilanz zeigt, dass mit Aktivminderungen bzw. Aktiverhöhungen sowie Passiverhöhungen bzw. Passivminderungen stets direkt oder indirekt Finanzmittelflüsse verbunden sind.

Eine **Erhöhung in der Mittelverwendung** führt stets zum
Sinken der liquiden Mittel.

Eine **Steigerung in der Mittelherkunft** führt stets zu einer
Erhöhung der liquiden Mittel.

Diese Aussage soll anhand nachfolgender Beispiele verdeutlicht werden. Wie verändert sich der Bestand an liquiden Mitteln, wenn:

Beispiele	Antwort		
das Sachanlagevermögen steigt?	Mittelverwendung	→	Sinken der liquiden Mittel
der Bestand an Rohstoffen sinkt?	Mittelherkunft	→	Steigen der liquiden Mittel
sich die Lieferforderungen erhöhen?	Mittelverwendung	→	Sinken der liquiden Mittel
die Rückstellungen erhöht werden?	Mittelherkunft	→	Steigen der liquiden Mittel
ein Kredit zurückbezahlt wird?	Mittelverwendung	→	Sinken der liquiden Mittel
die Lieferverbindlichkeiten steigen?	Mittelherkunft	→	Steigen der liquiden Mittel

Lehrbeispiel: Bewegungsbilanz

Die *Staberl AG* stellt Ihnen zur Erstellung der Bewegungsbilanz sowohl die Eröffnungsbilanz zum 1.1. als auch die für die Planbilanz zum 31.12. ermittelten Werte zur Verfügung (alle Beträge in €):

	Bilanz 1.1.	Bilanz 31.12.	Bewegungsbilanz	
			MA	MV
AKTIVA				
A. Anlagevermögen				
I. Immaterielles Vermögen	34.000,–	2.800,–	31.200,–	
II. Sachanlagen	394.000,–	361.300,–	32.700,–	
III. Finanzanlagen	213.600,–	426.500,–		212.900,–
B. Umlaufvermögen				
I. Unfertige Bauten	143.600,–	109.600,–	34.000,–	
II. Forderungen	970.000,–	687.600,–	282.400,–	
III. Wertpapiere und Anteile	68.000,–	68.000,–		0,–
IV. Kassa, Bank	266.000,–	396.500,–		130.500,–
Summe AKTIVA	**2.089.200,–**	**2.052.300,–**		
PASSIVA				
A. Eigenkapital	837.300,–	880.400,–	43.100,–	
B. Rückstellungen	530.700,–	608.500,–	77.800,–	
C. Verbindlichkeiten	721.200,–	563.400,–		157.800,–
Summe PASSIVA	**2.089.200,–**	**2.052.300,–**	**501.200,–**	**501.200,–**

Kommentar:

Die Spalten der Bewegungsbilanz werden mit Mittelaufbringung (MA) und Mittelverwendung (MV) bezeichnet. Bei der Aufstellung werden zunächst zeilenweise für die einzelnen Bilanzpositionen die Werte der Eröffnungsbilanz (1.1.) mit den Werten der Planbilanz (31.12.) verglichen und der jeweilige Saldo ermittelt. Ergibt sich beim Anlage- oder Umlaufvermögen ein Differenzbetrag aufgrund einer Aktivmehrung, so ist dieser Betrag in die Spalte der Mittelverwendung einzutragen. Liegt hingegen eine Aktivminderung vor, dann handelt es sich beim Saldo um eine Mittelherkunft. Umgekehrt gilt für die Passivseite, dass eine Zunahme des Eigen- und Fremdkapitals eine Mittelherkunft bzw. die Abnahme eine Mittelverwendung darstellt. Darüber hinaus zeigt die Bewegungsbilanz der *Staberl AG*, dass die Summe der Mittelaufbringung jener der Mittelverwendung entspricht.

3.5. Fallbeispiel: Indirekter Finanzplan der Bike Extreme KG

Zunächst gelten alle Daten und Informationen aus den Angaben zum Leistungsbudget des Motorradherstellers *Bike Extreme KG* (siehe Kapitel 2, Punkt 2.7.). Die Eröffnungsbilanz des Unternehmens zeigt für die Planperiode folgendes Bild (alle Beträge in €):

AKTIVA	Eröffnungsbilanz zum 1.1.		PASSIVA
A. Anlagevermögen		**A. Eigenkapital**	1.380.000
Immaterielles Vermögen	10.000	**B. Rückstellungen**	720.000
Sachanlagen	2.200.000	**C. Verbindlichkeiten**	
Finanzanlagen	200.000	Darlehen	2.000.000
B. Umlaufvermögen		Kontokorrentkredit	500.000
RHB	700.000	Verbindlichkeiten L&L	550.000
Forderungen	1.500.000	Sonst. Verb.	130.000
Kassa/Bank	600.000	**D. PRA**	0
C. ARA	70.000		
Summe Aktiva	**5.280.000**	**Summe Passiva**	**5.280.000**

Darüber hinaus stehen zur Erstellung des indirekten Finanzplanes für die Planungsperiode folgende **Zusatzinformationen** zur Verfügung:

- Da ein Teilbereich der Fertigung nicht mehr auf dem neuesten technologischen Stand ist, reagiert das Unternehmen und plant zu Jahresbeginn die Anschaffung einer neuen **Maschine** im Wert von € 500.000,–. Die Nutzungsdauer dieser Maschine liegt voraussichtlich bei zehn Jahren. Die jährlichen Abschreibungen der restlichen Sachanlagen betragen € 440.000,–.
- Um diese Maschine finanzieren zu können, nimmt die *Bike Extreme KG* ein langfristiges **Bankdarlehen** mit einer Laufzeit von zehn Jahren und 5 % Zinsen auf (jährliche Rückzahlung). Die bestehenden Darlehensverbindlichkeiten werden

jährlich mit € 500.000,– getilgt und unterliegen ebenfalls einer 5%igen Verzinsung.

- Da der Motorradhersteller aufgrund der gestiegenen Nachfrage nach seinen Motorrädern für die kommende Periode eine massive Umsatzsteigerung im Vergleich zum Vorjahr erwartet, ist davon auszugehen, dass auch der Endbestand an **Roh-, Hilfs- und Betriebsstoffvorräten** bis zum Jahresende um 30 % steigen wird.
- Bedingt durch den erhöhten Materialeinkauf wird es auch bei den **Lieferverbindlichkeiten** zu einer 10%igen Steigerung kommen. Bei den **sonstigen Verbindlichkeiten** rechnet man mit einem Anstieg von € 20.000,–.
- Um die Liquidität der *Bike Extreme KG* zu stärken, plant der Motorradhersteller sein Mahnwesen zu verbessern und dadurch seine **Forderungen** um 40 % zu senken.
- Die **Rückstellungen** bestehen zu € 220.000,– aus einer Rechts- und Beratungsrückstellung, welche bestimmungsgemäß verwendet wird. Außerdem plant das Unternehmen aufgrund der etwas älteren Technologie der im Betrieb eingesetzten Fertigungsmaschine die Bildung einer Garantierückstellung in Höhe von € 200.000,–.
- Der Komplementär der *Bike Extreme KG* tätigt, so wie jedes Jahr, eine **Privatentnahme** von € 600.000,–.
- Der **Kontokorrentkredit** dient zur Überbrückung von kurzfristigen Liquiditätsengpässen. Er soll bei einem Zahlungsmittelüberschuss getilgt werden. Alle darüber hinausgehenden Beträge sind den liquiden Mitteln zuzuschreiben. Kommt es zu einem Fehlbetrag, soll der Kontokorrentkredit ausgeschöpft werden.
- Sämtliche erfolgswirksamen Änderungen sind im Leistungsbudget bereits berücksichtigt.

Aufgabenstellung:

Erstellen Sie den **indirekten Finanzplan** des Motorradherstellers *Bike Extreme KG* nach dem *Egger/Winterheller*-Schema.

Lösung: Indirekter Finanzplan Bike Extreme KG

Bei der Erstellung des indirekten Finanzplans der *Bike Extreme KG* wird der gesamte Finanzmittelfluss der Planperiode in folgende **drei Cashflow-Bereiche** untergliedert (Beträge in TEUR):

Indirekter Finanzplan nach *Egger/Winterheller*			Betrag	Berechnung
I.	**Geplanter CF aus der laufenden Geschäftstätigkeit**		**2.255**	(a) 1.810 + (b) 445
	a) **CF aus Unternehmensergebnis**	**1.810**		
	Unternehmensergebnis (+)	1.320		Laut Leistungsbudget
	Abschreibungen (+)	490		Neu (500/10 ND) + Alt 440

b)	**CF aus Veränderung des WC**		**445**	
	Erhöhung RHB (–)	– 210		(AB 700 × 0,3)
	Reduktion Forderungen (+)	600		(AB 1.500 × 0,4)
	Auflösung Rückstellungen (–)	– 20		(Dot. 200 – Aufl. 220)
	Erhöhung Verb. L&L (+)	55		(AB 550 × 0,1)
	Erhöhung sonstige Verb. (+)	20		Laut Angabe
II.	**Geplanter CF aus dem Investitionsbereich**		**– 500**	
	Investition ins Sach-AV (–)	– 500		Laut Angabe
III.	**Geplanter CF aus dem Finanzierungsbereich**		**– 650**	(a) –50 – (b) 600
	a) **CF aus Fremdfinanzierung**		**– 50**	
	Kreditaufnahme (+)	500		Laut Angabe
	Tilgung (–)	– 550		Alt 500 + Neu (500/10 LZ)
	b) **CF aus Eigenfinanzierung**		**– 600**	
	Privatentnahme (–)	– 600		Laut Angabe
IV.	**Finanzmittelüberschuss**		**1.105**	Summe (I) + (II) + (III)

Kommentar:

I. Geplanter Cashflow aus der laufenden Geschäftstätigkeit

Die *Bike Extreme KG* plant einen Cashflow aus der laufenden Geschäftstätigkeit i.H.v. € 2.255.000,–. Dieser setzt sich folgendermaßen zusammen:

a) Cashflow aus dem geplanten Unternehmensergebnis

Zunächst wird das Unternehmensergebnis aus dem Leistungsbudget mit € 1.320.000,– übernommen und dann die Abschreibungen (jährliche Abschreibung der neuen Anlage: € 50.000,– plus Abschreibung der restlichen Sachanlagen lt. Angabe: € 440.000,–) dazu gezählt. Die Abschreibung wird deshalb addiert, weil sie zuvor das Unternehmensergebnis vermindert hat, aber keinen tatsächlichen Geldabfluss darstellt. Der Cashflow aus dem geplanten Unternehmensergebnis der *Bike Extreme KG* beträgt € 1.810.000,– (€ 1.320.000,– und € 490.000,–).

b) Cashflow aus der Veränderung des Working Capital

Als Nächstes ist das Working Capital zu korrigieren. Eine Herabsetzung der Aktiva bzw. eine Erhöhung der Passiva hat eine positive, eine Erhöhung der Aktiva bzw. eine Reduktion der Passiva eine negative Auswirkung auf den Cashflow.

- **Roh-, Hilfs- und Betriebsstoffe (RHB)**
  Bei den Roh-, Hilfs- und Betriebsstoffen sind am Ende der Planperiode mehr Vorräte auf Lager zu Beginn der Budgetperiode. Dies bedeutet, dass mehr Bestände zugekauft als verbraucht werden und folglich vom Unternehmen Geld abfließt. Eine 30%ige Lageraufstockung ergibt also eine negative Veränderung des Cashflow um € 210.000,– (30 % vom Anfangsbestand der RHB von € 700.000,–).

- **Forderungen**

  Ist der Endbestand der Forderungen – wie in diesem Fall – niedriger als der Anfangsbestand, bedeutet das, dass mehr Forderungen getilgt werden und dem Unternehmen Geld zufließt. Ein 40%iger Abbau der Forderungen hat zur Folge, dass die *Bike Extreme KG* finanzielle Mittel i.H.v. € 600.000,– (40 % vom Forderungsbestand von € 1.500.000,–) aufbringt, was in der Folge eine positive Veränderung des Cashflows bewirkt.

- **Rückstellungen**

  Bei der erfolgswirksamen Dotierung der Garantierückstellung ist kein Geld geflossen, daher ist der Aufwand i.H.v. € 200.000,– wieder hinzuzurechnen. Die Rechts- und Beratungsrückstellung von € 220.000,– wird bestimmungsgemäß verwendet und folglich erfolgsneutral aufgelöst. Da durch die bestimmungsgemäße Verwendung dieser Rückstellung Geld geflossen ist, wird diese Veränderung in der Cashflow-Rechnung negativ gewertet. Für den indirekten Finanzplan werden diese beiden Rückstellungen aufsummiert, was eine negative Veränderung von € 20.000,– ergibt.

- **Verbindlichkeiten**

  Da die Lieferverbindlichkeiten sowie die sonstigen Verbindlichkeiten steigen, wird weniger bar bezahlt, wodurch mehr Geld im Unternehmen bleibt und in der Folge finanzielle Mittel aufgebracht werden. Die Erhöhung der Lieferverbindlichkeiten um € 55.000,– (10 % vom Anfangsbestand der Verbindlichkeiten aus L&L i.H.v. € 550.000,–) sowie der sonstigen Verbindlichkeiten um € 20.000,– bewirkt eine positive Veränderung des Cashflow.

II. Geplanter Cashflow aus dem Investitionsbereich

Dieser zeigt, welche Investitionen bzw. Desinvestitionen es in der Planperiode geben wird. Im vorliegenden Beispiel stellt der geplante Anlagenkauf um € 500.000,– den diesbezüglich einzigen relevanten Sachverhalt dar. Eine Investition ins Anlagevermögen stellt einen erfolgsneutralen Geldabfluss dar und ist daher im Rahmen der Cashflow-Ermittlung mit negativem Vorzeichen zu berücksichtigen.

III. Geplanter Cashflow aus dem Finanzierungsbereich

Der Cashflow aus dem Finanzierungsbereich in Höhe von € 650.000,– zeigt, welche erfolgsneutralen Finanzierungstätigkeiten bei der *Bike Extreme KG* geplant sind. In diesem Zusammenhang wird zwischen dem Cashflow aus der Fremdfinanzierung und dem Cashflow aus der Privat- und Gesellschaftersphäre unterschieden.

a) Cashflow aus der Fremdfinanzierung

Bei diesem Unternehmen sind die diesbezüglich relevanten Posten die Kredite. Die Kreditaufnahme von € 500.000,– stellt einen erfolgsneutralen Geldzufluss dar und ist daher zum Cashflow zu addieren.

Bei den Tilgungen hingegen handelt es sich um einen erfolgsneutralen Geldabfluss, der im Rahmen der Cashflow-Ermittlung abzuziehen ist. Die jährliche Tilgung des neuen Kredites beträgt € 50.000,– (€ 500.000,– neuer Kredit dividiert durch 10 Jahre Laufzeit), die jährliche Rückzahlung der bereits vorhandenen Darlehen liegt bei € 500.000,–. Dies ergibt in Summe für die Planperiode eine Kredittilgung von € 550.000,–.

Die angegebenen Zinsen betragen sowohl für den neuen Kredit als auch für die bereits vorhandenen Darlehen jeweils 5 % und ergeben in Summe € 125.000,– (für neuen Kredit 5 % von € 500.000,– und für Darlehen 5 % von € 2.000.000,–). Da Zinszahlungen erfolgswirksam sind, wurden diese bereits im Leistungsbudget und dadurch auch im Unternehmensergebnis berücksichtigt.

b) Cashflow aus der Eigenfinanzierung (Privat- und Gesellschaftersphäre)

Im Cashflow aus der Privatsphäre wird der Geldabfluss, der durch die Privatentnahme in Höhe von € 600.000,– entstanden ist, mit negativem Vorzeichen berücksichtigt.

IV. Finanzmittelbedarf bzw. -überschuss

Letztendlich ergibt sich für die *Bike Extreme KG* ein Finanzmittelüberschuss von € 1.105.000,–. Dieser Betrag wird zunächst zur Rückzahlung des Kontokorrentkredites mit € 500.000,– verwendet. Der verbleibende Restbetrag von € 605.000,– erhöht den Bestand an liquiden Mitteln. Diese Auswirkungen finden ihren Niederschlag in der Planbilanz (siehe Kapitel 2, Punkt 4.4.).

3.6. Übungsaufgaben zum indirekten Finanzplan

Beispiel 7: Indirekter Finanzplan (Fehrer KG)

Bei der Erstellung des indirekten Finanzplanes des Metallwarenerzeugers *Fehrer KG* sind folgende Angaben zu berücksichtigen (alle Beträge in TEUR):

- Die **Investitionen** ins Sachanlagevermögen werden mit € 10.000,– veranschlagt.
- Die in den geplanten Fixkosten enthaltenen kalkulatorischen **Abschreibungen** betragen € 1.500,–. Die geplanten buchmäßigen Abschreibungen liegen bei € 1.000,–.
- Zur Finanzierung dieser Investitionen nimmt die *Fehrer KG* einen langfristigen **Kredit** in Höhe von € 8.000,– auf. Das in der Eröffnungsbilanz ausgewiesene Darlehen wird im Planungsjahr mit € 500,– getilgt.
- Aufgrund der Erschließung neuer Absatzmärkte rechnet das Unternehmen damit, dass der geplante Umsatz um 30 % über dem Vorjahr liegt. Daher wird eine Erhöhung der **Roh-, Hilfs- und Betriebsstoffe** bis zum Ende des Planungsjahres um 30 % erwartet.
- Der **Debitoren**bestand wird am Jahresende mit € 10.000,– angenommen.
- Die **Lieferverbindlichkeiten** bleiben unverändert.
- Die in der Eröffnungsbilanz zum 1.1. in Höhe von € 9.000,– ausgewiesenen **Rückstellungen** setzen sich folgendermaßen zusammen:

Abfertigungsrückstellung	€ 2.000,–
Prozessrückstellung	€ 3.000,–
Garantierückstellung	€ 4.000,–

- Die auf der Passivseite unter den Rückstellungen zu Beginn des Jahres ausgewiesene Prozessrückstellung ist im Budgetjahr zu bezahlen. Aufgrund des erhöhten Umsatzes rechnet das Unternehmen auch mit einer Zunahme der durch Kunden eingebrachten Garantieansprüche. Daher ist die Garantierückstellung am Ende der Planperiode um 15 % zu erhöhen.
- Die **Privatentnahmen** der Gesellschafter werden für die Budgetperiode mit € 1.500,– veranschlagt. Darüber hinaus sind für die Zahlung von Privatsteuern (Einkommensteuer der Gesellschafter) € 500,– vorgesehen.
- Soweit die geplanten Bilanzveränderungen erfolgswirksam sind, wurden sie bereits im Leistungsbudget erfasst.
- Ein zusätzlicher Bedarf an Finanzmitteln ist durch Erhöhung des Kontokorrentkreditrahmens zu decken. Sollte sich ein Zahlungsmittelüberschuss ergeben, so wird dieser zur Rückzahlung des bereits vorhandenen Kontokorrentkredites verwendet.

Das **Leistungsbudget** der *Fehrer KG* für das Planjahr hat folgendes Aussehen (alle Beträge in TEUR):

	Leistungsbudget *Fehrer KG*		
	Erlöse		40.000
–	Variable Herstellkosten:		– 20.000
	Fertigungsmaterial	6.000	
	Fertigungslöhne	8.000	
	Fertigungsgemeinkosten	6.000	
=	Deckungsbeitrag		20.000
–	Fixkosten		– 12.000
=	Betriebsgewinn		8.000
+	kalkulatorische Abschreibung und Zinsen		2.500
–	buchmäßige Abschreibung		– 1.000
–	Zinsaufwand		– 500
=	Unternehmensgewinn		9.000

AKTIVA		Eröffnungsbilanz zum 1.1.	PASSIVA	
A.	**Anlagevermögen**		A. **Eigenkapital**	20.000
	Sachanlagen	30.000	B. **Rückstellungen**	9.000
B.	**Umlaufvermögen**		C. **Verbindlichkeiten**	
	RHB	5.000	Darlehen	18.000
	Halb- /Fertigerzeugnisse	8.000	Kontokorrentkredit	2.000
	Lieferforderungen	15.000	Lieferverbindlichkeiten	15.000
	Sonstige Forderungen	2.000	Sonstige Verbindlichkeiten	4.000
	Kassa/Bank	8.000		
Summe Aktiva		**68.000**	**Summe Passiva**	**68.000**

Aufgabenstellung:

a) Erstellen Sie für die Planperiode den **indirekten Finanzplan** der *Fehrer KG* (nach dem *Egger/Winterheller* Schema).
b) Kommentieren Sie kurz das Ergebnis.

Beispiel 8: Indirekter Finanzplan (Industries GmbH)

Dem ausschließlich im Inland tätigen Unternehmen *Industries GmbH* liegen folgende Plandaten vor (sämtliche Beträge in TEUR):

Leistungsbudget *Industries GmbH*		
Erlöse		**12.845**
– Skonti		654
= **Nettoerlöse**		**12.191**
– **Variable Kosten:**		**6.204**
Fertigungsmaterial	2.480	
Fertigungslöhne inkl. LNK	1.025	
variable Gemeinkosten	2.699	
= **Deckungsbeitrag**		**5.987**
– **Fixkosten:**		**5.788**
Personal	1.145	
Versicherung	847	
Werbung	544	
Zinsen	389	
Sonstige Kosten	2.863	
= **Betriebsergebnis**		**199**
+ Kalkulatorische Kosten	677	
– Neutrale Aufwendungen	544	
= **Unternehmensergebnis vor Steuern**		**332**
– Körperschaftsteuer (25 %)		83
= **Unternehmensergebnis nach Steuern**		**249**

AKTIVA		Eröffnungsbilanz zum 1.1.		PASSIVA
A. Anlagevermögen		A. Eigenkapital		4.150
Sachanlagen	4.466	B. Rückstellungen		
Finanzanlagen	325	Abfertigungs-RST		185
B. Umlaufvermögen		Pensionsrückstellung		346
Fertigungsmaterial	1.210	Steuerrückstellung		74
Halb-/Fertigerzeugnisse	1.946	Prozessrückstellung		82
Lieferforderungen	2.750	C. Verbindlichkeiten		
Sonstige Forderungen	1.407	Darlehen		2.220
Kassa/Bank	238	Kontokorrentkredit		870
		Lieferverbindlichkeiten		3.650
		Sonstige Verb.		765
Summe Aktiva	12.342	Summe Passiva		12.342

Folgende Sachverhalte sind zu berücksichtigen (alle Beträge in TEUR):

- Die budgetierten Investitionen ins **Sachanlagevermögen** für die Planperiode betragen € 870,– und werden im Planjahr mit € 65,– abgeschrieben. Die geplanten buchmäßigen Abschreibungen der vorhandenen Anlagen belaufen sich auf € 137,–.
- Zur **Finanzierung** diverser Investitionen wird ein weiteres langfristiges Darlehen in Höhe von € 700,– aufgenommen, welches in der Planperiode zur Auszahlung gelangt. Für das bestehende Darlehen ist im Budgetjahr eine Tilgung in Höhe von € 150,– zu veranschlagen.
- Der geplante Umsatz wird voraussichtlich um 20 % gegenüber dem Vorjahr ansteigen. Aus diesem Grund wird eine Erhöhung des **Fertigungsmaterials** bis zum Ende des Planungsjahres um 10 % erwartet.
- Die ausgewiesene **Prozessrückstellung** wird im Planjahr zur Gänze aufgelöst und bestimmungsgemäß verwendet.
- Soweit die geplanten Bilanzveränderungen erfolgswirksam sind, wurden sie im Leistungsbudget erfasst.
- Ein zusätzlicher Finanzbedarf ist durch Erhöhung des Kontokorrentkredites zu decken, andernfalls verringert ein Finanzmittelüberschuss den Kontokorrentkredit.

Aufgabenstellung:

a) Erstellen Sie für die Planperiode den **indirekten Finanzplan** unter Zuhilfenahme des *Egger/Winterheller*-Schemas.
b) Wie beurteilen Sie die Liquiditätssituation der *Industries GmbH* für die Budgetperiode?

22.10

Beispiel 9: Indirekter Finanzplan (Fantasia KG)

Sie sollen für die Firma *Fantasia KG* anhand nachfolgender Zahlen aus der **Eröffnungsbilanz** (zum 1.1.) und der **Planbilanz** (zum 31.12.) den indirekten Finanzplan für die Planperiode ableiten (alle Beträge in TEUR).

AKTIVA	Bilanz 1.1.	Bilanz 31.12.	PASSIVA	Bilanz 1.1.	Bilanz 31.12.
A. Anlagevermögen			A. Eigenkapital		
Immaterielles Vermögen	170	160	Stammkapital	1.350	1.350
Sachanlagen	38.970	39.610	Gewinnrücklage	500	500
Finanzanlagen	330	1.830	Bilanzgewinn	1.990	3.980
B. Umlaufvermögen			B. Rückstellungen		
Vorräte	15.500	14.900	Pensions-RST	1.770	2.180
Lieferford.	3.550	5.700	Steuer-RST	10	10
Sonstige Ford.	300	620	Sonstige-RST	40	320
Wertpapiere des UV	10	10	C. Verbindlichkeiten		
Kassa/Bank	2.240	3.200	Darlehen	45.100	48.300
C. ARA	150	150	Bankkredit	2.050	1.670
			Lieferverb.	6.670	6.230
			Sonstige Verb.	1.250	1.150
			D. PRA	490	490
Summe Aktiva	61.220	66.180	Summe Passiva	61.220	66.180

Der zum 1.1. in der Eröffnungsbilanz ausgewiesene **Bilanzgewinn** wird im Laufe des Jahres von den Eigentümern zur Gänze für private Zwecke entnommen.

Darüber hinaus stehen Ihnen zur Erstellung des indirekten Finanzplans noch folgende Informationen aus dem **Anlagenspiegel** zur Verfügung (alle Beträge in TEUR):

Bilanzpositionen	Stand 1.1.	Stand 31.12.	Zu-gänge	Ab-gänge	Abschrei-bung
Immaterielles Vermögen	170	160	15		25
Sachanlagen	38.970	39.610	8.390	700	7.050
Finanzanlagen	330	1.830	1.500	0	0
Summe	39.470	41.600	9.905	700	7.075

Beim Abgang der **Sachanlagen** handelt es sich um den Verkauf einer im Unternehmen nicht mehr benötigten Maschine. Der Verkaufserlös entspricht dem Buchwert.

Aufgabenstellung:

Erstellen Sie, unter Berücksichtigung obiger Angaben, den **indirekten Finanzplan** der *Fantasia KG* für die **Planperiode** unter Verwendung des *Egger/Winterheller*-Schemas und ermitteln Sie den Finanzmittelüberschuss bzw. das Finanzmitteldefizit.

22.10

Beispiel 10: Indirekter Finanzplan (Fit OG)

Der Sportartikelerzeuger *Fit OG* produziert und vertreibt ein einziges Produkt. In der Planperiode rechnet das Unternehmen mit einer Produktion von 10.000 Stück und einem Absatz von 8.000 Stück. Das **Leistungsbudget** der *Fit OG* und die **Eröffnungsbilanz** des Budgetjahres sind nachfolgend dargestellt (alle Beträge in €):

	Leistungsbudget *Fit OG*		
	Nettoumsatzerlöse		9.700.000
+	Bestandsveränderung (Fertigerzeugnisse)		1.100.000
=	**Betriebsleistung**		**10.800.000**
–	**Variable Kosten**		**5.500.000**
	Fertigungsmaterial	1.800.000	
	Fertigungslöhne	2.400.000	
	Variable Fertigungsgemeinkosten	1.300.000	
=	**Deckungsbeitrag**		**5.300.000**
–	Fixe Kosten		4.850.000
=	**Betriebsergebnis**		**450.000**
+	Kalkulatorische Kosten	+	1.270.000
–	Neutrale Aufwendungen	–	1.120.000
=	**Unternehmensergebnis vor Steuer**		**600.000**

AKTIVA	Eröffnungsbilanz zum 1.1.		PASSIVA	
A. **Anlagevermögen**	3.600.000	A. **Eigenkapital**		2.000.000
B. **Umlaufvermögen**		B. **Rückstellungen**		
Fertigungsmaterial	300.000	Pensionsrückstellung		500.000
Fertigerzeugnisse	660.000	Sonstige RST		300.000
Lieferforderungen	1.270.000	C. **Verbindlichkeiten**		
Sonstige Forderungen	150.000	Bankdarlehen		1.800.000
Liquide Mittel	100.000	Kontokorrentkredit		680.000
		Lieferverbindlichkeiten		300.000
		Sonstige Verb.		500.000
Summe Aktiva	**6.080.000**	**Summe Passiva**		**6.080.000**

Bei der Erstellung des indirekten Finanzplans sind folgende Sachverhalte zu berücksichtigen (sämtliche erfolgswirksamen Vorkommnisse sind im Leistungsbudget bereits erfasst):

- Von dem in der Bilanz ausgewiesenen **Anlagevermögen** entfallen € 600.000,– auf ein unbebautes Betriebsgrundstück. Aufgrund unerwarteter Bauauflagen seitens der Gemeinde kann das Grundstück nicht mehr in der ursprünglichen geplanten Art und Weise genutzt werden und ist daher in der kommenden Planperiode mit 50 % außerplanmäßig abzuschreiben.

- Die am 1.1. in der Bilanz enthaltenen abnutzbaren **Sachanlagen** (i.H.v. € 3.00.000,–) werden buchhalterisch über eine durchschnittliche Nutzungsdauer von 12 Jahren und kalkulatorisch mit einer Nutzungsdauer von 15 Jahren abgeschrieben.

- Im Herbst soll im Fertigungsbereich eine neue **Produktionsanlage** implementiert werden. Die dafür geplanten Investitionskosten von € 400.000,– werden zur Gänze fremdfinanziert und die Nutzungsdauer dieser Anlage liegt voraussichtlich bei zehn Jahren (lineare Abschreibung). Das Unternehmen rechnet am Ende der Nutzungsdauer mit einem Restverkaufserlös von € 50.000,–.

- Diese neue Produktionsanlage wird zur Gänze mit einem **Darlehen** finanziert. Mit der Bank wurden bereits folgende Konditionen ausgehandelt:
  Laufzeit beträgt 10 Jahre; jährliche Tilgung inkl. 7 % Zinsen; erstes Jahr tilgungsfrei!
  Das bestehende Bankdarlehen hingegen soll im Budgetjahr mit € 350.000,– getilgt werden.

- Die *Fit OG* plant, **Fertigungsmaterial** im Wert von € 2.000.000,– einzukaufen. Für die geplante Produktion rechnet das Unternehmen mit einem Materialverbrauch von € 1.800.000,–.

- Die Bewertung der **Fertigerzeugnisse** erfolgt sowohl in der Eröffnungsbilanz (1.1.) als auch in der Planbilanz (31.12.) zu variablen Herstellkosten der Budgetperiode.

- Aufgrund der geplanten Intensivierung des Mahnwesens prognostiziert das Unternehmen einen Endbestand an **Lieferforderungen** von € 700.000,–.

- Im Budgetjahr erfolgt die Dotierung der **Pensionsrückstellung** mit € 100.000,–. Die in den **sonstigen Rückstellungen** enthaltene Rückstellung für Prozesskosten in Höhe von € 150.000,– wird bestimmungsgemäß verwendet.

- Die **Lieferverbindlichkeiten** betreffen ausschließlich das Fertigungsmaterial. Das Materialbudget zeigt einen geplanten Materialaufwand von € 1.800.000,–. Der Endbestand an Lieferverbindlichkeiten soll einer Umschlagshäufigkeit von 4 entsprechen.

- Die *Fit OG* plant eine Gewinnausschüttung an die Gesellschafter von 5 % auf das Eigenkapital.

Aufgabenstellung:

Erstellen Sie, unter Zuhilfenahme des *Egger/Winterheller*-Schemas, den indirekten Finanzplan der *Fit OG* für das Budgetjahr. Ein etwaiger zusätzlicher Finanzmittelbedarf bzw. -überschuss ist über den Bankkontokorrentkredit auszugleichen.

22. 10

Beispiel 11: Leistungsbudget und Finanzplan (Intertrade GmbH)

Die vereinfachte Eröffnungsbilanz des Handelsbetriebes *Intertrade GmbH* weist zu Beginn des **Planjahres** folgende Werte aus:

AKTIVA	Eröffnungsbilanz zum 1.1.		PASSIVA
A. Anlagevermögen	895.500	A. Eigenkapital	
B. Umlaufvermögen		Stammkapital	800.000
Handelswaren	795.000	Gewinn	193.500
Lieferforderungen	611.700	B. Fremdkapital	1.441.500
Liquide Mittel	132.800		
Summe Aktiva	2.435.000	Summe Passiva	2.435.000

Für die Budgetperiode rechnet die *Intertrade GmbH* mit folgenden Transaktionen:

- Geplant ist der Kauf eines neuen Betriebsgrundstückes um € 250.000,– (voraussichtliche Nutzungsdauer: 40 Jahre).
- Die Abschreibungen des restlichen Sachanlagevermögens belaufen sich kalkulatorisch auf € 145.000,– und buchhalterisch auf € 111.000,–.
- Die Erlöse werden mit insgesamt € 6.800.000,– budgetiert. Davon gehen nur 80 % im Planungszeitraum ein. Der Rest ist zum 31.12. noch ausstehend. Die *Intertrade GmbH* rechnet mit Erlösschmälerungen von durchschnittlich 3 % der geplanten Erlöse.
- Das Unternehmen kalkuliert mit einem Wareneinsatz von € 3.111.200,–. Der Wareneinkauf in gleicher Höhe wird zu 90 % innerhalb der Planperiode bezahlt. Der Rest ist zum 31.12. noch offen.
- Die zum 1.1. in der Eröffnungsbilanz ausgewiesenen Lieferforderungen werden in der Budgetperiode zur Gänze beglichen.
- Die *Intertrade GmbH* plant den Verkauf von bereits vollständig abgeschriebenen Maschinen um € 28.800,–.
- Die in der Vorperiode gebildete Prozesskostenrückstellung in Höhe von € 150.000,– wird im Planjahr bestimmungsgemäß verwendet (Prozess geht verloren). Für Steuern ist eine Rückstellung von € 200.000,– zu bilden.
- Die sonstigen Fixkosten plant das Unternehmen mit € 2.968.000,–. Darin ist der für die Abfertigungsrückstellung dotierte Betrag von € 50.000,– bereits enthalten.
- Die in der Eröffnungsbilanz enthaltenen Lieferverbindlichkeiten von € 320.000,– müssen in der Planperiode beglichen werden.
- Der Gewinn des letzten Geschäftsjahres wird zur Gänze an die Gesellschafter ausgeschüttet.
- Der Körperschaftsteuersatz beträgt 25 %.

Aufgabenstellung:

Erstellen Sie für das Planjahr, unter Berücksichtigung obiger Informationen, das **Leistungsbudget** nach dem **Umsatzkostenverfahren** und den **indirekten Finanzplan** unter Verwendung des *Egger/Winterheller*-Schemas.

Beispiel 12: Indirekter Finanzplan und Bewegungsbilanz (Callmann)

Sie bekommen als Berater des Einzelunternehmens *Callmann* sowohl die Plan-Gewinn- und Verlustrechnung als auch die Eröffnungsbilanz (1.1.) und Planbilanz (31.12.) für die kommende Budgetperiode vorgelegt (alle Beträge in TEUR).

Plan-Gewinn- und Verlustrechnung *Callmann*		Beträge
	Umsatzerlöse	**24.361,–**
+	Sonstige Betriebliche Erträge	2.500,–
=	**Betriebsleistung**	**26.861,–**
–	Materialaufwand	13.950,–
–	Personalaufwand	7.290,–
–	Dotierung Pensionsrückstellung	170,–
–	Abschreibungen Sachanlagevermögen	425,–
–	Dotierung sonstige Rückstellungen (kurzfristig)	80,–
–	Sonstige betriebliche Aufwände	1.176,–
=	**Betriebsergebnis**	**3.770,–**
+	Zinsertrag	0,–
–	Zinsaufwand	950,–
=	**Finanzerfolg**	**– 950,–**
=	**Jahresüberschuss / -fehlbetrag**	**2.820,–**
	(entspricht dem Unternehmensergebnis)	

Zusatzinformationen:

- Die **sonstigen betrieblichen Erträge** betreffen den Verkauf von Teilen des Sachanlagevermögens. Die Buchwerte des abgegangenen Anlagevermögens betragen € 1.500,–. Für den Verkauf dieser Teile wurde ein Erlös in Höhe von € 4.000,– erzielt.
- Im Planjahr wird in Vermögensgegenstände des **Sachanlagevermögens** investiert. Die Investitionssumme beläuft sich auf € 790,–.
- Sämtliche in der Bilanz ausgewiesenen **Lieferverbindlichkeiten** haben eine Restlaufzeit von weniger als einem Jahr.
- Das in der Bilanz ausgewiesene **Eigenkapital** setzt sich wie folgt zusammen:

Positionen	Eröffnungsbilanz	Planbilanz
Eigenkapital	2.875,–	3.540,–
Bilanzgewinn	2.190,–	2.565,–
Privat	– 1.780,–	– 2.105,–
Summe	**3.285,–**	**4.000,–**

AKTIVA		Eröffnungsbilanz		Planbilanz
A.	Anlagevermögen		6.550		5.415
	Bebaute Grundstücke	3.170		2.080	
	Gebäude	2.675		2.670	
	Betriebs-/Geschäftsausstattung	250		250	
	Fuhrpark	455		415	
B.	Umlaufvermögen		7.680		9.320
	Vorräte	4.150		5.260	
	Forderungen	3.060		4.040	
	Lieferungen und Leistungen	2.740		3.780	
	Sonstige Forderungen	320		260	
	Kassa/Bankguthaben	470		20	
C.	Aktive Rechnungsabgrenzung		255		255
Summe Aktiva			14.485		14.990

PASSIVA		Eröffnungsbilanz		Planbilanz
A.	Eigenkapital		3.285		4.000
B.	Rückstellungen		1.860		2.110
	Pensionsrückstellung	1.250		1.420	
	Sonstige RST (kurzfristig)	610		690	
C.	Verbindlichkeiten		9.340		8.880
	Darlehen	2.260		1.960	
	Investitionskredit	3.540		4.410	
	Kontokorrentkredit	750		750	
	Lieferverbindlichkeiten	2.050		1.020	
	Sonstige Verbindlichkeiten	740		740	
Summe Passiva			14.485		14.990

Aufgabenstellung:

a) Erstellen Sie für die Planperiode eine **Bewegungsbilanz**, gegliedert nach den mit Großbuchstaben bezeichneten Bilanzpositionen!

b) Führen Sie für die Budgetperiode die **indirekte Finanzplanung** nach dem *Egger/Winterheller*-Schema durch!

4. Planbilanz

Die Planbilanz ist eine **stichtagsbezogene Darstellung** der sich aufgrund der Planung ergebenden **Vermögens- und Kapitalstruktur am Ende der Planperiode**. Sie bildet den Schlusspunkt der integrierten Unternehmensplanung und ist das komplexe Ergebnis aller geplanten Maßnahmen des Planungszeitraumes *(vgl. Eisl et al. (2008), S. 832)*. Eine Planbilanz kann nur dann als aussagekräftiges und zuverlässiges Führungsinstrument funktionieren, wenn die Unternehmensleitung die Plandaten auswertet, eine laufende Anpassung der Plandaten erfolgt und alle Informationen sämtlicher Unternehmensbereiche in ihr Berücksichtigung finden.

Neben der Struktur der Vermögensverhältnisse gibt sie auch Auskunft über die Kapitalherkunft sowie die Eigentümerstrukturen. Die Darstellung der Planbilanz ist wichtig, da es auch bei guter Erfolgs- sowie Liquiditätsentwicklung zu unerwünschten Kapital- und Vermögensänderungen kommen kann. Außerdem erfüllt sie eine Kontrollfunktion, da sie die Plausibilität der geplanten Vermögens- und Kapitalveränderungen aufzeigt und eine Überprüfung ermöglicht, ob bei der Planung auch keine Position übersehen wurde *(vgl. Wolf (2006), S. 72)*.

Abgesehen davon können aus der Planbilanz zum Ende der Planungsperiode wichtige **Kennzahlen** (wie z.B. Rentabilitätskennzahlen) ermittelt werden, die der Geschäftsleitung bei unternehmerischen Entscheidungen als Orientierungshilfe dienen. Planbilanzen beinhalten somit Sollvorgaben, an die sich das Management bei der Umsetzung ihrer Entscheidungen halten soll, um einerseits die Rentabilität des eingesetzten Kapitals zu maximieren und andererseits die Liquidität aufrechtzuerhalten *(vgl. Eisl et al. (2008), S. 832)*.

4.1. Erstellung der Planbilanz

Die Planbilanz ist ein modernes Instrument der zukunftsorientierten Unternehmensführung. Sie wird aus den Zahlen der Eröffnungsbilanz der Planperiode, aus dem Leistungsbudget (d.h. der geplanten Gewinn- und Verlustrechnung) sowie aus dem indirekten Finanzplan abgeleitet. Außerdem muss Sie in voller Entsprechung zu diesen Teilplänen stehen *(vgl. Egger/Winterheller (2007), S. 136)*.

Das **Aufstellen der Planbilanz** erfolgt in zwei Schritten *(vgl. Eisl et al. (2008), S. 834)*:

Schritt 1:   Zunächst wird die Eröffnungsbilanz per 1.1. zusammen mit dem Leistungsbudget und dem Finanzplan in die Plan-Rohbilanz übergeleitet.

Schritt 2:   Danach beginnt die eigentliche Bilanzarbeit, nämlich die Bewertung einzelner Bilanzpositionen, Bildung bzw. Auflösung von Rücklagen und Rückstellungen usw.

Die Erstellung der Planbilanz und des Finanzplanes gehen grundsätzlich Hand in Hand, da jede Geschäftstätigkeit der vorgelagerten Planungsschritte ihren Niederschlag in der Planbilanz findet und sich jede Veränderung der einzelnen Vermögens- und Schuldpositionen auch auf deren Endbestand auswirkt *(vgl. Egger/Winterheller (2007), S. 136).*

Die Planschlussbilanz ergibt sich somit zwingend als Ableitung

- der **Eröffnungsbilanz** zum 1.1.,
- des Gewinns der Planperiode laut **Erfolgsplanung** und
- der sich laut **Finanzplanung** ergebenden Mittelaufbringung und Mittelverwendung.

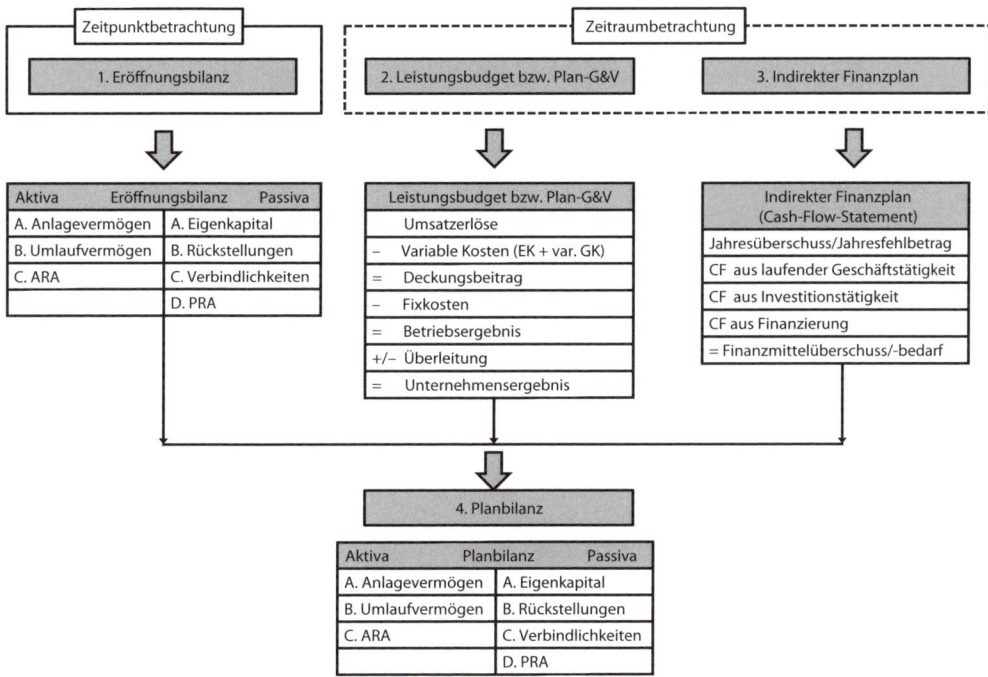

Abbildung 39: Ableitung der Planbilanz
(in Anlehnung an: Eisl et al. (2008), S. 786)

Da die Eröffnungsbilanz der Planperiode zum Zeitpunkt der Budgetierung meist noch nicht bekannt ist, dienen zunächst voraussichtliche Werte als Ausgangsbasis für die Erstellung der Planbilanz. Nachdem die tatsächliche Eröffnungsbilanz bekannt ist, sind die voraussichtlichen Werte zu korrigieren, was zu einer Änderung der Planbilanz führt. Natürlich kann mit dem Aufstellen der Planbilanz auch bis zur Fertigstellung der Eröffnungsbilanz gewartet werden *(vgl. Egger/Winterheller (2007), S. 136 f.).*

4.2. Gliederung der Bilanz

Die Darstellung der (Plan-)Bilanz unterliegt gesetzlichen Vorschriften. **§ 224 UGB** gibt folgende Gliederung zwingend vor:

AKTIVA:

A. Anlagevermögen

    I. Immaterielle Vermögensgegenstände

        1. Konzessionen, gewerbliche Schutzrechte und ähnliche Rechte und Vorteile sowie daraus abgeleitete Lizenzen

        2. Geschäfts(Firmen)wert

        3. geleistete Anzahlungen

    II. Sachanlagen

        1. Grundstücke, grundstücksgleiche Rechte und Bauten, einschließlich Bauten auf fremdem Grund

        2. technische Anlagen und Maschinen

        3. andere Anlagen, Betriebs- und Geschäftsausstattung

        4. geleistete Anzahlungen und Anlagen in Bau

    III. Finanzanlagen

        1. Anteile an verbundenen Unternehmen

        2. Ausleihungen an verbundene Unternehmen

        3. Beteiligungen

        4. Ausleihungen an Unternehmen, mit denen ein Beteiligungsverhältnis besteht

        5. Wertpapiere (Wertrechte) des Anlagevermögens

        6. sonstige Ausleihungen

B. Umlaufvermögen

    I. Vorräte

        1. Roh-, Hilfs- und Betriebsstoffe

        2. unfertige Erzeugnisse

        3. fertige Erzeugnisse und Waren

        4. noch nicht abrechenbare Leistungen

        5. geleistete Anzahlungen

    II. Forderungen und sonstige Vermögensgegenstände

        1. Forderungen aus Lieferungen und Leistungen

        2. Forderungen gegenüber verbundenen Unternehmen

        3. Forderungen gegenüber Unternehmen, mit denen ein Beteiligungsverhältnis besteht

        4. sonstige Forderungen und Vermögensgegenstände

    III. Wertpapiere und Anteile

        1. Anteile an verbundenen Unternehmen

        2. sonstige Wertpapiere und Anteile

    IV. Kassenbestand, Schecks, Guthaben bei Kreditinstituten

C. Rechnungsabgrenzungsposten

D. Aktive latente Steuern

PASSIVA:

A. **Eigenkapital**

    I.   **Eingefordertes Nennkapital (Grund-, Stammkapital)**

    II.   **Kapitalrücklagen**

         1.   gebundene

         2.   nicht gebundene

    III. **Gewinnrücklagen**

         1.   gesetzliche Rücklage

         2.   satzungsmäßige Rücklagen

         3.   andere Rücklagen (freie Rücklagen)

    IV. **Bilanzgewinn (Bilanzverlust)** davon Gewinnvortrag/Verlustvortrag

B. **Rückstellungen**

         1.   Rückstellungen für Abfertigungen

         2.   Rückstellungen für Pensionen

         3.   Steuerrückstellungen

         4.   sonstige Rückstellungen

C. **Verbindlichkeiten**

         1.   Anleihen, davon konvertibel

         2.   Verbindlichkeiten gegenüber Kreditinstituten

         3.   erhaltene Anzahlungen auf Bestellungen

         4.   Verbindlichkeiten aus Lieferungen und Leistungen

         5.   Verbindlichkeiten aus der Annahme gezogener Wechsel und der Ausstellung eigener Wechsel

         6.   Verbindlichkeiten gegenüber verbundenen Unternehmen

         7.   Verbindlichkeiten gegenüber Unternehmen, mit denen ein Beteiligungsverhältnis besteht

         8.   sonstige Verbindlichkeiten

D. **Rechnungsabgrenzungsposten**

Änderungen durch das RÄG 2014 haben sich vor allem auf der Passivseite der Bilanz ergeben. Es wurde der Ausweis der unversteuerten Rücklagen in der unternehmensrechtlichen Bilanz abgeschafft. Aufgrund des Wegfalls der Ausweispflicht für unversteuerte Rücklagen (vormals Punkt B) rücken die nachfolgenden Bilanzpositionen um einen Großbuchstaben im Alphabet vor. Steuerlich dürfen diese Sonderregelungen auch künftig, unabhängig von der unternehmensrechtlichen Abbildung in der Bilanz, geltend gemacht werden.

4.3. Planung der Bilanzpositionen

Um einen Plan-Ist-Vergleich zu ermöglichen, soll die Planbilanz den unternehmensrechtlichen Normen entsprechen, d.h., die einzelnen Bilanzpositionen sollen nach denselben Grundsätzen ermittelt werden wie bei der Erstellung des Jahresabschlusses *(vgl. Eisl et al. (2008), S. 832)*. Zur Ermittlung der geplanten Endbestände stehen grundsätzlich zwei Möglichkeiten zur Verfügung *(vgl. Wala/Haslehner (2016), S. 285 f.; Eisl et al. (2008), S. 833 f.)*:

4.3.1. Direkt geplante Bilanzpositionen

Die geplanten Endbestände der einzelnen Bilanzpositionen für die Planbilanz zum 31.12. resultieren aus den jeweiligen Anfangsbeständen laut Eröffnungsbilanz, korrigiert um die für die Budgetperiode geplanten Veränderungen. Wie die konkrete Berechnung der Endbestände für wesentliche Bilanzpositionen zu erfolgen hat, zeigen anschließende Ausführungen:

(1) Sachanlagevermögen

Bei allen Positionen des Sachanlagevermögens sind, um den jeweiligen Endbestand zu ermitteln, vom Anfangsbestand die geplanten Abschreibungen sowie die geplanten Anlagenverkäufe abzuziehen und die geplanten Anlagenkäufe sowie Zuschreibungen dazuzurechnen. Demzufolge plant man den Endbestand des Sachanlagevermögens:

Anfangsbestand Sach-AV (lt. Eröffnungsbilanz)
– planmäßige buchmäßige Abschreibungen
– außerplanmäßige Abschreibungen
– Buchwert geplanter Anlagenverkäufe
+ Zuschreibungen
+ geplante Sachanlageinvestitionen
= **Geplanter Endbestand des Sach-AV**

Aufgrund dessen, dass die Bilanz den Grundsätzen der Unternehmensrechnung zu entsprechen hat, sind hier keine kalkulatorischen Größen aus der Kostenrechnung, sondern ausschließlich pagatorische Werte anzusetzen. Folglich müssen bei der Ermittlung der Endbestände des Sachanlagevermögens die buchmäßigen Abschreibungen bei der Berechnung des Bilanzansatzes zum 31.12. herangezogen werden (und nicht die kalkulatorischen Abschreibungen).

(2) Vorräte (Roh-, Hilfs- und Betriebsstoffe sowie Halb- und Fertigfabrikate)

Bei den Vorräten, zu denen sowohl Roh-, Hilfs- und Betriebsstoffe als auch fertige und unfertige Erzeugnisse zählen, ist der Anfangsbestand um die geplanten Zu- und Abgänge zu korrigieren, um den Endbestand (Bilanzansatz) zu berechnen.

Anfangsbestand Vorräte (lt. Eröffnungsbilanz)
+ geplante Zugänge
– geplante Abgänge
= **Geplanter Endbestand der Vorräte**

Während für die Bewertung der Roh-, Hilfs- und Betriebsstoffe der jeweilige Anschaffungswert herangezogen wird, erfolgt die Bewertung der Bestände an Halb- und Fertigerzeugnissen (Anfangs- und Endbestand) stets mit den geplanten Herstellkosten.

(3) Forderungen (Lieferforderungen und sonstige Forderungen)

Ausgehend vom Anfangsbestand wird zunächst die geplante Forderungserhöhung, die sich aufgrund des budgetierten Nettoumsatzes ergibt, addiert. Um zum Forderungsendbestand zu gelangen, müssen anschließend die voraussichtlichen Zahlungseingänge sowie die uneinbringlichen Forderungen subtrahiert werden.

Anfangsbestand Forderungen (lt. Eröffnungsbilanz)
+ Erhöhung der Forderungen (geplanter Nettoumsatz)
– geplante Zahlungseingänge
– geplante uneinbringliche Forderungen
= **Geplanter Endbestand der Forderungen**

(4) Kassa/Bank (Liquide Mittel)

Der Endbestand der Bilanzposition Liquide Mittel (bzw. Kassabestand und Bankguthaben) wird durch das Ergebnis des indirekten Finanzplans beeinflusst. Während ein Finanzmittelüberschuss den Endbestand an liquiden Mitteln erhöht, verringert ihn ein Finanzmitteldefizit.

Anfangsbestand Kassa/Bank (lt. Eröffnungsbilanz)
± Finanzmittelüberschuss/-defizit (lt. indirektem Finanzplan)
= **Geplanter Endbestand Kassa/Bank**

(5) Eigenkapital

Der Endbestand des Eigenkapitals ergibt sich, indem der Anfangsbestand (1.1.) um das Unternehmensergebnis laut Erfolgsplanung (aus dem Leistungsbudget) und um die geplanten Privatentnahmen bzw. -einlagen korrigiert wird. Demzufolge errechnet sich der Bilanzansatz des Eigenkapitals zum 31.12. wie folgt:

Anfangsbestand Eigenkapital (lt. Eröffnungsbilanz)
± Unternehmensergebnis (lt. Leistungsbudget)
± geplante Privateinlagen bzw. Privatentnahmen (lt. indirektem Finanzplan)
= Geplanter Endbestand des Eigenkapitals

Da das Eigenkapital eine Residualgröße darstellt, ist außerdem eine Gegenüberstellung der Aktiva mit den übrigen Posten der Passiva möglich. Diese Rechnung wird als Probe angewendet.

geplante Aktiva (Vermögen)
– geplante Passiva
= Geplanter Endbestand des Eigenkapitals

(6) Rückstellungen

Bei den Rückstellungen ergibt sich der geplante Bilanzansatz zum 31.12., indem zum Anfangsbestand per 1.1. die für die Budgetperiode geplanten Zuweisungen addiert bzw. die Auflösungen der Rückstellungen subtrahiert werden.

Anfangsbestand Rückstellungen (lt. Eröffnungsbilanz)
+ geplante Dotierung bzw. Zuweisung zu Rückstellungen
– geplante Auflösung bzw. Verwendung von Rückstellungen
= Geplanter Endbestand der Rückstellungen

(7) Verbindlichkeiten gegenüber Kreditinstituten

Die Planung des Endbestandes von Verbindlichkeiten gegenüber Kreditinstituten (Kredite bzw. Darlehen) erfolgt, indem einerseits zum Anfangsbestand die geplanten Kredit- bzw. Darlehnsaufnahmen hinzugezählt und andererseits die geplanten Kredit- bzw. Darlehenstilgungen abgezogen werden.

Anfangsbestand Kredit bzw. Darlehen (lt. Eröffnungsbilanz)
+ geplante Zugänge durch Kredit- bzw. Darlehnsaufnahmen (lt. indirektem Finanzplan)
– geplante Tilgung von Krediten bzw. Darlehen (lt. indirektem Finanzplan)
= Geplanter Endbestand der Bankverbindlichkeiten

(8) Lieferverbindlichkeiten bzw. sonstige Verbindlichkeiten

Bei der Ermittlung der geplanten Endbestände der Lieferverbindlichkeiten sowie der sonstigen Verbindlichkeiten wird zum Anfangsbestand die beabsichtigte Erhöhung dazugezählt und die für die Budgetperiode vorgesehene Bezahlung der Verbindlichkeiten subtrahiert.

Anfangsbestand Verbindlichkeiten (lt. Eröffnungsbilanz)
+ geplante Erhöhung von Verbindlichkeiten
– geplante Reduktion von Verbindlichkeiten
= **Geplanter Endbestand der Verbindlichkeiten**

4.3.2. Mittels Kennzahlen geplante Bilanzpositionen

Darüber hinaus gibt es einige Bilanzpositionen, deren Endbestände auch mittels Kennzahlen berechnet werden können. Vor allem beim Umlaufvermögen sowie bei den Verbindlichkeiten aus Lieferungen und Leistungen ist aus Vereinfachungsgründen auch eine Berechnung des Endbestandes mittels der Kennzahl **Umschlagshäufigkeit** möglich:

(1) Forderungen aus Lieferungen und Leistungen

Die Planung des Endbestandes an Lieferforderungen kann auch in Abhängigkeit vom Umsatzerlös erfolgen. Dazu wird die Kennzahl **Umschlagshäufigkeit der Forderungen** herangezogen. Diese gibt an, wie oft die Kundenforderungen über den Umsatz umgeschlagen werden. So ergibt sich beispielsweise bei einem durchschnittlichen Forderungsbestand von € 22.000,– und einem Jahresumsatz von € 264.000,– eine Umschlagshäufigkeit der Forderungen von 12 (264.000/22.000).

Mithilfe dieser Kennzahl kann nun der für die Planbilanz erforderliche Endbestand an Lieferforderungen berechnet werden, indem man die Umsatzerlöse (aus dem Leistungsbudget) durch die Forderungsumschlagshäufigkeit dividiert. Da in den im Leistungsbudget ausgewiesenen Erlösen die Umsatzsteuer nicht enthalten ist, muss diese den Nettoerlösen zugerechnet werden.

Geplanter Endbestand Lieferforderungen =
Bruttoumsatzerlöse / Forderungsumschlagshäufigkeit

Lehrbeispiel: Endbestand Forderungen aus Lieferungen und Leistungen

Im Leistungsbudget wurden Nettoumsatzerlöse in Höhe von € 625.000,– (exkl. 20 % USt) geplant. Der Debitorenendbestand soll am Ende des Planjahres einer Umschlagshäufigkeit von 12 entsprechen.

Lösung:

Endbestand Lieferforderungen = Bruttoerlöse 750.000 / Umschlagshäufigkeit 12
→ € 62.500,–

(2) Roh-, Hilfs- und Betriebsstoffe (RHB)

Der Endbestand an Roh-, Hilfs- und Betriebsstoffen wird oftmals auch mithilfe der **Lagerumschlagshäufigkeit** ermittelt. Diese gibt im Zusammenhang mit der Budgetierung darüber Auskunft, wie oft sich die auf Lager befindlichen RHB innerhalb eines Jahres erneuern. Wird nun diese Kennzahl mit dem Materialeinsatz in Relation gesetzt, ergibt sich der entsprechende Endbestand für die Planbilanz. Demnach erfolgt die Berechnung des Endbestandes der Roh-, Hilfs- und Betriebsstoffe in Abhängigkeit des Materialeinsatzes von der Lagerumschlagshäufigkeit der RHB.

> **Geplanter Endbestand RHB =**
> Materialeinsatz / Lagerumschlagshäufigkeit der RHB

Lehrbeispiel: Endbestand Roh-, Hilfs- und Betriebsstoffe

Aus dem Materialeinsatzplan ergibt sich ein Materialeinsatz in Höhe von € 600.000,–. Erfahrungsgemäß schlägt sich das Lager im Durchschnitt zweimal pro Monat um.

Lösung:

Endbestand RHB = Materialeinsatz 600.000 / Umschlagshäufigkeit (2 × 12 Mon.)
  → € 25.000,–

(3) Verbindlichkeiten aus Lieferungen und Leistungen

Wie bereits bei der Ermittlung der Planbilanzwerte von Lieferforderungen und RHB aufgezeigt, kann auch bei der Berechnung des Endbestandes von Lieferverbindlichkeiten mit Umschlagskoeffizienten gearbeitet werden. In diesem Zusammenhang erfolgt die Planung in Abhängigkeit vom Materialeinkauf und den bezogenen Leistungen von der Umschlagshäufigkeit der Lieferverbindlichkeiten.

> **Geplanter Endbestand Lieferverbindlichkeiten =**
> Materialeinkauf / Lieferumschlagshäufigkeit

Lehrbeispiel: Endbestand Lieferverbindlichkeiten

Der Materialeinkaufsplan zeigt einen geplanten Materialeinkauf von € 448.000,–. Der Endbestand an Lieferverbindlichkeiten (LV) soll einer Umschlagshäufigkeit von 14 entsprechen.

Lösung:

Endbestand LV = Materialeinkauf 448.000 / Lieferumschlagshäufigkeit 14
  → € 32.000,–

(4) Halb- und Fertigerzeugnisse (H&F)

Die Planung der Endbestände an fertigen und unfertigen Erzeugnissen wird in der Praxis oft in Abhängigkeit von der Umschlagshäufigkeit der Erzeugnisse durchgeführt. In diesem Fall sind die variablen Herstellkosten, die bewertungsmäßig dem Warenbestand entsprechen, durch die Erzeugnisumschlagshäufigkeit zu dividieren.

> **Geplanter Endbestand H&F =**
> variable Herstellkosten / Umschlagshäufigkeit der Erzeugnisse

Lehrbeispiel: Endbestand Halb- und Fertigerzeugnisse

Die im Leistungsbudget ausgewiesenen variablen Herstellkosten betragen insgesamt € 210.000,–. In der Bilanz werden die Halb- und Fertigerzeugnisse zu variablen Herstellkosten bewertet. Sie sollen am Ende der Planungsperiode den vierfachen Monatsbedarf abdecken (dies entspricht einer Umschlagshäufigkeit von 3).

Lösung:

Endbestand H&F = variable Herstellkosten 210.000 / Umschlagshäufigkeit 3
→ **€ 70.000,–**

Lehrbeispiel: Planbilanz

Zur Erstellung der Planbilanz stehen einem Produktionsunternehmen (KG) folgende Informationen zur Verfügung (alle Beträge in €):

AKTIVA	Eröffnungsbilanz zum 1.1.		PASSIVA	
A. Anlagevermögen		550.000	A. Eigenkapital	250.000
B. Umlaufvermögen			B. Rückstellungen	100.000
Fertigerzeugnisse		0	C. Verbindlichkeiten	
Lieferforderungen		110.000	Bankverbindlichkeiten	170.000
Liquide Mittel		40.000	Lieferverbindlichkeiten	180.000
Summe Aktiva		**700.000**	**Summe Passiva**	**700.000**

- Das Unternehmen rechnet damit, dass am Ende des kommenden Geschäftsjahres ein **Lagerbestand** von 100 Stück vorhanden ist. Die variablen Herstellkosten pro Stück liegen voraussichtlich bei € 412,50.
- In der Budgetperiode sind Investitionen in das **Anlagevermögen** in der Höhe von € 100.000,– vorgesehen. Die Nutzungsdauer beträgt voraussichtlich fünf Jahre (lineare Abschreibung, Kauf in der ersten Jahreshälfte). Darüber hinaus beträgt die Abschreibung der bestehenden Anlagen € 45.000,–.
- Von den **Bankverbindlichkeiten** sind € 20.000,– am Ende der Planperiode zurückzuzahlen.

- Der **Komplementär** entnimmt voraussichtlich während des kommenden Geschäftsjahres € 60.000,– für private Zwecke.
- Die **Lieferforderungen** werden sich aufgrund des erhöhten Absatzes auf € 120.000,– und die **Lieferverbindlichkeiten** auf € 200.000,– erhöhen.
- Das Unternehmensergebnis laut **Leistungsbudget** beträgt für die Planperiode € 156.250,–.
- Der im **indirekten Finanzplan** errechnete Finanzmittelüberschuss in Höhe von € 10.000,– soll zur Aufstockung der liquiden Mittel verwendet werden.

Lösung:

AKTIVA		Planbilanz zum 31.12.		PASSIVA
A. **Anlagevermögen**	585.000	A. **Eigenkapital**		346.250
B. **Umlaufvermögen**		B. **Rückstellungen**		100.000
Fertigerzeugnisse	41.250	C. **Verbindlichkeiten**		
Lieferforderungen	120.000	Bankverbindlichkeiten		150.000
Liquide Mittel	50.000	Lieferverbindlichkeiten		200.000
Summe Aktiva	**796.250**	**Summe Passiva**		**796.250**

Kommentar:

Der in der Planbilanz ausgewiesen Endbestand des **Anlagevermögens** setzt sich wie folgt zusammen: Anfangsbestand laut Eröffnungsbilanz (€ 550.000,–) + geplante Investitionen (€ 100.000,–) – bestehende Abschreibungen (€ 45.000,–) – Abschreibungen Neuinvestition (€ 20.000,–).

Bezüglich der Berechnung des **Eigenkapital** ist folgendermaßen vorzugehen: Anfangsbestand laut Eröffnungsbilanz (€ 250.000,–) + Unternehmensergebnis laut Leistungsbudget (€ 156.250,–) – Privatentnahmen (€ 60.000,–).

Aufgrund dessen, dass für die Planperiode ein Lageraufbau von 100 Stück geplant ist (Bewertung zu variablen Herstellkosten von € 412,50 pro Stück), ergibt sich bei den **Fertigerzeugnissen** ein Endbestand von € 41.250,–.

4.4. Fallbeispiel: Planbilanz und Bewegungsbilanz der Bike Extreme KG

Erstellen Sie unter Berücksichtigung der bisherigen Angaben und Informationen aus dem Leistungsbudget (Kapitel 2, Punkt 2.7.) und dem indirekten Finanzplan (Kapitel 2, Punkt 3.5.) des Motorradherstellers *Bike Extreme KG* die **Planbilanz zum 31.12.** sowie die **Bewegungsbilanz** für den Planungszeitraum.

Lösung: Planbilanz Bike Extreme KG

AKTIVA	Planbilanz zum 31.12.		PASSIVA
A. Anlagevermögen		**A. Eigenkapital**	2.100.000
Immaterielles Vermögen	10.000	**B. Rückstellungen**	700.000
Sachanlagen	2.210.000	**C. Verbindlichkeiten**	
Finanzanlagen	200.000	Darlehen	1.950.000
B. Umlaufvermögen		Kontokorrentkredit	0
RHB	910.000	Verbindlichkeit L&L	605.000
Forderungen	900.000	Sonstige Verb.	150.000
Kassa/Bank	1.205.000	**D. PRA**	0
C. ARA	70.000		
Summe Aktiva	**5.505.000**	**Summe Passiva**	**5.505.000**

Kommentar:

- **Sachanlagen**

Durch die Neuinvestition erhöht sich einerseits der Wert der Sachanlagen um € 500.000,– und andererseits vermindern die Abschreibungen den Buchwert um € 490.000,–.

Berechnung:	AB	2.200.000,–	(lt. Eröffnungsbilanz)
	+ Investition	500.000,–	(lt. Finanzplan)
	– Abschreibungen	490.000,–	(lt. Finanzplan)
	= **EB zum 31.12**	**2.210.000,–**	

- **Roh-, Hilfs- und Betriebsstoffe**

Durch die 30%ige Bestandserhöhung ergibt sich ein neuer Lagerendbestand von € 910.000,–.

Berechnung:	AB	700.000,–	(lt. Eröffnungsbilanz)
	+ Erhöhung RHB	210.000,–	(lt. Finanzplan)
	= **EB zum 31.12.**	**910.000,–**	

- **Forderungen**

Die Verbesserung des Mahnwesens und die daraus resultierende 40%ige Reduktion der Forderungen führen zu einem Forderungsbestand am Ende des Jahres von € 900.000,–.

Berechnung:	AB	1.500.000,–	(lt. Eröffnungsbilanz)
	– Abbau Forderungen	600.000,–	(lt. Finanzplan)
	= **EB zum 31.12.**	**900.000,–**	

● **Kassa/Bank**

Der nach der Tilgung des Kontokorrentkredites verbleibende Finanzmittelüberschuss i.H.v. € 605.000,– erhöht die liquiden Mittel und wird der Bilanzposition Bank/Kassa zugeschrieben.

Berechnung:	AB	600.000,–	(lt. Eröffnungsbilanz)
+	Erhöhung liquide Mittel	605.000,–	(lt. Finanzplan)
=	**EB zum 31.12.**	**1.205.000,–**	

● **Eigenkapital**

Während der im Leistungsbudget ermittelte Unternehmensgewinn eine Erhöhung des Eigenkapitals bewirkt, führt die Privatentnahme zu einer Reduktion der Eigenmittel.

Berechnung:	AB	1.380.000,–	(lt. Eröffnungsbilanz)
+	Unternehmensgewinn	1.320.000,–	(lt. Leistungsbudget)
–	Privatentnahmen	600.000,–	(lt. Finanzplan)
=	**EB zum 31.12.**	**2.100.000,–**	

Da das Eigenkapital eine Residualgröße darstellt, kann hier die Probe durchgeführt werden, indem man von der Bilanzsumme der Aktiva (€ 5.505.000,–) die Verbindlichkeiten (€ 2.705.000,–) und die Rückstellungen (€ 700.000,–) abzieht. Auch diese Rechnung ergibt einen Endbestand des Eigenkapitals von € 2.100.000,–.

● **Rückstellungen**

Die bestimmungsgemäße Verwendung der Rechts- und Beratungsrückstellung im Wert von € 220.000,– führt zur Auflösung dieser Rückstellung und bewirkt in der Folge eine Mittelverwendung. Die Bildung der Garantierückstellung (€ 200.000,–) hat eine Erhöhung der Rückstellungen zur Folge.

Berechnung:	AB	720.000,–	(lt. Eröffnungsbilanz)
–	Auflösung RSt	220.000,–	(lt. Finanzplan)
+	Dotierung Garantie-RSt	200.000,–	(lt. Finanzplan)
=	**EB zum 31.12.**	**700.000,–**	

● **Darlehen**

Die Kreditaufnahme von € 500.000,– erhöht den Darlehensbestand, die Rückzahlungen im Ausmaß von € 550.000,– hingegen führen dazu, dass die Schulden weniger werden.

Berechnung:	AB	2.000.000,–	(lt. Eröffnungsbilanz)
+	Kreditaufnahme	500.000,–	(lt. Finanzplan)
–	Tilgung	550.000,–	(lt. Finanzplan)
=	**EB zum 31.12.**	**1.950.000,–**	

- **Kontokorrentkredit**

  Laut Finanzplan ergibt sich am Jahresende ein Finanzmittelüberschuss von € 1.105.000,–. Dieser wird zunächst zum Ausgleich des Kontokorrentkredites i.H.v. € 500.000,– verwendet.

Berechnung:	AB	500.000,–	(lt. Eröffnungsbilanz)
–	Tilgung	500.000,–	(lt. Finanzplan)
=	**EB zum 31.12.**	**0,–**	

- **Verbindlichkeiten**

  Die sonstigen Verbindlichkeiten steigen lt. Angabe um € 20.000,– auf € 150.000,–. Die 10%ige Steigerung bei den Verbindlichkeiten aus L&L bewirkt eine Erhöhung der Lieferverbindlichkeiten um € 55.000,–.

Berechnung:	AB	550.000,–	(lt. Eröffnungsbilanz)
+	Erhöhung Verb. L&L	55.000,–	(lt. Finanzplan)
=	**EB zum 31.12.**	**605.000,–**	

Lösung: Bewegungsbilanz Bike Extreme KG

Die Bewegungsbilanz überprüft die Veränderungen der Vermögens- und Schuldpositionen und zeigt die Auswirkungen des Leistungsbudgets und des Finanzplanes auf die Planbilanz.

alle Beträge in TEUR	Bilanz 1.1.	Plan-bilanz 31.12.	Mittel-aufbrin-gung	Mittel-verwen-dung
Anlagevermögen				
Immaterielles Vermögen	10	10		
Sachanlagen	2.200	2.210	490	500
Finanzanlagen	200	200		
Umlaufvermögen				
Roh-, Hilfs- und Betriebsstoffe	700	910		210
Forderungen	1.500	900	600	
Kassa/Bank	600	1.205		605
ARA	70	70		
Eigenkapital	1.380	2.100	1.320	600
Rückstellungen	720	700	200	220

Verbindlichkeiten				
Darlehen	2.000	1.950	500	550
Kontokorrentkredit	500	0		500
Lieferverbindlichkeiten	550	605	55	
Sonstige Verbindlichkeiten	130	150	20	
Summe Mittelaufbringung und Mittelverwendung			**3.185**	**3.185**

Kommentar:

- **Sachanlagen**
  Der Anlagenkauf in Höhe von € 500.000,– bewirkt eine Mittelverwendung; die Abschreibung hingegen stellt mit € 490.000,– eine Mittelaufbringung dar.
- **Roh-, Hilfs- und Betriebsstoffe**
  Zur Finanzierung des Lageraufbaus werden Mittel im Wert von € 210.000,– benötigt.
- **Forderungen**
  Durch den Abbau der Forderungen werden finanzielle Mittel von € 600.000,– freigesetzt.
- **Kassa/Bank**
  Die Erhöhung der liquiden Mittel (Kassa und Bankguthaben) im Ausmaß von € 605.000,– hat eine Mittelverwendung zur Folge (Aktivmehrung).
- **Eigenkapital**
  Während € 600.000,– als Privatentnahme verwendet werden, stellt der Unternehmensgewinn von € 1.320.000,– eine Mittelaufbringung dar.
- **Rückstellungen**
  Die Bildung der Garantierückstellung bewirkt eine Mittelaufbringung von € 200.000,– und die Auflösung der Rückstellung für Rechts- und Beratungskosten eine Mittelverwendung von € 220.000,–.
- **Darlehen**
  Die Inanspruchnahme des Kredites mit € 500.000,– ist eine Mittelaufbringung; die Rückzahlung in Höhe von € 550.000,– hingegen eine Mittelverwendung.
- **Kontokorrentkredit**
  Die Tilgung des Kontokorrentkredites mit € 500.000,– stellt eine Mittelverwendung dar.
- **Verbindlichkeiten**
  Sowohl die Erhöhung der Lieferverbindlichkeiten (€ 55.000,–) als auch der Anstieg bei den sonstigen Verbindlichkeiten (€ 20.000,–) führt jeweils zu einer Mittelaufbringung.

4.5. Übungsaufgaben zur Planbilanz

Beispiel 13: Bewegungsbilanz (Holzmann AG)

Die *Holzmann AG* stellt Ihnen zur Ableitung der Bewegungsbilanz sowohl die Eröffnungsbilanz (1.1.) als auch die Planbilanz (31.12.) der Budgetperiode zur Verfügung (alle Beträge in TEUR):

AKTIVA			Eröffnungs-bilanz zum 1.1.		Planbilanz zum 31.12.	
A.	Anlagevermögen			19.365		19.391
	I.	Immaterielles Vermögen	3.854		3.604	
	II.	Sachanlagen	12.414		12.649	
	III.	Finanzanlagen	3.097		3.138	
B.	Umlaufvermögen			3.993		3.810
	I.	Vorräte	30		32	
	II.	Forderungen				
		1. Lieferungen und Leistungen	2.157		2.346	
		2. verbundene Unternehmen	901		563	
		3. Unt. mit Beteiligung	52		137	
		4. Sonstige Forderungen	212		259	
	III.	Wertpapiere	21		186	
	IV.	Kassenbestand/Bankguthaben	20		287	
C.	Aktive Rechnungsabgrenzung			41		35
	I.	Disagio	40		33	
	II.	Sonstige ARA	1		2	
Summe Aktiva				22.799		23.236

PASSIVA			Eröffnungs-bilanz zum 1.1.		Planbilanz zum 31.12	
A.	Eigenkapital			6.145		6.768
	I.	Grundkapital	3.082		3.082	
	II.	Kapitalrücklagen	150		150	
	III.	Gewinnrücklagen	2.670		3.168	
	IV.	Bilanzgewinn	243		368	
B.	Rückstellungen			2.856		2.879
		1. Abfertigungsrückstellung	1.239		1.256	
		2. Pensionsrückstellung	795		1010	
		3. Steuerrückstellungen	3		98	
		4. Sonstige Rückstellungen	819		515	

C.	Verbindlichkeiten		13.498		13.256
	1. Anleihen	6.446		6.331	
	2. Bankverbindlichkeiten	1.379		1.543	
	3. Darlehen	900		790	
	4. Erhaltene Anzahlungen	1.049		1.024	
	5. Lieferverbindlichkeiten	265		325	
	6. verbundene Unternehmen	3.140		2.787	
	7. Sonstige Verbindlichkeiten	319		456	
D.	Rechnungsabgrenzung		300		333
	1. Baukostenbeiträge	248		231	
	2. Sonstige PRA	52		102	
Summe Passiva			**22.799**		**23.236**

Aufgabenstellung:

Erstellen Sie für das Planjahr eine **Bewegungsbilanz**, gegliedert nach den mit **Großbuchstaben bezeichneten Bilanzpositionen**. Führen Sie die jeweiligen Bilanzpositionen an und achten Sie auf die richtige Bezeichnung der beiden Spalten der Bewegungsbilanz.

Beispiel 14: Planbilanz (Consulting GmbH)

Die *Consulting GmbH*, ein österreichisches Beratungsunternehmen, hat für das Budgetjahr sowohl das Leistungsbudget als auch den indirekten Finanzplan und die Plan-Eröffnungsbilanz erstellt (alle Beträge in TEUR):

Leistungsbudget *Consulting GmbH*		
Umsatzerlöse		**16.700**
– Rabatte		750
+ Erträge aus dem Abgang von Anlagevermögen		45
= **Nettoumsatzerlöse**		**15.995**
– **Variable Kosten**		**1.853**
Datenbeschaffung Kundenaufträge	408	
Büromaterial	135	
Reisekosten	1.310	
= **Deckungsbeitrag**		**14.142**
– **Fixkosten**		**7.418**
Gehälter	5.972	
Abschreibungen Dienstwägen	854	
Abschreibungen Gebäude	450	
Abschreibungen Geschäftsausstattung	142	

=	Betriebsergebnis	6.724
+	Kalkulatorische Abschreibungen Dienstwägen	854
–	Buchmäßige Abschreibungen Dienstwägen	558
=	Unternehmensergebnis vor Steuern	7.020
–	Körperschaftsteuer	1.755
=	Unternehmensergebnis nach Steuern	5.265

Indirekter Finanzplan *Consulting GmbH*		
I. Cashflow aus der laufenden Geschäftstätigkeit	+	6.233
a) *Cashflow aus dem geplanten Unternehmensergebnis*	+	*6.820*
Unternehmensergebnis nach Steuern	+	5.265
Abschreibungen	+	1.150
Dotierung Pensionsrückstellung	+	450
Gewinne aus dem Abgang von Dienstwägen	–	45
b) *Cashflow aus der Veränderung des Working Capital*	–	*587*
Veränderung Büromaterialvorrat	–	37
Veränderung Lieferforderungen	–	130
Veränderung Prozesskostenrückstellung	–	420
II. Cashflow aus der Investitionstätigkeit	–	1.526
Ankauf von Geschäftsausstattung	–	156
Verkauf von Dienstwägen	+	270
Ankauf von Dienstwägen	–	490
Ankauf von Anteilen an der *Tax Consulting AG*	–	1.150
III. Cashflow aus der Finanzierungstätigkeit	–	3.400
a) *Cashflow aus der Fremdfinanzierung*	+	*1.300*
Aufnahme Darlehen	+	1.300
b) *Cashflow aus der Eigenfinanzierung*	–	*4.700*
Gewinnausschüttung an Gesellschafter	–	4.700
IV. Finanzmittelüberschuss		1.307
V. Verwendung des Finanzmittelüberschusses	–	1.307
Tilgung Kontokorrentkredit		

AKTIVA	Eröffnungsbilanz zum 1.1.			PASSIVA
A. Anlagevermögen	**16.880**	**A.**	**Eigenkapital**	**7.285**
I. Immaterielles Vermögen		**B.**	**Rückstellungen**	**5.270**
Firmenwert	860		Abfertigungs-RST	1.450
II. Sachanlagen			Pensions-RST	3.400
Gebäude	9.620		Prozess-RST	420
Dienstwägen	4.480	**C.**	**Verbindlichkeiten**	**7.665**
Geschäftsausstattung	720		Darlehen	3.420
III. Finanzanlagen			Kontokorrentkredit	1.460
Anteile *Tax Consulting AG*	1.200		Verbindlichkeiten L&L	1.105
B. Umlaufvermögen	**3.340**		Sonstige Verb.	1.680
I. Vorrat Büromaterial	140			
II. Forderungen	1.390			
III. Liquide Mittel	1.810			
Summe Aktiva	**20.220**		**Summe Passiva**	**20.220**

Aufgabenstellung:

Ermitteln Sie, unter Berücksichtigung vorliegender Informationen, folgende **Endbestände** für die **Planbilanz** der *Consulting GmbH* zum 31.12.

Bilanzpositionen	Berechnungen	Werte per 31.12.
Dienstwägen		
Geschäftsausstattung		
Anteile an *Tax Consulting AG*		
Vorrat Büromaterial		
Forderungen		
Eigenkapital		
Rückstellung für Pensionen		
Rückstellung für Prozesskosten		
Darlehen		
Kontokorrentkredit		

Beispiel 15: Planbilanz (Haushaltsgeräte KG)

Das **Leistungsbudget** der *Haushaltsgeräte KG* wurde nach dem **Gesamtkosten-verfahren** erstellt und zeigt folgendes Bild (alle Beträge in €):

Leistungsbudget *Haushaltsgeräte KG*		
	Nettoumsatzerlöse	1.000.000,–
+	Bestandsveränderungen	80.000,–
=	**Betriebsleistung**	**1.080.000,–**
–	**Variable Kosten**	
	Fertigungsmaterial	200.000,–
	Fertigungslöhne	170.000,–
	Fertigungsgemeinkosten	130.000,–
=	**Deckungsbeitrag**	**580.000,–**
–	Fixkosten der Fertigung	280.000,–
–	Fixkosten der Verwaltung	115.000,–
–	Fixkosten des Vertriebes	96.000,–
=	**Betriebsgewinn**	**89.000,–**

In den **Fixkosten** sind folgende kalkulatorische Zinsen, kalkulatorische Abschreibungen und kalkulatorische Wagnisse enthalten (alle Beträge in €):

	Fertigung	Verwaltung	Vertrieb
Kalkulatorische Zinsen	30.000,–	5.000,–	15.000,–
Kalkulatorische Abschreibungen	25.000,–	2.000,–	3.000,–
Kalkulatorische Wagnisse			10.000,–

Während die Abschreibungen der FIBU und die in der FIBU geplanten Schadensfälle sowohl in ihrer Höhe als auch in ihrer Verteilung den kalkulatorischen Posten entsprechen, betragen die gesamten Fremdkapitalzinsen der *Haushaltsgeräte KG* € 34.000,–.

Die **Eröffnungsbilanz** hat zum 1.1. folgendes Aussehen (alle Beträge in €):

AKTIVA		Eröffnungsbilanz zum 1.1.		PASSIVA
A.	**Anlagevermögen**	250.000,–	A. **Eigenkapital**	300.000,–
B.	**Umlaufvermögen**		B. **Rückstellungen**	140.000,–
	Rohstoffe	330.000,–	C. **Verbindlichkeiten**	
	Fertigerzeugnisse	120.000,–	Bankverbindlichkeiten	300.000,–
	Lieferforderungen	75.000,–	Lieferverbindlichkeiten	60.000,–
	Liquide Mittel	25.000,–		
Summe Aktiva		**800.000,–**	**Summe Passiva**	**800.000,–**

Aufgabenstellung:

a) Wie lautet das **Gliederungsschema** der Bilanz gemäß § 224 UGB für Aktiva und Passiva? Stellen Sie diese Struktur über zwei Ebenen dar.

b) Ermitteln Sie das **Unternehmensergebnis** der *Haushaltsgeräte KG*.

c) Erstellen Sie, unter Berücksichtigung folgender Angaben, die **Planbilanz** zum 31.12.

- Die *Haushaltsgeräte KG* plant, in der zweiten Jahreshälfte der Planungsperiode eine neue **Maschine** anzuschaffen. Die diesbezüglichen Investitionskosten belaufen sich auf € 50.000,–. Es wird mit einer voraussichtlichen Nutzungsdauer von fünf Jahren (lineare Abschreibung) gerechnet. Dieser Sachverhalt ist im Leistungsbudget bereits berücksichtigt.
- Finanziert wird diese Investition durch einen mittelfristigen (dreijährigen) **Bankkredit**, der am Ende der Laufzeit als Gesamtbetrag zurückbezahlt wird. Die jährliche Tilgungsrate der bestehenden Bankverbindlichkeiten liegt bei € 35.000,–.
- Die auf Lager befindlichen **Rohstoffe** gehen größtenteils in die laufende Produktion ein, sodass am Jahresende nur mehr Rohstoffe im Wert von € 120.000,– vorhanden sind.
- Der Produktionsplan zeigt für die Planungsperiode eine Produktionsmenge von 50.000 Stück des Fertigerzeugnisses. In der Planungsperiode verkauft die *Haushaltsgeräte KG* ihre **Fertigerzeugnisse** zu einem Nettopreis von € 25,– je Stück. Die Bewertung der Fertigerzeugnisse erfolgt zu variablen Herstellkosten. Die in der Eröffnungsbilanz ausgewiesenen Fertigerzeugnisse sind mit variablen Herstellkosten in Höhe von € 12,– bewertet. Die Lagerentnahmen entsprechen dem Prinzip First in – First out (FIFO-Verfahren).
- Aus den zu Beginn des Jahres ausgewiesenen **Rückstellungen** wurden € 75.000,– bestimmungsgemäß verwendet. Darüber hinaus werden zu Lasten der im Leistungsbudget ausgewiesenen Kosten (Aufwendungen) in der Planungsperiode Rückstellungen in Höhe von € 10.000,– neu dotiert.
- Der Komplementär der KG entnimmt während der Planperiode € 45.000,– für private Zwecke.
- Der **Zahlungsmittelüberschuss** beträgt laut indirektem Finanzplan € 120.000,–.

Beispiel 16: Planbilanz (Pengg GmbH)

Die *Pengg GmbH* stellt Ihnen zur **Aufstellung der Planbilanz zum 31.12.** folgende Zahlen aus der **Eröffnungsbilanz zum 1.1.** (in alphabetischer Reihenfolge sortiert) zur Verfügung (alle Beträge in €):

Bilanzpositionen	Beträge	Berechnungen
Bankdarlehen	6.500,–	
Bilanzgewinn	6.000,–	
Fertigerzeugnisse	14.700,–	
Immaterielles Vermögen	1.560,–	
Kassa/Bank	8.900,–	
Lieferforderungen	13.800,–	
Lieferverbindlichkeiten	25.000,–	
Pensionsrückstellung	10.500,–	

Roh-, Hilfs- und Betriebsstoffe	10.900,–
Sachanlagen	62.240,–
Sonstige Forderungen	10.600,–
Sonstige Rückstellungen	8.200,–
Sonstige Verbindlichkeiten	12.700,–
Stammkapital	48.000,–

Außerdem erhalten Sie zur Aufstellung der Planbilanz folgende **Zusatzinformationen**:

- Die Cashflow-Wirksamkeit nachfolgender Geschäftsfälle ist bereits im **indirekten Finanzplan** berücksichtigt. Im indirekten Finanzplan wurde ein **Finanzmittelbedarf** von € 5.120,– festgestellt. Dieser ist über die liquiden Mittel auszugleichen.
- Das bestehende **Bankdarlehen** wird in Monatsraten von € 100,– getilgt. Ein für die Budgetperiode geplantes Investitionsprojekt im Wert von € 5.500,– (bereits im Anlagenspiegel unter den geplanten Zugängen der Sachanlagen enthalten) soll mittels Bankdarlehen finanziert werden. Diesbezüglich wurden zwei tilgungsfreie Jahre vereinbart.
- Der voraussichtliche **Bilanzgewinn** für das Planjahr beträgt € 4.000,–. Vom Bilanzgewinn des Vorjahres soll in der Budgetperiode eine Dividende in Höhe von € 2.400,– ausgeschüttet werden und der Rest stellt einen Gewinnvortrag dar.
- Das Unternehmen rechnet mit einem voraussichtlichen Endbestand an **Fertigerzeugnissen** von € 21.500,–.
- Im Leistungsbudget werden die Umsatzerlöse mit € 315.600,– angesetzt. Der Endbestand der **Lieferforderungen** soll am Ende des Planjahres einer Umschlagshäufigkeit von 12 entsprechen.
- Aufgrund der dem Unternehmen eingeräumten verlängerten Zahlungsziele ist bei den **Lieferverbindlichkeiten** eine Erhöhung um 10 % einzuplanen.
- Am Ende der Budgetperiode liegen voraussichtlich **Roh-, Hilfs- und Betriebsstoffe** im Wert von € 13.400,– auf Lager.
- In den **Sachanlagen** ist ein nicht betriebsnotwendiges Grundstück enthalten. Das mit € 1.000,– zu Buche stehende Grundstück wird aufgrund eines vorliegenden Kaufangebotes im Juni des Planjahres zum Buchwert verkauft. Dieser Sachverhalt ist im nachfolgenden Anlagespiegel noch nicht berücksichtigt.

Anlagen	Wert 1.1.	geplante Zugänge	geplante Abgänge	geplante Abschreibung
Sachanlagen	62.240,–	21.600,–	4.080,–	5.400,–

- Die in den **sonstigen Rückstellungen** enthaltene Rückstellung für Rechts- und Beratungskosten in Höhe von € 1.200,– soll bestimmungsgemäß verwendet werden.
- Die **sonstigen Verbindlichkeiten** werden sich am Ende der Budgetperiode voraussichtlich um € 2.400,– erhöhen.
- Im Planjahr beabsichtigt das Unternehmen eine Erhöhung des **Stammkapitals** um 50 %.
- Die **restlichen Bilanzpositionen** bleiben gegenüber dem Anfangsbestand unverändert.

Aufgabenstellung:

Erstellen Sie, unter Berücksichtigung obiger Informationen, die **Planbilanz** der *Pengg GmbH* zum 31.12. gemäß den Gliederungsvorschriften des **§ 224 UGB**!

28. NO

Beispiel 17: Leistungsbudget und Planbilanz (Sportartikel KG)

Die *Sportartikel KG* in Linz erzeugt den Sportartikel „Funtastic". Für die Erstellung des Budgets stehen folgende Daten zur Verfügung (alle Beträge in €):

AKTIVA		Eröffnungsbilanz zum 1. 1.		PASSIVA
A. Anlagevermögen		610.000	A. Eigenkapital	293.000
I. Immaterielles Vermögen	60.000			
II. Sachanlagen	550.000		B. Rückstellungen	267.500
III. Finanzanlagen	0		1. Abfertigungsrückstellung	72.500
B. Umlaufvermögen		145.500	2. Pensionsrückstellung	120.000
I. Vorräte			3. Steuerrückstellung	10.000
1. Fertigungsmaterial	15.000		4. Sonstige Rückstellung	65.000
2. Fertigerzeugnisse	22.500			
II. Forderungen			C. Verbindlichkeiten	217.000
1. Lieferforderungen	90.000		1. Hypothekardarlehen	120.000
2. Sonstige Forderung	10.000		2. Kontokorrentkredit	82.000
III. Liquide Mittel	8.000		3. Lieferverbindlichkeiten	15.000
C. ARA		22.000	D. PRA	0
Summe Aktiva		**777.500**	**Summe Passiva**	**777.500**

Für die Planperiode sind des Weiteren folgende Daten bekannt:

- Das bereits am 1.1. vorhandene **Sachanlagevermögen** wird über eine durchschnittliche Nutzungsdauer von 10 Jahren abgeschrieben. Für das Budgetjahr sind Zugänge in Höhe von € 90.000,– geplant, die sowohl buchmäßig als auch kalkulatorisch über 10 Jahre abgeschrieben werden sollen. Die Zugänge fallen zur Gänze in das erste Halbjahr und sind in der **Tabelle** der **Kosten- und Aufwandsplanung** noch nicht enthalten.
- Der **Fertigungsmaterialeinkauf** wird mit € 130.000,– netto budgetiert.
- Die in der Eröffnungsbilanz ausgewiesenen **Fertigerzeugnisse** bestehen aus 100 Stück „Funtastic". Die Lagerentnahmen entsprechen dem FIFO-Prinzip.
- Der Endbestand der **Lieferforderungen** soll einer Umschlagshäufigkeit von 12 entsprechen.
- Die **sonstigen Forderungen** erhöhen sich im Planjahr um 20 %.
- Der für die Planbilanz ermittelte Wert der **aktiven Rechnungsabgrenzung** beträgt € 10.000,– und resultiert aus geleisteten Versicherungsvorauszahlungen.
- Im Budgetjahr wird eine **Pensionsrückstellung** in Höhe von € 25.000,– neu dotiert.

- Die unter den **sonstigen Rückstellungen** ausgewiesene Rückstellung für Rechts- und Beratungskosten im Wert von € 10.000,– soll bestimmungsgemäß verwendet werden.
- Die **Lieferverbindlichkeiten** zum 31.12. sollen einer Umschlagshäufigkeit von 13 entsprechen.
- Das **Hypothekardarlehen** wird zweimal jährlich mit jeweils mit € 15.000,– zurückgezahlt.
- Die **Privatentnahmen** des Komplementärs werden mit € 2.500,– pro Monat angesetzt.
- Es sollen im Budgetjahr vom Artikel „Funtastic" 1.200 Stück produziert und 1.150 Stück zu einem Bruttoverkaufspreis von € 720,– (inkl. 20 % USt) verkauft werden.
- Der im **indirekten Finanzplan** ermittelte Finanzmittelüberschuss in Höhe von € 15.000,– soll primär zum Abbau des Kontokorrentkredites verwendet werden.

Bezogen auf die **Produktionsmenge** zeigt die **Kosten- bzw. Aufwandsplanung** für das Planjahr folgende Zahlen:

	Aufwand lt. FIBU	Neutraler Aufwand	Kalk. Kosten	Kosten lt. KORE	Material	Fertigung	Verwaltung & Vertrieb
Fertigungslöhne	72.000			72.000		72.000	
Fertigungsmaterial	120.000			120.000	120.000		
Variable Gemeinkosten	102.000			102.000	6.000	72.000	24.000
Gehälter	221.000			221.000	9.000	158.000	54.000
Kalkulatorische Abschreibung			60.000	60.000	9.000	36.000	15.000
Kalkulatorische Zinsen			40.000	40.000	9.000	11.000	20.000
Kalkulatorischer Unternehmerlohn			20.000	20.000			20.000
Versicherung	24.000			24.000		22.000	2.000
Sonstige fixe Gemeinkosten	10.000			10.000		7.000	3.000
Pagatorische Abschreibung	55.000	55.000					
Zinsen	10.000	10.000					

Aufgabenstellung:

Erstellen Sie für die *Sportartikel KG* für die Budgetperiode sowohl das **Leistungsbudget** (unter Anwendung des **Gesamtkostenverfahrens**) als auch die **Planbilanz** (gemäß der Gliederung der Eröffnungsbilanz) zum **31.12.**

18.10

Beispiel 18: Integrierte Planung (Furniture GmbH)

Das österreichische Unternehmen *Furniture GmbH* ist auf die Produktion und den Verkauf von Gartenmöbeln spezialisiert. Als Controller wurden Sie nun mit der Erstellung des integrierten Unternehmensbudgets für die kommende Periode beauftragt. Diesbezüglich stehen Ihnen folgende Planwerte zur Verfügung (alle Werte in TEUR):

Produktionserlöse	75.000,–
Handelswarenerlöse	20.000,–
Fertigungsmaterial	35.000,–
Fertigungslöhne	10.000,–
Variable Fertigungsgemeinkosten	11.000,–
Gesamter Handelswareneinsatz	15.000,–
Kalkulatorische Abschreibungen	2.000,–
Kalkulatorische Zinsen	1.000,–
Übrige fixe Kosten/Aufwände	13.000,–
Zinsaufwand	500,–
Buchmäßige Abschreibungen	5.000,–

(davon 50 % für bebaute Grundstücke und je 25 % für Maschinen und BGA)

Zum 1.1. weist die **Eröffnungsbilanz** voraussichtlich folgende Werte aus (alle Beträge in TEUR):

AKTIVA	Eröffnungsbilanz zum 1. 1.		PASSIVA
A. Anlagevermögen	**25.000**	**A. Eigenkapital**	**10.700**
Bebaute Grundstücke	10.000	**B. Rückstellungen**	**8.300**
Maschinen	7.000	Abfertigungs-RST	8.000
BGA	8.000	Sonst. Rückstellungen (kurzfristig)	300
B. Umlaufvermögen	**8.200**	**C. Verbindlichkeiten**	**14.200**
Fertigungsmaterial	4.000	Darlehen (langfristig)	8.000
Fertigerzeugnisse	1.000	Bankverbindlichkeiten (kurzfristig)	2.700
Forderungen L&L	2.500	Verbindlichkeiten L&L	3.500
Bankguthaben	700		
Summe Aktiva	**33.200**	**Summe Passiva**	**33.200**

Für das Planjahr sind des Weiteren folgende Daten bekannt (alle Beträge in TEUR):

- Ende Dezember werden **Fertigerzeugnisse** im Wert von € 2.000,– (bewertet zu variablen Herstellkosten) auf Lager gelegt (Anwendung des Verbrauchsfolgeverfahrens FIFO).

- Aus dem Vorjahr werden in der Planperiode **Verbindlichkeiten aus Lieferungen und Leistung** im Ausmaß von € 3.000,– bezahlt.
- Von den im Budgetzeitraum benötigten **Fertigungsmaterialien** werden im Laufe der Planperiode € 30.000,– beglichen. Der Rest wird in die darauffolgende Planungsperiode verschoben. Der Endbestand soll in der Höhe des Anfangsbestandes ausgewiesen werden.
- Zusätzlich wird Anfang Jänner eine neue **Maschine** um € 280,– angeschafft. Die voraussichtliche Nutzungsdauer beträgt fünf Jahre. Sie wird sofort installiert und in Betrieb genommen (Die Abschreibung ist in den oben angeführten Positionen noch nicht inkludiert).
- Die **kurzfristigen Rückstellungen** werden zu 2/3 bestimmungsgemäß für einen Gewährleistungsfall verwendet. Der Restbetrag bleibt für einen Rechtsstreit rückgestellt.
- Für die kurzfristigen **Bankverbindlichkeiten** sind Zinsen in Höhe von 6 % p.a. zu bezahlen (Fälligkeit Ende Dezember). Diese sind in den oben genannten Positionen noch nicht inkludiert.
- Ende des vierten Quartals wird das **Darlehen** mit € 4.000,– getilgt.
- Im Planungszeitraum wird mit einem **Gesellschafterzuschuss** von € 1.500,– gerechnet.
- Der **KöSt**-Satz beträgt 25 %.
- Finanzielle Überschüsse werden primär zur Abdeckung der kurzfristigen Bankverbindlichkeiten herangezogen. Etwaige darüber hinaus verbleibende Überschüsse sollen als Bankguthaben ausgewiesen werden. Ein Ausgleich von finanziellen Fehlbeträgen kann entweder durch eine Senkung der Position Bankguthaben oder durch eine Erhöhung der kurzfristigen Bankverbindlichkeiten erfolgen.

Aufgabenstellung:

Erstellen Sie für den Planungszeitraum der *Furniture GmbH*

a) das **Leistungsbudget** unter Anwendung des Gesamtkostenverfahrens,
b) den **indirekten Finanzplan** nach dem *Egger/Winterheller*-Schema und
c) die **Planbilanz** zum 31.12. gemäß den Gliederungsvorschriften des § 224 UGB.

Kapitel 3

Sonstige Instrumente der Budgetierung

Lernziele:

- den grundlegenden Unterschied zwischen Gewinn und Liquidität erklären können,
- wissen, welche Aufgaben die Liquiditätsplanung zu erfüllen hat,
- anhand von Beispielen einen direkten Liquiditätsplan erstellen können,
- die Maßnahmen zur Überwindung von Liquiditätsengpässen bzw. zur Verbesserung der Liquidität kennen,
- wissen, welche Aufgaben die kurzfristige Erfolgsrechnung zu erfüllen hat,
- die wesentlichen Unterschiede zwischen Umsatz- und Gesamtkostenverfahren erklären können,
- die kurzfristige Erfolgsrechnung sowohl nach dem Umsatzkosten- als auch nach dem Gesamtkostenverfahren erstellen,
- wissen, aus welchen Komponenten sich die Gesamtabweichung zusammensetzt,
- Umsatz- und Kostenabweichungen ermitteln können.

1. Direkter Finanz- bzw. Liquiditätsplan

Der betriebliche Leistungsprozess löst Zahlungsströme aus, deren Höhe und zeitliche Struktur den Kapitalbedarf des Betriebes bestimmen. Die Leistungserstellung kann nur dann störungsfrei ablaufen, wenn es gelingt, die Zahlungsströme so aufeinander abzustimmen, dass der Betrieb das finanzielle Gleichgewicht wahrt, d.h. sowohl Illiquidität (= Zahlungsunfähigkeit) als auch Überliquidität vermeidet.

> **Liquidität** bedeutet die jederzeitige Zahlungsfähigkeit, d.h. die Fähigkeit eines Unternehmens, alle zu einem bestimmten Zeitpunkt anfallenden Zahlungsverpflichtungen uneingeschränkt zu erfüllen (*vgl. Schierenbeck/Wöhle (2008), S. 568*).

Die Liquidität muss in einem Betrieb zu jedem Zeitpunkt gegeben sein, da die Zahlungsunfähigkeit einen Insolvenzgrund darstellt. Ein Unternehmen ist dann zahlungsunfähig, wenn es nachhaltig nicht in der Lage ist, die fälligen Zahlungsverpflichtungen zu erfüllen (*vgl. Eisl et al. (2008), S. 485 f.*).

1.1. Aufgaben der Liquiditätsplanung

Der kurzfristige Liquiditätsplan bzw. der direkte Finanzplan ist ein wichtiges Instrument des Controllers zur:

(1) Steuerung und Kontrolle des Engpasses „Liquidität"

Hauptaufgabe der Liquiditätssteuerung ist die Sicherung der laufenden Liquidität. Dazu ist es notwendig, die Zahlungsströme tagesgenau zu planen und abzustimmen, um

- einerseits eine drohende Illiquidität oder sich abzeichnende Liquiditätsengpässe rechtzeitig aufzuzeigen;
- andererseits sollen sich abzeichnende zu hohe liquide Mittel erkennbar gemacht werden.

Stimmen Einzahlungen und Auszahlungen zeitlich und/oder der Höhe nach nicht überein, dann müssen sofort Maßnahmen zur Sicherung der Zahlungsfähigkeit (z.B. Ausschöpfung von Lieferantenkrediten, Aufnahme neuer Kredite) ergriffen werden (*vgl. Kropfberger/Winterheller (2003), S. 139 ff.*).

(2) Steuerung der Zahlungsströme nach den Kriterien „Rentabilität" und „Liquidität"

Kriterium der Liquiditätssteuerung ist neben der „Liquidität" auch die „Rentabilität" (= Verzinsung des eingesetzten Kapitals). Die Steuerung hat nach zwei Gesichtspunkten zu erfolgen:

- **Sicherung der Liquidität mit möglichst geringen Kosten**
  Zuerst sollen jene Zahlungsmittel herangezogen werden, welche die geringsten Kosten verursachen (wie z.B. Schecks, Kassa, Bankguthaben). Das Ausschöpfen von Kontokorrentkrediten oder das Ziehen eines Wechsels ist stets mit relativ hohen Kosten verbunden, am teuersten jedoch ist die Inanspruchnahme von Lieferantenkrediten *(vgl. Kropfberger/Winterheller (2003), S. 141).*

- **Einsatz der Liquiditätsüberschüsse zur Erwirtschaftung von Erträgen**
  Ein gut funktionierendes Liquiditätsmanagement soll also nicht nur Engpässe durch liquiditätspolitische Maßnahmen beseitigen, sondern auch Erträge durch die Veranlagung von Liquiditätsüberschüssen erwirtschaften. Es entsteht also ein Konflikt zwischen dem Streben nach Liquidität sowie jenem nach Rentabilität. Ein Mehr an Verzinsung ist bei einer Anlageform in der Regel mit einem Weniger an Liquiditätsnähe zu bezahlen und erhöhte Gewinnchancen mit einem steigenden Risiko von Kapitalverlusten *(vgl. Schierenbeck/Wöhle (2008), S. 568).*

In jedem Unternehmen hat die Liquidität höchste Priorität und muss vor allem bei Liquiditätsschwierigkeiten immer vor dem Rentabilitätsmerkmal gesehen werden. Aufgrund des strengen Liquiditätspostulats, müssen Liquiditätsplanungen folgenden **Anforderungen** entsprechen *(vgl. Schierenbeck/Wöhle (2008), S. 571 f.):*

- **Zukunftsbezug**
  Sie beziehen sich auf künftige Einzahlungen und Auszahlungen.

- **Inhaltliche Genauigkeit**
  Sie müssen Einzahlungen und Auszahlungen lückenlos und überschneidungsfrei ausweisen.

- **Zeitliche Genauigkeit**
  Sie müssen Einzahlungen und Auszahlungen der nächsten Tage, Wochen und Monate zeitlich präzise darstellen.

1.2. Grundstruktur des direkten Finanz- bzw. Liquiditätsplanes

Der Liquiditätsplan bzw. der direkte Finanzplan ist ein unentbehrliches **Hilfsmittel der kurzfristigen Liquiditätssteuerung**. Er spielt vor allem in kleinen und mittleren Unternehmen (KMU) für die Disposition von Zahlungen eine wichtige Rolle, weil er finanzielle Engpässe dadurch signalisiert, dass die Zahlungskraft in bestimmten Perioden (z.B. Wochen oder Monate) einen negativen oder zu geringen positiven Wert annimmt.

Bei der Liquiditätsplanung kommen nur die Stromgrößen **Einzahlungen** (z.B. Bareinlagen) und **Auszahlungen** (z.B. Barzahlung einer Rechnung) zur Anwendung. Sie bewirken eine Veränderung der liquiden Mittel (wie Kassabestand, Schecks, Bankguthaben) und führen folglich zu einer Erhöhung bzw. Verminderung des Zahlungsmittelbestandes eines Unternehmens *(vgl. Vollmuth (1999), S. 121).* Um die jederzeitige Zahlungsfähigkeit zu gewährleisten, stellt der direkte Liquiditätsplan

- die aus dem laufenden Umsatzprozess erwarteten **Einzahlungen** (z.B. aus dem Verkauf der Erzeugnisse) und
- die geplanten **Auszahlungen** (z.B. Auszahlungen für beschaffte Rohstoffe und Löhne, Zins- und Steuerzahlungen) der Planperiode (der nächsten Wochen bzw. Monate)

einander gegenüber. Die Zahlungsströme werden dabei getrennt nach Perioden betrachtet.

Der **direkte Finanz- bzw. Liquiditätsplan** enthält die Zahlungskraft als kumulierten Saldo der Einzahlungen (plus AB liquider Mittel) und Auszahlungen, der über die Perioden fortgeschrieben wird.

Die in Abbildung 40 dargestellte Grundstruktur ist zwar leicht verständlich, die Anwendung aber sehr aufwendig, da jede Zahlungsstrombewegung genauestens geplant werden muss. Als Informationsgrundlage für den direkten Finanzplan dienen die im Kapitel 2 in Verbindung mit dem „integrierten Unternehmensbudget" besprochenen Teilpläne bzw. Teilbudgets. Entscheidend bei der Erstellung eines Liquiditätsplanes ist der Zeitpunkt an dem die tatsächliche Zahlung erfolgt. Die Gliederung der Zahlungsströme unterliegt keinen gesetzlichen Regelungen und ist frei gestaltbar *(vgl. Kropfberger/Winterheller (2003), S. 142)*.

Position	Zeitintervalle (Tage, Wochen, Monate usw.)			
	I	II	III	IV
Zahlungskraft-Anfangsbestand	15	20	35	→25
+ Plan-Einzahlungen	30	45	15	usw.
– Plan-Auszahlungen	25	30	25	
Zahlungskraft-Endbestand	20	35	25	

Abbildung 40: Grundstruktur eines direkten Finanz- bzw. Liquiditätsplanes
(in Anlehnung an: Schierenbeck/Wöhle (2008), S. 572)

Ausgehend vom **Anfangsbestand an liquiden Mitteln** werden zunächst die geplanten **Einzahlungen** der entsprechenden Perioden **hinzugerechnet** und die geplanten **Auszahlungen** (Abschreibungen sowie die Dotierung von Rücklagen und Rückstellungen gehören hier nicht dazu, weil sie nicht auszahlungswirksam sind) **abgezogen**. Dies ergibt den voraussichtlichen Endbestand an liquiden Mitteln der jeweiligen Periode (Woche oder Monat), d.h. entweder einen vorläufigen Überschuss oder

Fehlbetrag, der dann in die nächste Periode übernommen wird. Bezugspunkte sind somit einerseits die Bestände an Zahlungskraft und andererseits die geplanten Zahlungsbewegungen *(vgl. Schierenbeck/Wöhle (2008), S. 573)*:

(1) Zahlungskraft-Anfangsbestand

Der Zahlungskraft-Anfangsbestand ergibt sich als Summe der zu einem bestimmten Zeitpunkt im Unternehmen vorhandenen Guthaben, wie Kassa, Wechsel und Schecks sowie Bank- und Postscheckguthaben.

(2) Plan-Einzahlungen

Die geplanten Einzahlungen einer Periode setzen sich zusammen aus:

Einzahlungen im Leistungsbereich	Umsatzeinnahmen Mieteinnahmen Sonstige Einzahlungen
Einzahlungen im Finanz- und Investitionsbereich	aus Kapitalaufnahme aus Desinvestition von Finanzvermögen aus Liquidation von Sachvermögen

(3) Plan-Auszahlungen

Die geplanten Auszahlungen einer Periode hängen sowohl vom Fälligkeitsdatum der Verbindlichkeiten als auch von der Zahlungsabsicht des Unternehmens ab (z.B. Zahlung innerhalb der Kassafrist berechtigt zum Skontoabzug). Neben den regelmäßigen Auszahlungen für Löhne, Gehälter, Sozialabgaben, Miete, Strom, usw. müssen bei der kurzfristigen Liquiditätsplanung auch die unregelmäßigen Zahlungen für Urlaubsgeld, Weihnachtsremuneration, Instandhaltungskosten, Dividendenzahlungen, etc. berücksichtigt werden. Die Plan-Auszahlungen setzen sich folgendermaßen zusammen *(vgl. Kropfberger/Winterheller (2003), S. 140)*:

Auszahlungen im Leistungsbereich	für Material für Personal für Leistungen Dritter für Steuern und Sonstiges
Auszahlungen im Finanz- und Investitionsbereich	für Kapitaltilgung für Investitionen im Finanzbereich für Finanzierungsaufwendungen für Investitionen ins Anlagevermögen

(4) Zahlungskraft-Endbestand

Der Zahlungskraft-EB resultiert aus dem Zahlungskraft-AB zuzüglich der Plan-Einzahlungen und abzüglich der Plan-Auszahlungen. Als Ergebnis erhält man entweder einen Zahlungsmittelüberschuss oder ein Zahlungsmitteldefizit.

Durch den Liquiditätsplan wird eine drohende Illiquidität frühzeitig ersichtlich. Damit kann durch geeignete Maßnahmen Engpässen rechtzeitig entgegengewirkt werden. Diesbezüglich ist zu erwähnen, dass ein kurzfristiger Engpass (eine so genannte Unterliquidität) nicht sofort zur Insolvenz des Unternehmens führt, aber doch mit Kosten (Opportunitätskosten) verbunden ist.

Neben dem Streben nach jederzeitiger Liquidität ist auch der Aspekt der Rentabilität miteinzubeziehen. Ein Liquiditätsüberschuss wird unter dem Rentabilitätsaspekt als unwirtschaftlich eingestuft, weil Kassenbestände bzw. Bankguthaben äußerst niedrig verzinst sind. Eine alternative Veranlagung hätte unter Umständen eine höhere Verzinsung zur Folge *(vgl. Eisl et al. (2008, S. 487).*

1.3. Maßnahmen bei Liquiditätsengpässen

Nur wenn Liquiditätsengpässe (finanzielle Fehlbeträge) möglichst frühzeitig erkannt werden, können rechtzeitig Maßnahmen zur Herbeiführung eines Deckungsgleichgewichtes eingeleitet werden. Je nachdem um welche Art des Fehlbetrages es sich handelt, kommen unterschiedliche Ausgleichsmaßnahmen zur Anwendung *(vgl. Schierenbeck/Wöhle (2008), S. 573 ff.)*:

1.3.1. Offener finanzieller Fehlbetrag

Ein **offener finanzieller Fehlbetrag** liegt vor, wenn die Liquidität im Durchschnitt zwar gegeben ist, aber innerhalb der Intervalle Fehlbeträge auftreten, die in anderen Intervallen wieder gedeckt werden. Es handelt sich dabei, wie nachfolgendes Beispiel zeigt, um einen vorübergehenden, zeitlich befristeten Fehlbetrag.

	Juli	Aug.	Sep.	Okt.	Nov.	Dez.
Zahlungsmittel-AB	+ 50	+ 75	0	+ 25	– 25	– 50
+ Plan-Einzahlungen	+ 50	+ 75	+ 100	+ 75	+ 50	+ 175
– Plan-Auszahlungen	– 25	– 150	– 75	– 125	– 75	– 25
Zahlungsmittel-EB	+ 75	0	+ 25	– 25	– 50	+ 100

Abbildung 41: Beispiel für einen offenen finanziellen Fehlbetrag

Dieses Beispiel zeigt, dass in der zweiten Jahreshälfte in den Monaten Oktober und November vorübergehende Liquiditätsschwierigkeiten auftreten. Werden allerdings alle sechs Monate betrachtet, dann ist das finanzielle Gleichgewicht gegeben, weil letztendlich die Einzahlungen die Auszahlungen überschreiten. Trotzdem müssen diese kurzfristigen Engpässe mit geeigneten Maßnahmen verhindert werden. Da hier lediglich die zeitliche Komponente das Problem darstellt, müssen die geplanten Auszahlungen verzögert und die geplanten Einzahlungen beschleunigt werden.

Verzögerung geplanter Auszahlungen durch

- Verlängerung von Lieferantenzielen,
- Stundungen bei Banken, Finanzamt usw.,
- Verzögerung von Investitionen,
- Verminderung von Privatentnahmen,
- Verschiebung von Gewinnausschüttungen.

Beschleunigung geplanter Einzahlungen durch

- Intensivierung des Mahnwesens, um Forderungen einzutreiben,
- sofortiges Schreiben der Rechnungen bei Warenversand,
- Verkürzung der Kundenzahlungsziele usw.

Abgesehen davon kann auch, um diesen vorübergehenden Fehlbetrag abzudecken, eine kurzfristige Kreditfinanzierung durch das Beantragen von Krediten erfolgen oder eine Vermögensumschichtung vorgenommen werden.

1.3.2. Struktureller finanzieller Fehlbetrag

Ist der Liquiditätsplan allerdings auf Dauer nicht ausgeglichen, dann liegt ein **struktureller Fehlbetrag** vor. In diesem Fall reicht es nicht, wie bei einem vorübergehenden Fehlbetrag, die Zahlungen zeitlich zu verschieben. Bei einem strukturellen Fehlbetrag müssen die Ausgleichsmaßnahmen viel grundlegender greifen, um das Problem im Kern zu erfassen.

	Juli	**Aug.**	**Sep.**	**Okt.**	**Nov.**	**Dez.**
Zahlungsmittel-AB	+ 50	+ 25	– 50	– 75	– 150	250
+ **Plan-Einzahlungen**	+ 75	+ 50	+ 75	+ 75	+ 100	+ 75
– **Plan-Auszahlungen**	– 100	– 125	– 100	– 150	– 200	100
Zahlungsmittel-EB	+ 25	– 50	– 75	– 150	– 250	275

Abbildung 42: Beispiel für einen strukturellen finanziellen Fehlbetrag

Bei Vorliegen eines strukturellen Fehlbetrages soll das Unternehmen nicht nur die Aufnahme von neuem Kapital ins Auge fassen (z.B. Gesellschaftereinlagen, Kreditaufnahme), sondern auch langfristig an der Innenfinanzierungskraft arbeiten. Dabei ist zu berücksichtigen, dass gewisse Maßnahmen (z.B. Entlassungen von Mitarbeitern, Rationalisierungen in der Produktion) strategische und weit reichende Auswirkungen (z.B. negative Folgen für die Produktionszahlen) haben. Mögliche Optionen, die dem Unternehmen diesbezüglich zur Verfügung stehen, wären:

- Durchführung von **Rationalisierungsmaßnahmen** (z.B. durch Kostenreduktion im laufenden Betrieb, Verbesserung des Lagerwesens, Rationalisierungsmaßnahmen in der Produktion oder im Vertrieb)

- Finanzierung durch **Vermögensumschichtungen**, welche eine dauerhaft wirkende Kapitalfreisetzung zur Folge haben (z.B. durch den Verkauf von nicht mehr betriebsnotwendigem Vermögen).

1.3.3. Verborgener finanzieller Fehlbetrag

Werden die Zeitperioden zu grob gewählt, kann die Struktur der Zahlungsströme nicht präzise genug abgebildet werden und in der Folge sind Fehlbeträge nicht immer offen ersichtlich. Es kann somit auch innerhalb einer Periode zu Engpässen kommen, welche wegen der aufsummierten Ein- und Auszahlungen nicht ersichtlich sind. Diese Art des Fehlbetrages wird **verborgener finanzieller Fehlbetrag** genannt.

	1.–10. Sep.	11.–20. Sep.	21.–30. Sep.	Σ
Zahlungsmittel-AB	0	– 25	– 35	
+ Plan-Einzahlungen	+ 15	+ 15	+ 70	+ 100
– Plan-Auszahlungen	– 40	– 25	– 10	– 75
Zahlungsmittel-EB	– 25	– 35	+ 25	+ 25

Abbildung 43: Beispiel für einen verborgenen finanziellen Fehlbetrag

Bei diesem Beispiel wird der Monat September einer genaueren Betrachtung unterzogen. Obwohl im September die Summe der Einzahlungen (€ 100,–) die gesamten Auszahlungen (€ 75,–) übersteigt, ergeben sich innerhalb der Periode Liquiditätsengpässe, und zwar in den ersten zwei Dritteln des Monats, da hier die Auszahlungen sehr hoch sind und kaum Einzahlungen erfolgen. Im letzten Drittel hingegen werden hohe Einzahlungen erwartet, welche letztendlich die gesamten Auszahlungen der Periode wieder decken.

Diese Art der Entwicklung wäre nicht ersichtlich, würde man nur die summierten Zahlungsströme des Monats betrachten. Gerade am Beginn einer Periode, wenn Zahlungen wie Miete oder Personalkosten fällig werden, aber auch am 15. des Monats, wenn Steuern zu zahlen sind, können sich die Ausgaben summieren. Es ist daher wichtig zu überprüfen, ob zu diesen Zeitpunkten genügend liquide Mittel vorhanden sind und es nicht, wie im vorliegenden Beispiel, zu einem Engpass kommt.

Bei verborgenen Fehlbeträgen spielen vor allem die **Liquiditätsreserven** eine zentrale Rolle. Diese müssen in einem Unternehmen für den Fall zurückbehalten werden, dass ein unerwarteter Fehlbetrag auftritt. Dazu zählen beispielsweise:

- **Vermögensbestandteile**, die kurzfristig in liquide Mittel umgewandelt werden können (z.B. Wertpapiere des Umlaufvermögens),
- **Zahlungskraftreserven** (z.B. zugesagte, aber noch nicht beanspruchte Kredite),
- **Finanzierungsreserven** (z.B. Kapitalerhöhungsreserven) usw.

Lehrbeispiel: Direkter Finanz- bzw. Liquiditätsplan (Monatsplanung)

Die *Tischlerei GmbH* schätzt zu Beginn des **2. Quartals** den Kassenbestand auf € 20.000,– und das Bankguthaben auf € 10.000,–. Folgende Werte sind der Planung zu Grunde zu legen:

Einzahlungen:

- Die **Umsatzerlöse** betragen im April € 250.000,–, im Mai € 200.000,– und im Juni € 150.000,–.
- Im Juni wird eine **Maschine** um € 10.000,– bar verkauft.

Auszahlungen:

- Die **Roh-, Hilfs- und Betriebsstoffe** machen durchschnittlich 20 % der monatlichen Umsatzerlöse aus.
- Die Ausgaben für **Löhne und Gehälter** (inkl. Nebenkosten) betragen monatlich € 40.000,–. Im Juni wird zusätzlich das Urlaubsgeld ausbezahlt, wodurch sich die Auszahlungen in diesem Monat um 50 % erhöhen.
- Die **Energiekosten** betragen € 0,5 je kWh. Pro Stück werden ca. 100 kWh verbraucht. Der Verkaufspreis je Stück beträgt durchschnittlich € 200,–. Es ist davon auszugehen, dass die im betreffenden Monat produzierten Stück auch verkauft werden (Just-in-time-Produktion).
- Die **sonstigen Betriebskosten** belaufen sich auf € 70.000,– monatlich.
- An **kalkulatorischen Abschreibungen** fallen monatlich € 35.000,– an.
- Die **pagatorischen Abschreibungen** betragen € 30.000,–.

Aufgabenstellung:

Stellen Sie den **direkten Finanz- bzw. Liquiditätsplan** der *Tischlerei GmbH* für das **zweite Quartal** dar. Die Umsatzsteuer wird der Einfachheit halber vernachlässigt. Das Unternehmen hat die Möglichkeit, bei eventuellen Liquiditätsengpässen einen Kontokorrentkredit im Ausmaß von maximal € 15.000,– in Anspruch zu nehmen. Ist dieser Kreditrahmen ausreichend?

Lösung:

Liquiditätsplan (alle Beträge in €)	April	Mai	Juni
Liquiditätsanfangsbestand (Kassa + Bank)	30.000,–	57.500,–	57.500,–
+ Plan-Einzahlungen	250.000,–	200.000,–	160.000,–
Umsatzerlöse	250.000,–	200.000,–	150.000,–
Erlös aus Maschinenverkauf			10.000,–
– Plan-Auszahlungen	222.500,–	200.000,–	197.500,–
Roh-, Hilfs- und Betriebsstoffe	50.000,–	40.000,–	30.000,–
Löhne und Gehälter	40.000,–	40.000,–	60.000,–
Energiekosten	62.500,–	50.000,–	37.500,–
Sonstige Betriebskosten	70.000,–	70.000,–	70.000,–
Liquiditätsüberschuss/-fehlbetrag ($\sum$ Einzahlungen – $\sum$ Auszahlungen)	+27.500,–	0,–	–37.500,–
= Liquiditätsendbestand	57.500,–	57.500,–	20.000,–

Kommentar:

Zur Berechnung der **Energiekosten** sind zunächst die monatlichen Produktionsmengen zu ermitteln. Diese ergeben sich aus der Division der monatlichen Umsatzerlöse durch den jeweiligen Stückpreis. In weiterer Folge sind die ermittelten Produktionsmengen mit dem Stückverbrauch von 100 kWh, bewertet mit € 0,5 je kWh, zu multiplizieren.

Berechnung Produktionsmengen und Energiekosten	April	Mai	Juni
monatliche Produktionsmenge (monatlicher Umsatzerlös / Stückpreis)	1.250 Stück	1.000 Stück	750 Stück
Energiekosten (= Produktionsmenge × 100 kWh × € 0,5)	€ 62.500,–	€ 50.000,–	€ 37.500,–

Vorliegender Liquiditätsplan der *Tischlerei GmbH* zeigt, dass dem Unternehmen in allen drei Monaten ausreichend liquide Mittel zur Verfügung stehen. Der Kontokorrentkredit von € 15.000,– muss nicht in Anspruch genommen werden.

Lehrbeispiel: Direkter Finanz- bzw. Liquiditätsplan (Jahresplanung)

Für den Produktionsbetrieb *Poloplast OG* wurde in Kapitel 2 (Beispiel 3) das **Leistungsbudget** erstellt. Die dort enthaltenen Informationen sind hier im Zusammenhang mit der Erstellung des Liquiditätsplanes zu berücksichtigen. Darüber hinaus stehen zur Aufstellung des direkten Finanz- bzw. Liquiditätsplanes der *Poloplast OG* die Daten aus der Eröffnungsbilanz zur Verfügung (alle Beträge in TEUR):

AKTIVA	Eröffnungsbilanz zum 1. 1.		PASSIVA
A. **Anlagevermögen**	**23.650**	A. **Eigenkapital**	**25.000**
Grundstücke	8.150	B. **Rückstellungen**	**4.000**
Gebäude	12.000	Abfertigungs-RST	1.500
Maschinen	3.500	Pensionsrückstellung	2.000
B. **Umlaufvermögen**	**33.350**	Sonstige Rückstellung	500
Fertigungsmaterial	2.200	C. **Verbindlichkeiten**	**28.000**
Fertigerzeugnisse	3.050	Darlehen	17.000
Forderungen aus L&L	12.000	Kontokorrentkredit	1.000
Sonstige Forderungen	14.600	Verbindlichkeiten aus L&L	10.000
Kassa/Bankguthaben	1.500		
Summe Aktiva	**57.000**	**Summe Passiva**	**57.000**

Darüber hinaus sind folgende Angaben zu berücksichtigen (alle Beträge in TEUR):

- Der **Liquiditätsanfangsbestand** entspricht dem in der Eröffnungsbilanz ausgewiesenen Kassa-/Bankguthaben.
- Vom laufenden **Umsatz** werden in der Planungsperiode 80 % einzahlungswirksam.

- Die **Forderungen aus L&L** der Vorperiode werden im Planungszeitraum zur Gänze beglichen.
- Die **sonstigen Forderungen** der Vorperiode werden im Planungszeitraum zu 50 % eingezahlt.
- Für eine neue **Maschine** fallen € 3.000,– an. Davon werden in der Planungsperiode 2/3 an den Lieferanten überwiesen.
- Die **Verbindlichkeiten der Vorperiode aus L&L** werden in der Planungsperiode zur Gänze bezahlt.
- Das **Darlehen** wird in der Planungsperiode mit € 4.000,– getilgt.
- Für den Ankauf von **Wertpapieren** werden in der Planungsperiode € 2.000,– zahlungswirksam.
- Von der gesamten **Materialeinkaufsmenge** (laut Beschaffungsmengenplan aus Beispiel 3) der Planungsperiode sind € 18.500,– auszahlungswirksam.
- Darüber hinaus sind auch die übrigen **Teilbudgets** aus Beispiel 3 auf ihre Zahlungswirksamkeit hin zu überprüfen und im direkten Finanz- bzw. Liquiditätsplan entsprechend zu berücksichtigen.

Aufgabenstellung:

Erstellen Sie den **direkten Finanz- bzw. Liquiditätsplan** für die *Poloplast OG* auf Jahresbasis.

Lösung:

Liquiditätsplan (alle Beträge in TEUR)	Jahres-betrag	Berechnung
Liquiditätsanfangsbestand	1.500	aus der Eröffnungsbilanz (Aktiva)
+ Plan-Einzahlungen	64.100	
Laufende Umsätze	44.800	80 % von 56.000 (Absatzplan des Leistungsbudgets)
Umsätze der Vorperiode	12.000	aus der Eröffnungsbilanz (Aktiva)
Sonstige Forderungen	7.300	50 % von 14.600 aus der Eröffnungsbilanz (Aktiva)
− Plan-Auszahlungen	63.232	
Investitionskosten Maschine	2.000	laut Angabe (3.000 × 2/3)
Verbindlichkeiten Vorperiode L&L	10.000	aus der Eröffnungsbilanz (Passiva)
Darlehenstilgung	4.000	laut Angabe
Ankauf Wertpapiere	2.000	laut Angabe
Materialeinkauf	18.500	laut Angabe
Vertriebskosten	5.532	aus Vertriebsbudget (6.432) − Abschreibungen (900)
Verwaltungskosten	2.020	aus Verwaltungsbudget (2.320) − Abschreibungen (300)
Produktionskosten Kostenstelle 1	8.380	aus Produktionsbudget 1 (9.240) − Abschreibungen (860)
Produktionskosten Kostenstelle 2	10.800	aus Produktionsbudget 2 (11.970) − Abschreibungen (1.170)
= Liquiditätsendbestand	2.368	

Kommentar:

Unter Berücksichtigung sämtlicher zahlungswirksamer Sachverhalte der Planungsperiode ergibt sich für die *Poloplast OG* ein positiver Liquiditätsendbestand in Höhe von € 2.368,–. Dieser kann nun zur Rückzahlung des Kontokorrentkredites (€ 1.000,–) herangezogen werden, der Rest führt zu einer Erhöhung der liquiden Mittel.

1.4. Übungsaufgaben zum direkten Liquiditätsplan

Beispiel 19: Direkte Liquiditätsplanung (Spitzer AG)

Bei der *Spitzer AG* ergaben sich folgende Plan- bzw. Ist-Zahlungsströme (alle Beträge in TEUR):

	Juni			Juli	Aug.	Sep.
	IST	PLAN	Abw.	PLAN	PLAN	PLAN
Liquiditätsanfangsbestand	7	7	–	59	21	– 21
Umsätze aus Aufträgen	614	613	1	650	400	640
Sonstige Umsatzerlöse	216	175	41	140	80	47
= **Summe betriebliche Einzahlungen**	830	788	42	790	480	687
Material	390	372	18	380	230	360
Personal	150	153	– 3	250	145	170
Vertrieb	100	102	– 2	105	80	90
Steuern	22	25	– 3	27	22	22
Sonstige Auszahlungen	60	58	2	65	45	40
= **Summe betriebliche Auszahlungen**	722	710	12	827	522	682
Kursgewinne	5	5	–	4	3	7
Dividenden	5	5	–	–	–	3
= **Summe Finanzeinzahlungen**	10	10	–	4	3	10
Sollzinsen	4	5	– 1	5	3	8
Kursverluste, Provisionen	2	0	2	0	0	3
Ausschüttung	60	60	–	0	0	–
= **Summe Finanzauszahlungen**	66	65	1	5	3	11
Liquiditätsendbestand	59	30	29	21	– 21	– 17

Aufgabenstellung:

a) Beschreiben Sie in Stichworten die **Aufgaben von Liquiditätsplanungen** und welchen **Anforderungen** sie entsprechen müssen.

b) Analysieren Sie obigen Liquiditätsplan im Hinblick auf Fehlbeträge. Schlagen Sie unterstützt durch Beispiele entsprechende **Planausgleichsmaßnahmen** vor!

c) Wie wirkt sich eine Verkürzung der Abschreibungsdauer bei den Fertigungsmaschinen auf die Plandaten aus?

Beispiel 20: Direkter Finanz- bzw. Liquiditätsplan (Berger)

Frau *Berger* beabsichtigt, ein Nachhilfeinstitut in Form eines Einzelunternehmens für diverse Prüfungsvorbereitungen zu gründen. Da sie nur über Eigenmittel in Höhe von € 6.000,– verfügt (diese werden mit der Unternehmensgründung zur Gänze als Barmittel eingebracht), will sie für den zusätzlichen Finanzmittelbedarf einen von der ortsansässigen Bank im Rahmen der Jungunternehmerförderung angebotenen Kredit in Anspruch nehmen. Für diesen Kredit werden in den ersten 12 Monaten voraussichtlich keine Zinsen verrechnet und es muss in diesem Zeitraum auch keine Rückzahlung erfolgen. Die Bank verlangt für die Genehmigung des Kredits von Frau Berger einen Finanzplan für die ersten vier Monate ihrer Tätigkeit.

Zur Erstellung des Finanzplans stehen Ihnen folgende Informationen zur Verfügung:

Leistungsbudget Nachhilfeinstitut *Berger*				
	Jänner	Februar	März	April
Umsatzerlöse	**5.400**	**9.000**	**9.600**	**7.200**
Seminargebühren	4.500	7.500	8.000	6.000
Seminarunterlagen	900	1.500	1.600	1.200
− **Variable Kosten**	**450**	**750**	**800**	**600**
Druckkosten Skripten	405	675	720	540
Büromaterial (für Papier, Stifte)	45	75	80	60
= **Deckungsbeitrag**	**4.950**	**8.250**	**8.800**	**6.600**
− **Fixkosten**	**7.525**	**7.525**	**7.615**	**7.725**
Miete für Seminarräume	3.500	3.500	3.500	3.500
Leasing PKW	950	950	950	950
Abschreibung (für Ausstattung)	75	75	75	75
Sonstige Kosten	1.000	1.000	1.000	1.200
Kalkulatorische Eigenkapitalzinsen			90	
Kalkulatorischer Unternehmerlohn	2.000	2.000	2.000	2.000
= **Betriebsergebnis**	**− 2.575**	**725**	**1.185**	**− 1.125**
+ **Kalkulatorische Positionen**	**2.000**	**2.000**	**2.090**	**2.000**
Kalkulatorische Eigenkapitalzinsen			90	
Kalkulatorischer Unternehmerlohn	2.000	2.000	2.000	2.000
= **Unternehmensergebnis**	**− 575**	**2.725**	**3.275**	**875**

- Frau *Berger* erwartet, dass die Erlöse aus den Seminargebühren zur Hälfte im Monat der Seminarveranstaltung und zur Hälfte im darauffolgenden Monat bezahlt werden.
- Die aus dem Verkauf von Seminarunterlagen erwarteten Erlöse entsprechen den Einzahlungen des jeweiligen Monats.

- Die Skripten werden von einem Copy-Shop gedruckt und einen Tag vor der Seminarveranstaltung geliefert. Die Bezahlung der gelieferten Skripten hat jeweils in dem der Lieferung folgenden Monat zu erfolgen.
- Der Aufwand für Büromaterial wird im ausgewiesenen Monat zahlungswirksam.
- Für die Seminarveranstaltungen werden Räumlichkeiten angemietet. Die Miete wird immer für 2 Monate im Vorhinein entrichtet (beginnend im Jänner mit der Firmengründung).
- Anfang Jänner wird ein PC samt Drucker um € 1.800,– (Nutzungsdauer 3 Jahre) bar erworben. Zusätzlich wird ein Video-Beamer um € 2.100,– (Nutzungsdauer 7 Jahre) angeschafft, aber erst im März bezahlt. Die Abschreibungsbeträge sind im obigen Leistungsbudget bereits berücksichtigt.
- Die sonstigen Kosten entsprechen den Auszahlungen.
- Im März entnimmt Frau *Berger* € 8.000,– für diverse Reparaturarbeiten an ihrem Einfamilienhaus.

Aufgabenstellung:

a) Erstellen Sie einen **direkten Finanz- bzw. Liquiditätsplan** für das Nachhilfeinstitut *Berger* für die **ersten 4 Monate** (untergliedert in die Monate Jänner bis April).

b) Ermitteln Sie, ausgehend von dem erstellten Finanzplan, die **Kredithöhe**, die Frau *Berger* in den ersten 4 Monaten ihrer Geschäftstätigkeit benötigen würde.

Beispiel 21: Direkter Finanz- bzw. Liquiditätsplan (Riegler KG)

Zu Beginn des 2. Halbjahres hat der Handelsbetrieb *Riegler KG* einen Kassenstand von € 20.000,– und auf dem Girokonto befinden sich € 15.000,–. Zusätzlich erhalten Sie vom Komplementär des Unternehmens zur Erstellung des direkten Finanzplanes für das 3. Quartal folgende Informationen:

Planung der Einzahlungen:

- Grundsätzlich gewährt das Unternehmen seinen Kunden ein Zahlungsziel von 3 Monaten. In der Regel nehmen 2/3 der Kunden dieses Zahlungsziel auch in Anspruch. Der Rest bezahlt bar und darf sich einen Skonto von 2 % abziehen.

Die Entwicklung der Verkaufserlöse war bisher:	April	€ 300.000,–
	Mai	€ 420.000,–
	Juni	€ 480.000,–
Für das 2. Halbjahr wird mit folgenden Erlösen gerechnet:	Juli	€ 450.000,–
	August	€ 300.000,–
	September	€ 360.000,–

- Im August wird eine Anlage um € 60.000,– verkauft (Zahlungseingang im September).
- Für ein vermietetes Gebäude erhält das Handelsunternehmen monatlich € 5.000,–.

Planung der Auszahlungen:

- Roh-, Hilfs- und Betriebsstoffe je Monat € 150.000,– mit 10 % Verteuerung ab August.
- Personalkosten € 90.000,– je Monat. Ab August werden die Löhne und Gehälter um 10 % erhöht.
- Kauf einer Maschine im Mai um € 300.000,– (Zahlungsziel 60 Tage). Die Nutzungsdauer beträgt vier Jahre (lineare Abschreibung).
- Finanzspesen im September € 15.000,–.
- Die Abschreibung aus der Anlagenbuchhaltung liegt bei monatlich € 15.000,–.
- Die Fremdkapitalzinsen per 30.9. betragen € 40.000,– und die kalkulatorischen Zinsen € 50.000,–.

Aufgabenstellung:

a) Erstellung eines **direkten Finanz- bzw. Liquiditätsplanes** für die Monate Juli, August und September.

b) Ergeben sich im 3. Quartal Liquiditätsschwierigkeiten, wenn der *Riegler KG* ein unbefristeter **Kontokorrentkredit** in Höhe von € 100.000,– zur Verfügung steht? Falls ja, welche Möglichkeiten hat das Unternehmen, um einen eventuellen Finanzmittelbedarf abzudecken?

Beispiel 22: Direkter Finanz- bzw. Liquiditätsplan (Invention OG)

Der Produktionsbetrieb *Invention OG* beginnt Anfang Juli mit der Herstellung und dem Verkauf eines neuen Produktes. In der Markteinführungsphase (Juli – Oktober) rechnet das Unternehmen damit, dieses Produkt zu einem Preis von € 80,– je Einheit verkaufen zu können. Ab November wird der Preis auf € 100,– je verkaufte Einheit angehoben. In den einzelnen Monaten rechnet das Unternehmen mit folgenden **Absatzmengen** (in Einheiten):

Juli	August	September	Oktober	November	Dezember
5.000 EH	10.000 EH	10.000 EH	12.000 EH	14.000 EH	14.000 EH

In Zusammenhang mit dem neuen Produkt werden im 2. Halbjahr folgende **Auszahlungen** geplant:

- Die benötigten Anlagen werden rechtzeitig bestellt und noch vor Produktionsbeginn Anfang Juli geliefert. Die Investitionssumme von € 1.600.000,– ist zu 50 % bei Lieferung, der Rest in vier gleichen Monatsraten zu bezahlen. Bezüglich der Anlagen wird mit einer durchschnittlichen Nutzungsdauer von zehn Jahren gerechnet.
- Produktionsbeginn ist der 7. Juli, nachdem Anfang Juli die Beschaffung des benötigten Materials erfolgte: 10.000 Einheiten zu € 10,– je Einheit. Diese Menge wird monatlich nachbeschafft.
- Mit der ersten Lieferung trifft auch Material zur Haltung des eisernen Bestandes ein (= 20 % der ersten Bestellmenge).
- Wegen der voraussichtlich steigenden Nachfrage nach dem Produkt in Zusammenhang mit dem Weihnachtsgeschäft ist ab Oktober mit einem Materialeinkauf von 14.000 Einheiten je Monat zu rechnen. Das Zahlungsziel für die Einkäufe beträgt zwei Monate.

- Ab August fallen monatlich Lohn- und Gehaltszahlungen i.H.v. € 280.000,– an. Im Juli betragen diese jedoch, wegen des verspäteten Produktionsbeginns am 7.7., nur € 240.000,–. Im Dezember wird darüber hinaus die Weihnachtsremuneration im Ausmaß einer Monatszahlung fällig.
- Die Sozialabgaben liegen bei zusätzlich 25 % und sind im gleichen Monat wie die Löhne und Gehälter zu verrechnen.
- An Miete für angemietete Räumlichkeiten sind in den ersten vier Monaten jeweils € 15.000,– und danach € 25.000,– pro Monat fällig.
- Die sonstigen monatlichen Auszahlungen belaufen sich in den ersten drei Monaten ab Produktionsbeginn auf € 380.000,– und sinken dann um 10 %.
- Ein privater Darlehensgeber stellt per 1. Juli € 800.000,– für zwei Jahre zur Verfügung und überweist diesen Betrag noch vor Produktionsbeginn auf das Girokonto der *Invention OG*. Die diesbezüglichen Zinsen in Höhe von 5 % p.a. sind am Ende eines jeden Quartals fällig.
- Darüber hinaus verfügt das Unternehmen zu Beginn des 2. Halbjahres über einen Kassenbestand von € 2.000,–.

Aufgabenstellung:

a) Erstellen Sie, unter Berücksichtigung obiger Angaben, für die einzelnen Monate des 2. Halbjahres (Juli – Dezember) einen **direkten Liquiditätsplan** und ermitteln Sie den jeweiligen Liquiditätsendbestand.

b) Welche Art des Fehlbetrages liegt in diesem Fall vor und welche Maßnahmen stehen der *Invention OG* zur Behebung dieses Fehlbetrages zur Verfügung?

Beispiel 23: Direkter Finanz- bzw. Liquiditätsplan (Gartner GmbH)

Das Dienstleistungsunternehmen *Gartner GmbH* beabsichtigt im kommenden Jahr in Österreich eine neue Niederlassung zu errichten. Diese soll im Startjahr wie folgt ausgestattet sein:

Personal:

1 Geschäftsführer	Einstellung ab 1. April für Akquisition, Verkauf und Projektabwicklung; Monatsgehalt € 6.000,– brutto plus 50 % Gehaltsnebenkosten (diese inkludieren den Arbeitgeberbeitrag zur Sozialversicherung und die Sonderzahlungen)
1 Sekretärin	Beginn des Beschäftigungsverhältnisses mit 1. April; Monatsgehalt € 1.400,– brutto plus 60 % Gehaltsnebenkosten (diese inkludieren den Arbeitgeberbeitrag zur Sozialversicherung und die Sonderzahlungen)
4 Arbeiter	750 Leistungsstunden pro Arbeiter; € 20,– brutto je Leistungsstunde

Raumbedarf:

Alle 3 Räume (Büro, Werkstatt, Lager) werden bereits ab 1. Jänner angemietet. An Mietkosten fallen monatlich € 7,– je m² an.

Raumfläche	Büro 20 m²	Werkstatt 50 m²	Lager 30 m²

Investitionen:

- **Maschinen** Anschaffungswert € 75.000,– netto. Das Unternehmen rechnet nach Ablauf der Nutzungsdauer mit einem Restwert von € 15.000,–.

- **PKW** Gebrauchter PKW mit einem Anschaffungswert von € 45.000,– netto; geschätzte Fahrleistung im ersten Jahr 25.000 km. Die zahlungswirksamen Betriebskosten werden mit € 0,20 pro km angesetzt.

Die Nutzungsdauer wird für alle Investitionen mit 5 Jahren angenommen (lineare Abschreibung). Sämtliche Anschaffungen werden Mitte Jänner getätigt, jedoch erst mit April in Betrieb genommen.

Darlehen und Zinsen:

Die Investitionen werden zur Gänze mit einem Darlehen finanziert (Laufzeit 4 Jahre). Die Bank stellt die erforderlichen finanziellen Mittel per 1.1. zur Verfügung und überweist den entsprechenden Betrag auf das Girokonto des Unternehmens. Der Zinssatz liegt bei 6 % p.a. Die Zinsen werden jeweils am Jahresende, zusammen mit der Tilgungsrate, fällig.

Materialeinsatz:

Der Materialeinsatz wird mit 40 % vom Umsatz einkalkuliert. Das Unternehmen rechnet im Startjahr mit einem Umsatzerlös von € 280.000,–. Die *Gartner GmbH* tätigt keine Zielgeschäfte. Sämtliche Leistungen werden sofort in Rechnung gestellt und von den Kunden beglichen.

Aufgabenstellung:

a) Berechnen Sie den Finanzmittebedarf bzw. Finanzmittelüberschuss für das **Startjahr** mit Hilfe eines **direkten Finanzplanes**!
b) Hat die *Gartner GmbH* im Startjahr Liquiditätsschwierigkeiten? Wenn ja, welche Möglichkeiten stehen dem Unternehmen als **Ausgleichsmaßnahmen** zur Verfügung?

Beispiel 24: Direkter Finanz- bzw. Liquiditätsplan (Fit-Mach-Mit GmbH)

Die Eröffnungsbilanz der *Fit-Mach-Mit GmbH* hat zum 1.1. folgendes Aussehen (alle Beträge in TEUR):

AKTIVA		Eröffnungsbilanz zum 1. 1.		PASSIVA
A. **Anlagevermögen**	**80.720**	A. **Eigenkapital**		**103.400**
I. Immaterielles Vermögen	6.360	I. Stammkapital		80.000
II. Sachanlagen	74.360	II. Gesetzliche Rücklagen		18.000
B. **Umlaufvermögen**	**112.780**	III. Bilanzgewinn		5.400
I. Vorräte		B. **Rückstellungen**		**27.520**
1. RHB	12.600	1. Pensionsrückstellung		18.520
2. Fertigerzeugnisse	32.220	2. Sonstige RST		9.000

II.	Forderungen		C. Verbindlichkeiten	63.020
	1. Lieferforderungen	36.300	1. Bankdarlehen	4.600
	2. Sonstige Forderung	21.700	2. Investitionskredit	12.000
III.	Kassa/Bankguthaben	9.960	3. Lieferverb.	31.500
C. ARA		1.500	4. Sonstige Verb.	14.920
			D. PRA	1.060
Summe Aktiva		195.000	Summe Passiva	195.000

Zur Erstellung des direkten Liquiditätsplanes für das **1. Quartal** stellt Ihnen das Unternehmen folgende Informationen zur Verfügung (alle Beträge in TEUR):

- Vom **Bilanzgewinn** des Vorjahres werden im März zunächst 40 % als Dividende ausgeschüttet. Der Rest ist ein Gewinnvortrag.
- Die in den **sonstigen Rückstellungen** enthaltene Rückstellung für Prozesskosten in Höhe von € 6.000,– wird voraussichtlich im Jänner aufgelöst.
- Im Sachanlagevermögen ist ein nicht mehr betriebsnotwendiges **Grundstück** mit einem Buchwert von € 800,– enthalten. Dieses wird aufgrund eines vorliegenden Kaufangebotes Anfang März um € 1.800,– verkauft.
- Des Weiteren sind in den Sachanlagen **Maschinen** enthalten, die nicht mehr genutzt werden können. Das Unternehmen verkauft diese Maschinen innerhalb von zwei Monaten um € 410,– (Buchwert: € 180,–; Nutzungsdauer 10 Jahre).
- Von den auf Lager liegenden **Roh-, Hilfs- und Betriebsstoffen** werden 15 % im Februar und 25 % im März gegen Barzahlung verkauft.
- Die **Lieferforderungen** gehen in der Regel nach 30 Tagen ein.
- Die **Sonstigen Forderungen** sind zu 60 % kurzfristig (max. Zahlungsziel: 90 Tage).
- Im ersten Quartal ist ein **Investitionsprojekt** in Höhe von € 25.500,– geplant. Dieses Investitionsvorhaben soll zur Gänze aus Barmitteln finanziert werden.
- Vom **Bankdarlehen** ist Anfang Februar eine Rate von € 600,– zu bezahlen. Die diesbezüglichen Zinsen sind am Jahresende fällig.
- Der in der Eröffnungsbilanz ausgewiesene **Investitionskredit** soll ab Jänner in Monatsraten von € 350,– getilgt werden. Diesbezüglich wurde ein Zinssatz von 6 % p.a. vereinbart, zahlbar jeweils zu Beginn des Quartals.
- Von den ausgewiesenen **Lieferverbindlichkeiten** sind 2/3 im Februar und 1/3 im April fällig.
- Monatlich fallen **Personalkosten** in Höhe von € 15.500,– an.
- Darüber hinaus zeigt die Buchhaltung für das **Planjahr** einen Gesamteinkaufswert der **Rohstoffe** von € 126.000,–. Der Rohstoffeinkauf erfolgt viermal jährlich in gleicher Höhe, jeweils zu Beginn des Quartals und ist sofort zu bezahlen.
- Der **Jahresumsatz** beträgt voraussichtlich € 360.000,–. Es wird angenommen, dass von diesem Betrag, 30 % im 1. Quartal erzielt werden und der Rest in den Folgemonaten. Bezüglich der Zahlungsmoral der Kunden weiß man, dass nur zwei Drittel des Erlöses in dem Quartal eingehen, in dem der Umsatz realisiert wurde.

Aufgabenstellung:

Erstellen Sie, unter Berücksichtigung obiger Angaben, den **direkten Finanzplan** für das **1. Quartal** (Betrachtung des Gesamtquartals, ohne monatliche Untergliederung) und ermitteln Sie den sich zum Quartalsende ergebenden Liquiditätsendbestand.

2. Kurzfristige Erfolgsrechnung (KER)

Die kurzfristige Erfolgsrechnung ist eine unterjährige Rechnung, die sowohl als gleitende Planungs- bzw. Vorschaurechnung als auch in Form einer Ist-Abrechnung (Kontrollrechnung) durchgeführt werden kann. Sie zählt zu den wichtigsten Steuerungsinstrumenten der Unternehmensleitung und soll daher sowohl in die Budgetierung als auch in die Budgetkontrolle eingebettet werden *(vgl. Vollmuth (1999), S. 133)*.

Unter **Budgetkontrolle** versteht man die systematische Überwachung und Einhaltung vorgegebener Budgets, um die jeweiligen Budgetverantwortlichen rechtzeitig zu informieren, wenn ein Handlungsbedarf zur Sicherung der Einhaltung von Budgets ersichtlich ist. Im Zusammenhang mit der Budgetkontrolle ergeben sich folgende Arbeitsschritte *(vgl. Egger/Winterheller (2007), S. 159)*:

(1) Ermittlung der Ist-Werte der zu kontrollierenden Budgetgrößen

Diese Aufgabe erfüllt die kurzfristige Erfolgsrechnung. Dabei muss die Vergleichbarkeit mit den Budgetdaten bezüglich Gliederung, Inhalt und zeitlichem Ausmaß gewährleistet sein.

(2) Gegenüberstellung der Ist-Werte mit den dazugehörigen Soll-Werten

Durch die Feststellung, ob und inwieweit Budgets über- oder unterschritten wurden, wird die Ermittlung von Abweichungen möglich.

(3) Durchführung einer Abweichungsanalyse

Die Abweichungsanalyse ist das eigentliche Kernstück eines Controlling-Systems. Mit ihrer Hilfe soll die Frage beantwortet werden: *„Was sind die Ursachen für Abweichungen und welche Auswirkungen hat dies auf weitere Handlungen?"*

(4) Korrekturmaßnahmen

In Abhängigkeit von den festgestellten Abweichungen müssen Entscheidungen zur Wiederherstellung des Budgetgleichgewichts getroffen und Korrekturmaßnahmen durch die Unternehmensführung eingeleitet werden.

2.1. Aufgaben der kurzfristigen Erfolgsrechnung

Im Einzelnen erfüllt die kurzfristige Erfolgsrechnung folgende Aufgaben *(vgl. Prell-Leopoldseder (2010), S. 170)*:

- **Ermittlung des Betriebsergebnisses in unterjährigen Abständen**
  Die in der Leistungsarten- und Kostenartenrechnung erfassten Leistungen und Kosten lassen sich auch in unterjährigen Abrechnungsperioden gegenüberstel-

len, um so einen kurzfristigen Erfolg zu ermitteln. Das Instrument dazu ist die kurzfristige Erfolgsrechnung bzw. Betriebsergebnisrechnung. Diese wird in einem Unternehmen normalerweise monatlich (mindestens jedoch vierteljährlich) erstellt, um möglichst schnell zu erfahren, in welchem Unternehmensbereich sich Probleme ergeben haben und Korrekturmaßnahmen einzuleiten sind. Durch die kurzfristige Erfolgsrechnung werden aktuelle Informationen für betriebliche Entscheidungen zur Verfügung gestellt *(vgl. Vollmuth (1999), S. 133).*

- **Wirtschaftlichkeitskontrolle des Betriebsprozesses insgesamt oder je Kostenträger**
  Die differenzierte Darstellung der Kosten und Erlöse nach Betriebsbereichen, einzelnen Erzeugnisarten, Produktgruppen, Absatzmärkten usw. liefert die Grundlage zur Überwachung und Kontrolle der Wirtschaftlichkeit des Leistungserstellungs- und Leistungsverwertungsprozesses.

- **Basis für Soll-Ist-Vergleich**
  Die kurzfristige Erfolgsrechnung liefert auch die Grundlage für einen Soll-Ist-Vergleich. Dabei werden die im Rahmen des Leistungsbudgets ermittelten Planzahlen den tatsächlichen Ist-Zahlen, die mittels der kurzfristigen Erfolgsrechnung berechnet wurden, gegenübergestellt. Nähere Ausführungen dazu finden Sie in Kapitel 3, unter Punkt 2.4.1 (Soll-Ist-Vergleich).

- **Kurzfristige Planung des betrieblichen Geschehens**
  Eine Analyse des Betriebsergebnisses (= Differenz zwischen den in einer Periode angefallenen Nettoerlösen und den Gesamtkosten) zeigt frühzeitig sowohl Erfolgsursachen als auch Fehlentwicklungen auf. Dabei kann nicht nur der Gesamterfolg eines Unternehmens, sondern auch seine Zusammensetzung untersucht werden. Die kurzfristige Erfolgsrechnung ermöglicht die Berechnung des Erfolges für einzelne Produkte, Produktgruppen, Aufträge, aber auch für Absatzbereiche (z.B. Kundengruppen, Verkaufsgebiete) und Verantwortungsbereiche (z.B. Filialen). Dadurch erhält ein Unternehmen einen besseren Überblick bezüglich der Ertragskraft der einzelnen Gruppierungen *(vgl. Kropfberger/Winterheller (2003), S. 89).*

2.2. Probleme bei der Erstellung der kurzfristigen Erfolgsrechnung

Aufgrund des relativ kurzen Zeitraumes, der für die Erstellung der kurzfristigen Erfolgsrechnung zur Verfügung steht, können sich in der Praxis unter anderem bei der Erfassung folgender Positionen Probleme ergeben *(vgl. Egger/Winterheller (2007), S. 159 ff.):*

(1) Ermittlung des Material-/Wareneinsatzes und des Material-/Warenbestandes

Grundsätzlich wird eine körperliche Bestandsaufnahme der Vorräte nur einmal jährlich vorgenommen. Aus Kosten- und Zeitgründen ist die Durchführung einer Inventur in unterjährigen Abständen nicht möglich. Daher müssen im Rahmen der kurzfristigen Erfolgsrechnung zur Ermittlung des Warenbestandes andere Methoden zum Einsatz kommen:

- **Permanente Inventur**
  Aus Material- bzw. Warenkarteien, in denen sämtliche Zu- und Abgänge erfasst werden, können an jedem Periodenende (Monat, Quartal) die Warenbestände abgelesen werden.
- **Retrograde Rechnung**
  Falls der Deckungsbeitrag bekannt ist, kann ausgehend von den Erlösen der Wareneinsatz und in der Folge der Warenbestand errechnet werden.

(2) Abgrenzung von Aufwendungen und Erträgen

Problematisch ist die Abgrenzung von Aufwendungen und Erträgen entweder,

- wenn Zahlungen nicht laufend erfolgen (z.B. Urlaubsgeld, Weihnachtsremuneration, Versicherungen), oder
- wenn Zahlungen zwar monatlich anfallen, aber die nächste Teilperiode betreffen (z.B. Telefonkosten, Stromgebühren).

In beiden Fällen sollten die Kosten sowohl im Budget als auch in der KER jenem Monat oder Quartal zugerechnet werden, in dem auch die jeweilige Zahlung tatsächlich erfolgt.

(3) Abschreibungen

Entsprechen die geplanten Investitionen ins Anlagevermögen nicht den tatsächlich durchgeführten, muss dies auch in den verrechneten Abschreibungen berücksichtigt werden.

(4) Bestandsveränderungen bei fertigen und unfertigen Erzeugnissen

Für die Betriebsergebnisrechnung ergeben sich dann Abgrenzungsprobleme, wenn Produktion und Absatz einer Abrechnungsperiode nicht übereinstimmen. In diesem Fall kommt es nämlich zu Lagerbestandsveränderungen bei den Halb- und Fertigerzeugnissen.

| Bestandsminderung: | Absatz > Produktion | → | Lagerabbau |
| Bestandsmehrung: | Absatz < Produktion | → | Lageraufbau |

Um diese Bestandsveränderungen bei der Berechnung des Betriebsergebnisses entsprechend zu berücksichtigen, stehen in der Praxis grundsätzlich zwei Verfahren zur Verfügung, nämlich das **Gesamtkosten-** und das **Umsatzkostenverfahren**.

2.3. Verfahren zur Darstellung der kurzfristigen Erfolgsrechnung

Analog zur jahresbezogenen Plan-Gewinn- und Verlustrechnung kann auch zur Darstellung der kurzfristigen Erfolgsrechnung entweder das Umsatzkostenverfahren oder das Gesamtkostenverfahren herangezogen werden. Beide Methoden führen stets zum selben Ergebnis. Darüber hinaus kann die KER, wie Abbildung 44 zeigt, entweder auf Vollkostenbasis als Kostenträgerzeitrechnung oder auf Teilkostenbasis als Deckungsbeitragsrechnung ausgestaltet sein.

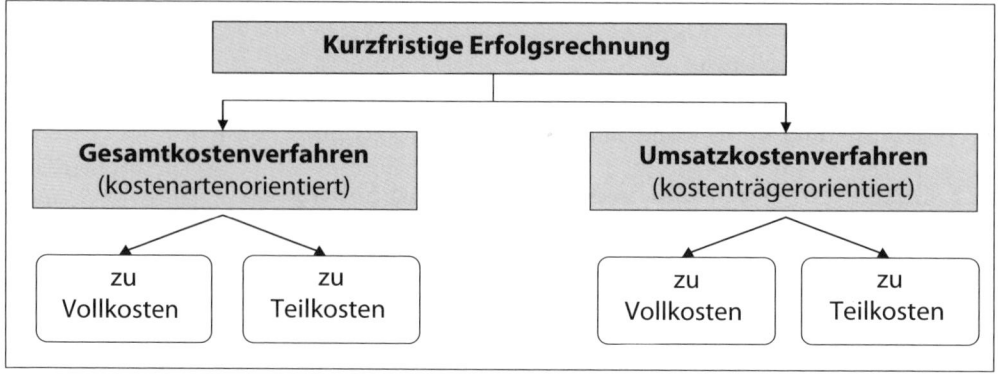

Abbildung 44: Verfahren zur Darstellung der kurzfristigen Erfolgsrechnung

2.3.1. Gesamtkostenverfahren (GKV)

Bei diesem Verfahren beziehen sich die Kosten (auf Produktionsmenge) und Erlöse (auf Absatzmenge) auf unterschiedliche Bezugsbasen. Sollten sich Veränderungen bei den Beständen von Halb- und Fertigfabrikaten ergeben, müssen diese bei der Ermittlung des Betriebsergebnisses berücksichtigt werden.

Charakteristisch für das Gesamtkostenverfahren ist:

- Es wird nicht unterschieden, ob die Kosten auf bereits abgesetzte oder noch nicht abgesetzte Produkte entfallen.
- Gliederung der Kosten nach primären Kostenarten und nicht nach betrieblichen Funktionsbereichen.
- Ein Auseinanderklaffen zwischen Produktion und Absatz wird durch die Position **Bestandsveränderungen** ausgeglichen. Würde man den Erlösen (= abgesetzte Menge × Nettoverkaufspreis) die gesamten für die produzierte Leistung angefallenen Kosten gegenüberstellen, ergäbe sich *(vgl. Denk et al. (2016), S. 376)*:
  - in Perioden mit einem **Lageraufbau** (produzierte Menge > abgesetzte Menge) ein zu niedriges Ergebnis, weil die Kosten der Periode im Vergleich zum Umsatz zu hoch sind. → **Bestandserhöhung mit Plus** berücksichtigen
  - in Perioden mit einem **Lagerabbau** (produzierte Menge < abgesetzte Menge) ein zu hohes Ergebnis, weil die Kosten der Periode im Vergleich zum Umsatz zu niedrig sind. → **Bestandsminderung mit Minus** berücksichtigen

Beurteilung des Gesamtkostenverfahrens

- Dieses Verfahren findet vor allem in Betrieben mit nicht besonders gut ausgebauter Kostenrechnung Anwendung (z.B. wenn keine Kostenstellen- und Kostenträgerrechnung vorhanden ist), da es an Organisation und Qualität der Kostenrechnung wesentlich geringere Anforderungen stellt und sich relativ einfach in das Kontosystem der Finanzbuchhaltung integrieren lässt.

- Wegen der erforderlichen körperlichen Bestandsaufnahme (Inventur) der am Ende einer Abrechnungsperiode vorhandenen Halb- und Fertigerzeugnisse ist dieses Verfahren, insbesondere bei Mehrproduktunternehmen mit mehrstufigem Produktionsprozess, mit einem hohen Arbeitsaufwand verbunden.
- Dadurch, dass die Kosten nicht nach Erzeugnisarten differenziert ausgewiesen werden, ist auch nicht erkennbar, welche Produkte den Unternehmenserfolg günstig bzw. ungünstig beeinflussen. Da bei Anwendung des Gesamtkostenverfahrens lediglich ein Gesamterfolg ermittelt wird, sind wichtige Informationen, wie Stück- und Periodenerfolge einzelner Produktarten, nicht ersichtlich. Dieses Verfahren erlaubt somit keine Analyse der Erfolgsquellen und dementsprechend können auch keine Erkenntnisse für die Sortimentsplanung und Absatzsteuerung gewonnen werden *(vgl. Wala/Haslehner (2016), S. 148)*.

2.3.1.1. Gesamtkostenverfahren zu Vollkosten

Hier werden zunächst von den Periodenerlösen (= Nettoumsatzerlöse) der abgesetzten Erzeugnisse einerseits die zu vollen Herstellkosten bewerteten aktivierten Eigenleistungen sowie Bestandserhöhungen hinzugerechnet und andererseits Bestandsminderungen abgezogen.

Gesamtkostenverfahren (GKV) zu Vollkosten	
	Periodenerlöse der Absatzmenge (nach Erlösschmälerungen)
+	Bestandserhöhungen an Halb- und Fertigfabrikaten (bewertet zu **vollen** Herstellkosten)
−	Bestandsminderungen an Halb- und Fertigfabrikaten (bewertet zu **vollen** Herstellkosten)
+	Aktivierte Eigenleistungen (bewertet zu **vollen** Herstellkosten)
=	**Betriebsleistung der Periode**
−	**Gesamtkosten der Periode (bezogen auf Produktionsmenge)**
=	**Betriebsergebnis der Periode**

Abbildung 45: Darstellung des Gesamtkostenverfahrens zu Vollkosten
(in Anlehnung an: Coenenberg et al. (2009), S. 175 f.)

Durch den Ansatz von Eigenleistungen und Bestandserhöhungen bzw. -minderungen erfolgt eine Angleichung der Mengengerüste Kosten und Erlöse. Der Wert selbst erstellter Vermögensgegenstände zählt deshalb zur Betriebsleistung, weil in den Kosten der betriebliche Wertverzehr enthalten ist, der auf die in der Periode hergestellten Leistungen zurückzuführen ist. Bestandsveränderungen an Halb- und Fertigfabrikaten werden durch körperliche Inventur ermittelt und genauso wie die aktivierten Eigenleistungen zu **vollen Herstellkosten** (ohne Verwaltungs- und Vertriebskosten) bewertet. Der Periodenerfolg bzw. das Betriebsergebnis der Periode ergibt sich, indem man von der Gesamtleistung der Periode die gesamten Periodenkosten, bezogen auf die Produktionsmenge, abzieht.

Das Gesamtkostenverfahren zu Vollkosten erlaubt aufgrund der Gliederung nach primären Kostenarten eine schnelle und einfache **Kostenstrukturanalyse**, mit deren Hilfe aufgezeigt werden kann, wie sich die absolute und relative Entwicklung einzelner Kostenarten auf das Gesamtergebnis auswirkt *(vgl. Coenenberg et al. (2007), S. 157 ff.)*. Darüber hinaus lässt dieses Verfahren den Anteil einzelner Produktionsfaktoren an der gesamten Produktionsleistung erkennen *(vgl. Wala/Haslehner (2016), S. 148)*.

Lehrbeispiel: Gesamtkostenverfahren zu Vollkosten

In einem Ein-Produkt-Unternehmen wurden in zwei aufeinander folgenden Quartalen je 2.000 Stück eines Produktes hergestellt. Der Nettoverkaufspreis je Stück beträgt nach Abzug von Erlösschmälerungen € 180,–. In beiden Perioden klaffen Produktions- und Absatzmenge auseinander:

Absatzmenge im ersten Quartal:	1.600 Stück
Absatzmenge im zweiten Quartal:	2.400 Stück

Die gesamten in einem Quartal anfallenden Herstellkosten liegen bei € 240.000,– (davon sind € 80.000,– variabel, der Rest ist fix). Darüber hinaus ergeben sich in jedem Quartal fixe Verwaltungsgemeinkosten von € 50.000,– und fixe Vertriebsgemeinkosten von € 30.000,–.

Aufgabenstellung:

Welches Betriebsergebnis ergibt sich im ersten und im zweiten Quartal unter Anwendung des **Gesamtkostenverfahrens zu Vollkosten**?

Lösung:

GKV zu Vollkosten		1. Quartal	2. Quartal
	Periodenerlöse	288.000,–	432.000,–
+	**Bestandserhöhungen** (zu vollen HK)	48.000,–	
	(240.000 / 2.000 Stück) = 120,–	(120,– × 400 Stk)	
–	**Bestandsminderungen** (zu vollen HK)		48.000,–
	(240.000 / 2.000 Stück) = 120,–		(120,– × 400 Stk)
=	**Betriebsleistung der Periode**	336.000,–	384.000,–
–	**Gesamtkosten der Periode**	320.000,–	320.000,–
	Herstellkosten der Produktion (zu Vollkosten)	240.000,–	240.000,–
	Verwaltungskosten der Periode	50.000,–	50.000,–
	Vertriebskosten der Periode	30.000,–	30.000,–
=	**Betriebsergebnis der Periode**	**+ 16.000,–**	**+ 64.000,–**

2.3.1.2. Gesamtkostenverfahren zu Teilkosten

Üblicherweise wird die kurzfristige Erfolgsrechnung wegen ihres höheren Informationsgehaltes auf Grenzkostenbasis durchgeführt. Da nur ein Deckungsbeitrag ermittelt wird, der den Überschuss der gesamten Umsatzerlöse über die gesamten variablen Kosten angibt, entspricht diese Darstellung der einstufigen Deckungsbeitragsrechnung. Charakteristisch für das GKV auf Teilkostenbasis ist, dass sowohl die Bestandsveränderungen an Halb- und Fertigfabrikaten als auch die aktivierten Eigenleistungen nur zu variablen Herstellkosten bewertet werden und die Fixkosten in voller Höhe in den Periodenerfolg eingehen *(vgl. Coenenberg et al. (2009), S. 105)*. Abbildung 46 zeigt die Darstellung der KER nach dem Gesamtkostenverfahren zu Teilkosten:

Gesamtkostenverfahren (GKV) zu Teilkosten	
	Periodenerlöse der Absatzmenge (nach Erlösschmälerungen)
+	Bestandserhöhungen an Halb- und Fertigfabrikaten (bewertet zu **variablen** Herstellkosten)
–	Bestandsminderungen an Halb- und Fertigfabrikaten (bewertet zu **variablen** Herstellkosten)
+	Aktivierte Eigenleistungen (bewertet zu **variablen** Herstellkosten)
=	**Betriebsleistung der Periode**
–	**Variable Selbstkosten der Periode**
	variable Herstellkosten der Produktionsmenge
	variable Verwaltungs- und Vertriebskosten der Absatzmenge
	Sondereinzelkosten des Vertriebs
=	**Gesamtdeckungsbeitrag der Periode**
–	Fixe Periodenkosten
=	**Betriebsergebnis der Periode**

Abbildung 46: Darstellung des Gesamtkostenverfahrens zu Teilkosten *(in Anlehnung an: Coenenberg et al. (2009), S. 196)*

Beim Gesamtkostenverfahren zu Teilkosten wird zunächst der Perioden-DB als Differenz zwischen Betriebsleistung und variablen Kosten der Periode berechnet. Da bei diesem Verfahren die Fixkosten zur Gänze der aktuellen Periode angelastet werden, zieht man sie, um den Periodenerfolg zu erhalten, vom Gesamtdeckungsbeitrag der Periode ab:

- Zur **Betriebsleistung** zählen die Nettoumsatzerlöse der insgesamt verkauften Leistungen (= Periodenerlöse nach Erlösschmälerungen) sowie die zu **variablen Herstellkosten** bewerteten Bestandsveränderungen an Halb- und Fertigfabrikaten und die aktivierten Eigenleistungen.
- Die **variablen Periodenkosten** entsprechen der Summe der variablen Selbstkosten einer Periode und setzen sich aus den variablen Herstellkosten der Produktions-

menge sowie den variablen Verwaltungs- und Vertriebskosten der Absatzmenge zusammen *(vgl. Kropfberger/Winterheller (2003), S. 91).*

- Zu den **Periodenfixkosten** zählen alle in der Periode angefallenen Fixkosten, die mit der Aufrechterhaltung der Betriebsbereitschaft eines Unternehmens verbunden sind.

Die Anwendung des Gesamtkostenverfahrens zu Vollkosten und zu Teilkosten führt nur dann zum selben Betriebsergebnis, wenn keine Bestandsveränderungen auftreten. Differenzen ergeben sich dann, wenn produzierte und abgesetzte Leistungen nicht übereinstimmen. Dementsprechend gelten folgende Beziehungen *(vgl. Denk et al. (2016), S. 376):*

Bestandserhöhung: $\quad$ Ergebnis $_{\text{VOLL-KR}}$ > Ergebnis $_{\text{TEIL-KR}}$

Bestandsminderung: $\quad$ Ergebnis $_{\text{VOLL-KR}}$ < Ergebnis $_{\text{TEIL-KR}}$

Ein Ergebnisunterschied zwischen Vollkosten- und Teilkostenrechnung entsteht lediglich wegen der unterschiedlichen Bestandsbewertung. Durch die Erfassung der Bestandserhöhungen zu vollen Herstellkosten ist der Periodenerfolg bei der Vollkostenrechnung höher als bei der Teilkostenrechnung. Beim Gesamtkostenverfahren zu Vollkosten wirkt sich nämlich wegen der Fixkostenproportionalisierung auch die Fertigungsmenge auf den Periodenerfolg aus. Wird also mehr hergestellt als abgesetzt, dann entsteht gegenüber der Teilkostenrechnung ein zusätzlicher Gewinn in Höhe der anteiligen Fixkosten der Bestandserhöhung *(vgl. Coenenberg et al. (2003), S. 105 f.).*

Lehrbeispiel: Gesamtkostenverfahren zu Teilkosten

Es gelten dieselben Angaben wie beim Lehrbeispiel zum Gesamtkostenverfahren zu Vollkosten unter Punkt 2.3.1.1.

Aufgabenstellung:

Welches Betriebsergebnis ergibt sich im ersten und im zweiten Quartal unter Anwendung des **Gesamtkostenverfahrens zu Teilkosten**?

Lösung:

GKV zu Teilkosten		1. Quartal	2. Quartal
	Periodenerlöse	288.000,–	432.000,–
+	**Bestandserhöhungen** (zu variablen HK)	**16.000,–**	
	(80.000 / 2.000 Stück) = 40,–	(40,– × 400 Stk)	
–	**Bestandsminderungen** (zu variablen HK)		**16.000,–**
	(80.000 / 2.000 Stück) = 40,–		(40,– × 400 Stk)
=	**Betriebsleistung der Periode**	**304.000,–**	**416.000,–**

– Variable Kosten	80.000,–	80.000,–
	(40,– × 2.000 Stk)	(40,– × 2.000 Stk)
= Deckungsbeitrag der Periode	224.000,–	336.000,–
– Fixkosten der Periode	240.000,–	240.000,–
Fixe Herstellkosten der Produktion	160.000,–	160.000,–
Fixe Verwaltungskosten der Periode	50.000,–	50.000,–
Fixe Vertriebskosten der Periode	30.000,–	30.000,–
= Betriebsergebnis der Periode	– 16.000,–	+ 96.000,–

Kommentar:

Würden in diesem Beispiel neben den fixen Vertriebskosten (€ 30.000,–) auch noch variable Vertriebskosten in Höhe von € 10,– je Stück anfallen, müsste dieser Sachverhalt beim Gesamtkostenverfahren zu Teilkosten unter den variablen Kosten berücksichtigt werden. Jedoch beziehen sich diese, im Gegensatz zu den variablen Herstellkosten, nicht auf die Produktionsmenge, sondern auf die Absatzmenge des jeweiligen Quartals. Demzufolge würden sich für das 1. Quartal noch variable Vertriebskosten im Wert von € 16.000,– (€ 10,– × Absatzmenge 1.600 Stück) und für das 2. Quartal € 24.000,– (€ 10,– × Absatzmenge 2.400 Stück) ergeben.

2.3.2. Umsatzkostenverfahren (UKV)

Dieses Verfahren vergleicht die Erlöse und Kosten auf Basis der in einer Periode abgesetzten Leistungen.

Charakteristisch für das Umsatzkostenverfahren ist:

- Das Umsatzkostenverfahren ist eine nach Kostenträgern gegliederte Erfolgsrechnung.
- Den Periodenumsatzerlösen werden nur die Herstellkosten der effektiv in einer Periode abgesetzten Kostenträger (Aufträge, Produkte usw.) zuzüglich der nicht zu den Herstellkosten gehörenden Verwaltungs- und Vertriebsgemeinkosten der Periode gegenübergestellt *(vgl. Coenenberg et al. (2009), S. 173).*
- Es gibt weder die Position Bestandsveränderung noch jene der aktivierten Eigenleistungen.
- Die Betriebsergebnisrechnung nach dem UKV setzt eine gut organisierte Kosten- und Leistungsrechnung mit Kostenstellenrechnung (BAB) und Kostenträgerrechnung voraus *(vgl. Prell-Leopoldseder (2010), S. 173 f.).*
  - Die **Kostenstellenrechnung** braucht man wegen der funktionalen Unterteilung der Kosten in Herstellkosten des Umsatzes sowie Verwaltungs- und Vertriebskosten. Dabei werden die in den jeweiligen Kostenstellen angefallenen Kostenarten im BAB erfasst und nach Einzel- und Gemeinkosten differenziert.
  - Die **Kostenträgerstückrechnung** (Kalkulation) wiederum ist Voraussetzung, um für alle verkauften Produkte und Leistungen die Herstellkosten des Umsatzes ermitteln zu können.

Beurteilung des Umsatzkostenverfahrens

- Sowohl die Erlöse als auch die Kosten beziehen sich auf dasselbe Mengengerüst, nämlich die **Absatzmenge.** Damit wird gewährleistet, dass die Herstellkosten eines Produktes der Periode zugerechnet werden, in welcher der Umsatz für dieses Produkt erzielt wurde *(vgl. Wala/Haslehner (2016), S. 149).*

- **Bestandserhöhungen** an Halb- und Fertigerzeugnissen sowie **aktivierte Eigenleistungen** bleiben unberücksichtigt, weil von den gesamten Herstellkosten nur der Teil erfolgswirksam ist, der auf die Absatzmenge entfällt. **Bestandsminderungen** hingegen sind in den Kosten für die verkauften Produkte enthalten. Da aktivierte Eigenleistungen nicht Bestandteil des Umsatzprozesses sind, bleiben sie unberücksichtigt *(vgl. Coenenberg et al. (2009), S. 173 ff.).*

- Als vorteilhaft erweist sich, dass keine körperliche Bestandsaufnahme (**Inventur**) der Halb- und Fertigfabrikate erforderlich ist *(vgl. Coenenberg et al. (2009), S. 173 ff.).*

- Typisch für das Umsatzkostenverfahren ist die **Aufgliederung der Herstellkosten und der Erlöse nach Produktarten** bzw. Produktgruppen, sodass für jede Produktart ein Teilergebnis ermittelt werden kann, welches ihren Beitrag zum Gesamterfolg aufzeigt. Die Anwendung des UKV ermöglicht demnach eine nach Produktarten differenzierte Erfolgsanalyse und erlaubt eine Sortimentssteuerung, weil sie die Grundlage für Entscheidungen bezüglich der Forcierung bzw. Rücknahme einzelner Produktarten liefert *(vgl. Kropfberger/Winterheller (2003), S. 92).*

2.3.2.1. Umsatzkostenverfahren zu Vollkosten

Schematisch stellt sich die Ermittlung des Periodenerfolges (Betriebsergebnis) nach dem Umsatzkostenverfahren zu Vollkosten folgendermaßen dar:

Umsatzkostenverfahren (UKV) zu Vollkosten	
	Periodenerlöse der Absatzmenge (nach Erlösschmälerungen)
–	**Herstellkosten der Absatzmenge zu Vollkosten**
=	**Bruttoergebnis bzw. Rohertrag**
–	Verwaltungsgemeinkosten der Periode zu Vollkosten
–	Vertriebsgemeinkosten der Periode zu Vollkosten
–	Sondereinzelkosten des Vertriebs
=	**Betriebsergebnis der Periode**

Abbildung 47: Darstellung des Umsatzkostenverfahrens zu Vollkosten *(in Anlehnung an: Coenenberg et al. (2009), S. 174)*

Das Umsatzkostenverfahren auf Vollkostenbasis stellt den um die Erlösschmälerungen bereinigten Periodenerlösen zunächst die auf Vollkostenbasis ermittelten **Herstellkosten** (= Materialeinzel- und Materialgemeinkosten sowie Fertigungseinzel-

und Fertigungsgemeinkosten) der verkauften Produkte (Absatzmenge) gegenüber. Zu diesem Zweck müssen für alle abgesetzten Leistungen die Herstellkosten mittels einer Kostenträgerstückrechnung ermittelt werden. Die produktbezogenen Herstellkosten der abgesetzten Leistungen ergeben sich durch Multiplikation der stückbezogenen Werte zu Vollkosten mit den jeweiligen Absatzmengen *(vgl. Prell-Leopoldseder (2010), S. 173).*

Die **Verwaltungs- und Vertriebsgemeinkosten** der Periode sowie die Sondereinzelkosten des Vertriebs werden in voller Höhe auf die verkauften Erzeugnisse verrechnet. Subtrahiert man vom Bruttoergebnis die nicht zu den Herstellkosten gehörenden periodenbezogenen Verwaltungs- und Vertriebskosten, ergibt dies den **Periodenerfolg** *(vgl. Coenenberg et al. (2009), S. 173).*

Lehrbeispiel: Umsatzkostenverfahren zu Vollkosten

Es gelten dieselben Angaben wie beim Lehrbeispiel zum Gesamtkostenverfahren zu Vollkosten unter Punkt 2.3.1.1.

Aufgabenstellung:

Welches Betriebsergebnis ergibt sich im ersten und im zweiten Quartal unter Anwendung des **Umsatzkostenverfahrens zu Vollkosten**?

Lösung:

UKV zu Vollkosten		1. Quartal	2. Quartal
	Periodenerlöse	288.000,–	432.000,–
−	**HK der Absatzmenge** (zu vollen HK)	**192.000,–**	**288.000,–**
	(240.000 / 2.000 Stück) = 120,–	(€ 120 × 1.600 Stk.)	(€ 120 × 2.400 Stk.)
=	**Bruttoergebnis der Periode**	**96.000,–**	**144.000,–**
−	Verwaltungskosten der Periode	50.000,–	50.000,–
−	Vertriebskosten der Periode	30.000,–	30.000,–
=	**Betriebsergebnis der Periode**	**+ 16.000,–**	**+ 64.000,–**

Kommentar:

Ein Betriebsergebnisvergleich zwischen dem Gesamtkosten- und Umsatzkostenverfahren zu Vollkosten zeigt, dass beide Verfahren zum selben Betriebserfolg führen. Wie vorliegendes Lehrbeispiel verdeutlicht, ergibt sich somit für das 1. Quartal ein positives Betriebsergebnis von € 16.000,– und für das 2. Quartal eines von € 64.000,–.

2.3.2.2. Umsatzkostenverfahren zu Teilkosten

In der Unternehmenspraxis wird vor allem wegen des höheren Informationsgehalts die kurzfristige Erfolgsrechnung nach dem Umsatzkostenverfahren zu Teilkosten durchgeführt *(vgl. Coenenberg et al. (2003), S. 195).* Abbildung 48 zeigt das Umsatzkostenverfahren auf Teilkostenbasis:

Umsatzkostenverfahren (UKV) zu Teilkosten	
	Periodenerlöse der Absatzmenge (nach Erlösschmälerungen)
–	**Variable Kosten der Absatzmenge**
	variable Herstellkosten der Absatzmenge
	variable Verwaltungs- und Vertriebskosten der Absatzmenge
	Sondereinzelkosten des Vertriebs
=	**Gesamtdeckungsbeitrag der Periode**
–	Fixe Periodenkosten
=	**Betriebsergebnis der Periode**

Abbildung 48: Darstellung des Umsatzkostenverfahrens zu Teilkosten
(in Anlehnung an: Coenenberg et al. (2009), S. 195)

Die Vorgehensweise der Betriebsergebnisermittlung im Rahmen des Umsatzkostenverfahrens zu Teilkosten wird nachstehend kurz beschrieben:

- Zuerst werden den Periodenerlösen der Absatzmenge die variablen Herstellkosten der abgesetzten Leistungen gegenübergestellt. Nach Abzug der variablen Verwaltungs- und Vertriebsgemeinkosten (z.B. Provisionen) sowie der Sondereinzelkosten des Vertriebs erhält man den Periodendeckungsbeitrag. Werden in einem weiteren Schritt von diesem Deckungsbeitrag die Periodenfixkosten abgezogen, resultiert daraus der Periodenerfolg bzw. das Betriebsergebnis *(vgl. Wala/Haslehner (2016), S. 149).*
- Wurde die kurzfristige Erfolgsrechnung als Teilkostenrechnung ausgestaltet, dann kann sie auch noch weiter differenziert werden, nämlich in eine einstufige oder eine mehrstufige Deckungsbeitragsrechnung *(vgl. Wala/Haslehner (2016), S. 152).*

Das Betriebsergebnis des UKV auf Teilkostenbasis stimmt mit dem Ergebnis des UKV auf Vollkostenbasis dann nicht überein, wenn sich die Bestände an Halb- und Fertigerzeugnissen verändert haben. Rechnet ein Unternehmen zu Teilkosten, dann weicht das Ergebnis gegenüber dem Ergebnis zu Vollkosten um den Betrag jener fixen Herstellkosten ab, die auf die produzierte, aber nicht abgesetzte Menge (Lageraufbau) bzw. den Lagerabbau entfallen *(vgl. Kropfberger/Winterheller (2003), S. 93).*

Lehrbeispiel: Umsatzkostenverfahren zu Teilkosten

Es gelten dieselben Angaben wie beim Lehrbeispiel zum Gesamtkostenverfahren zu Vollkosten unter Punkt 2.3.1.1.

Aufgabenstellung:

Welches Betriebsergebnis ergibt sich im ersten und im zweiten Quartal bei Anwendung des **Umsatzkostenverfahrens zu Teilkosten**?

Lösung:

UKV zu Teilkosten		1. Quartal	2. Quartal
	Periodenerlöse	288.000,–	432.000,–
–	**Variable HK der Absatzmenge**	**64.000,–**	**96.000,–**
	(80.000 / 2.000 Stück) = 40,–	(€ 40 × 1.600 Stk)	(€ 40 × 2.400 Stk)
=	**Deckungsbeitrag der Periode**	**224.000,–**	**336.000,–**
–	**Fixkosten der Periode**	**240.000,–**	**240.000,–**
	Fixe Herstellkosten der Produktion	160.000,–	160.000,–
	Fixe Verwaltungskosten der Periode	50.000,–	50.000,–
	Fixe Vertriebskosten der Periode	30.000,–	30.000,–
=	**Betriebsergebnis der Periode**	**– 16.000,–**	**+ 96.000,–**

Kommentar:

Analog zum Betriebsergebnisvergleich zu Vollkosten, zeigt sich auch bei der Anwendung des Umsatzkosten- und Gesamtkostenverfahrens zu Teilkosten, dass der Betriebserfolg ident ist. Wie vorliegendes Lehrbeispiel verdeutlicht, ergibt sich somit bei Durchführung der kurzfristigen Erfolgsrechnung zu Teilkosten für das 1. Quartal ein negatives Betriebsergebnis von € – 16.000,– und für das 2. Quartal ein positiver Betriebserfolg von € 96.000,–.

2.4. Operative Kontrolle

2.4.1. Soll-Ist-Vergleich

Ein **Soll-Ist-Vergleich** wird durch die Gegenüberstellung der Planzahlen, die im Rahmen des Leistungsbudgets ermittelt wurden, und der tatsächlichen Ist-Zahlen, die mittels der kurzfristigen Erfolgsrechnung berechnet wurden, möglich.

Ist-Zahlen	Plan-Zahlen	Soll-Ist-Vergleich
Kurzfristige Erfolgsrechnung (KER)	Leistungsbudget	Gegenüberstellung KER und Leistungsbudget zur Ermittlung von **Abweichungen**

Abbildung 49: Überblick Soll-Ist-Vergleich

Nachdem zunächst mit Hilfe der kurzfristigen Erfolgsrechnung die tatsächlich angefallenen Erlöse bzw. Kosten (= Ist-Werte) der entsprechenden Teilperioden ermittelt wurden, können diese mit den geplanten Erlösen bzw. Kosten (= Budgetwerte) verglichen werden. Durch diese Gegenüberstellung werden Abweichungen zwischen Soll- und Ist-Werten transparent gemacht und folglich Budgetüberschreitungen oder Budgetunterschreitungen festgestellt *(vgl. Egger/Winterheller (2007), S. 166)*.

Lehrbeispiel: Soll-Ist-Vergleich

Als Folge der Jahresplanung der *Warta OG* wird nachfolgendes Teil-**Leistungsbudget** für den Monat **Jänner** abgeleitet:

Leistungsbudget Jänner (in TEUR)		
Umsatzerlöse		**12.845**
– Skonto		654
= **Nettoumsatzerlöse**		**12.191**
– **Variable Kosten**		**6.204**
Fertigungsmaterial	2.480	
Fertigungslöhne (inkl. Lohnnebenkosten)	1.025	
Variable Gemeinkosten	2.699	
= **Deckungsbeitrag**		**5.987**
– **Fixkosten**		**5.788**
Personalkosten (Gehälter und Hilfslöhne)	1.145	
Versicherung	847	
Werbung	544	
Zinsen	389	
Sonstige Kosten	2.863	
= **Betriebsergebnis**		**199**
+ Kalkulatorische Kosten		677
– Neutrale Aufwände		544
= **Unternehmensergebnis**		**332**

Um einen unterjährigen Vergleich der Budgetwerte mit den tatsächlich für die **Planungsperiode** (Jänner) angefallenen Werten vornehmen zu können, stellt Ihnen die *Warta OG* folgende **Ist-Daten** zur Verfügung:

- Produktion und Absatz 12.000 Stück; Nettoverkaufspreis € 1.200,– je Stück; 90 % der Erlöse gingen unter Abzug von 5 % Skonto im Jänner ein.
- Die effektiven Kosten für das Fertigungsmaterial liegen bei € 225,– je Stück. Die Fertigungslöhne je Fertigungsstunde betragen € 44,– (inkl. LNK). Zur Herstellung eines Stücks benötigt man 2,5 Fertigungsstunden. Die variablen Gemeinkosten wurden mit € 2.900.000,– ermittelt.
- Den Fixkostenaufzeichnungen für Jänner sind folgende IST-Werte zu entnehmen: Personalkosten (€ 1.300.000,–), Versicherungsbeiträge (€ 1.050.000,–), Zinsen (€ 370.000,–), sonstige Kosten (€ 2.600.000,–). Aufgrund einer vorgezogenen Werbekampagne zur Präsentation eines neuen Produktes fielen im Jänner Werbungskosten in Höhe von € 1.100.000,– an.
- Die kalkulatorischen Positionen entsprechen den Planwerten. Die neutralen Aufwendungen betragen € 520.000,–.

Aufgabenstellung:

Erstellen Sie die kurzfristige Erfolgsrechnung für den Monat **Jänner** in der Systematik des Leistungsbudgets und führen Sie einen **Soll-Ist-Vergleich** durch.

Lösung:

Leistungsbudget / KER für Jänner	SOLL (in TEUR)	IST (in TEUR)	SOLL-IST-Ver-gleich		Abweichungsursache (in TEUR)
Umsatzerlöse	12.845	14.400	+	1.555	Steigerung des Absatzes
− Skonto	654	648	+	6	Geringere Skontoausnutzung
= Nettoumsatzerlöse	12.191	13.752	+	1.561	
− Variable Kosten	6.204	6.920	−	716	Mehrverbrauch an varia-blen Kosten resultiert aus der Produktionssteige-rung, bedingt durch die Erhöhung des Absatzes
Fertigungsmaterial	2.480	2.700	−	220	
Fertigungslöhne	1.025	1.320	−	295	
Var. Gemeinkosten	2.699	2.900	−	201	
= Deckungsbeitrag	5.987	6.832	+	845	
− Fixkosten	5.788	6.420	−	632	
Personalkosten	1.145	1.300	−	155	Mehrbedarf an Personal
Versicherung	847	1.050	−	203	Erhöhung der Prämien
Werbung	544	1.100	−	556	Vorgezogene Kampagne bewirkt Absatzsteige-rung
Zinsen	389	370	+	19	Senkung des Zinssatzes
Sonstige Kosten	2.863	2.600	+	263	Abbau der Fixkosten
= Betriebsergebnis	199	412	+	213	
+ Kalk. Kosten	677	677		0	
− Neutrale Aufwände	544	520	+	24	
= Unternehmens-ergebnis	332	569	+	237	

Kommentar:

Die im Rahmen des Soll-Ist-Vergleichs festgestellte positive Budgetabweichung beim Unternehmensergebnis in Höhe von € 237.000,– ist vor allem auf die drasti-sche Absatzsteigerung im Jänner zurückzuführen. Diese wurde wiederum durch die vorgezogene Werbekampagne begünstigt. Darüber hinaus ist anzumerken, dass sämtliche Abweichungen mit einem positiven Vorzeichen zu einer Verbesse-rung des Betriebsergebnisses beitragen und alle Abweichungen mit einem negati-ven Vorzeichen einen gegenteiligen Effekt haben.

2.4.2. Abweichungsanalyse

Abweichungsanalysen dienen in erster Linie dazu, die Ursachen für die Abwei-chungen zwischen den budgetierten Plan-Werten und den tatsächlichen Ist-Werten herauszufinden. **Ursachen** für Abweichungen können sein *(vgl. Wolf (2006), S. 72)*:

- Planungsfehler, weil beispielsweise bestimmte Einflussgrößen bei der Planung nicht berücksichtigt oder Faktoren falsch gewichtet wurden,
- unvorhersehbare, die Grundlagen der Planung verändernde Ereignisse (Störgrößen),
- Mehr- oder Minderleistungen sowie
- Fehlentscheidungen und Fehlverhalten.

Eine **Analyse des Betriebsergebnisses** dient insbesondere der Ermittlung von Ursachen für die Abweichungen zwischen dem budgetierten Plan- und dem tatsächlichen Ist-Gewinn. Da sich der Gewinn als Differenz von Umsatzerlösen und Kosten der jeweiligen Periode (Monat oder Quartal) ergibt, setzt sich dementsprechend eine Abweichung beim Betriebsergebnis aus den Bestandteilen Umsatz- und die Kostenabweichung zusammen. Beide werden sowohl durch Mengen- als auch durch Preiskomponenten bestimmt *(vgl. Coenenberg et al. (2009), S. 441)*.

Haupteinflussfaktoren für Abweichungen sind somit:

- Preisänderungen   →   **Preisabweichung**
- Mengenänderungen   →   **Verbrauchsabweichung**
- Änderungen in der Auftragslage   →   **Beschäftigungsabweichung**

Abbildung 50 zeigt die Grundsystematik der Abweichungsanalyse und die Komponenten, aus denen sich die Gewinnabweichung zusammensetzt:

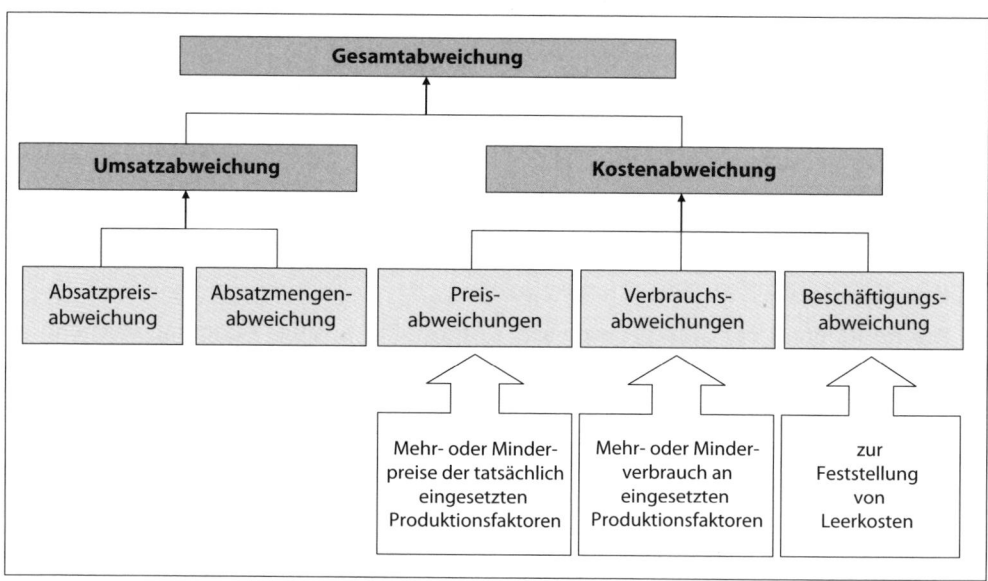

Abbildung 50: Grundsystematik der Abweichungsanalyse
(in Anlehnung an: Egger/Winterheller (2007), S. 167)

2.4.2.1. Umsatzabweichung

Die Umsatzabweichung zeigt die Gesamtabweichung zwischen Ist- und Plan-Umsatz und trägt zur **Analyse des Absatzbereiches** bei. Sie ergibt sich aufgrund von Preis- und Mengendifferenzen zwischen dem effektiv erreichten und dem geplanten Umsatz einer Periode und setzt sich dementsprechend zusammen aus *(vgl. Coenenberg et al. (2009), S. 444 ff.)*:

- **Absatzpreisabweichung**
  Preisdifferenzen ergeben sich aufgrund von Unterschieden zwischen tatsächlich erzielten und geplanten Preisen für die tatsächlich verkauften Produkte einer Periode.
- **Absatzmengenabweichung**
  Sie erklärt den Unterschied zwischen der tatsächlichen Verkaufsmenge und der ursprünglich geplanten Absatzmenge. Mengendifferenzen zeigen somit die mengenmäßige Zu- oder Abnahme des Umsatzvolumens. Bewertet wird diese Abweichung zu Planpreisen (= Soll-Preis).
  Verändert sich die Absatzmenge, dann ändern sich automatisch auch die Erlöse und die mit dem Produkt unmittelbar zusammenhängenden variablen Kosten. Sind die variablen Kosten vom Verkaufspreis abhängig (z.B. Provisionen), dann werden sie vom Planpreis der tatsächlich abgesetzten Menge abgeleitet *(vgl. Egger/Winterheller (2007), S. 168)*.

Die Analyse der Erlösseite gewinnt vor allem wegen der immer schwieriger werdenden Marktlage zusehends an Bedeutung. Für die Unternehmenspraxis empfiehlt sich deshalb eine nach Regionen und Produktarten differenzierte Abweichungsanalyse *(vgl. Kropfberger/Winterheller (2003), S. 100)*.

Lehrbeispiel: Umsatzabweichung

Ein Elektrogerätehändler vertreibt in Oberösterreich Küchenmaschinen und Geschirrspüler. Die für den Monat April geplanten Werte (Soll-Werte) für Absatzpreis, Absatzmenge und Umsatz sind in nachfolgender Übersicht enthalten. Die Ist-Werte für April wurden vom Verkaufsleiter der Region Anfang Mai zur Verfügung gestellt.

Aufgabenstellung:

a) Führen Sie einen **Soll-Ist-Vergleich** bezüglich der Absatzpreise, Absatzmengen und des Umsatzerlöses der beiden Produkte durch (absolut und relativ).

Absatzgebiet Oberösterreich – Erlösabweichung im April									
	Küchenmaschinen				Geschirrspüler				
	SOLL	IST	Abweichung		SOLL	IST	Abweichung		
			absolut	%				absolut	%
Absatzpreis	€ 475	€ 460	– 15	– 3 %	€ 1.500	€ 1.420	– 80	– 5 %
Absatzmenge	600 Stk.	550 Stk.	– 50	– 8 %	250 Stk.	270 Stk.	+ 20	+ 8 %
Umsatz	€ 285.000	€ 253.000	– 32.000	– 11 %	€ 375.000	€ 383.400	+ 8.400	+ 2 %

b) Ermitteln Sie die gesamte **Erlösabweichung** für April, differenziert in **Preisabweichung** und **Mengenabweichung** für die beiden Produkte und insgesamt.

Preisabweichung der Erlöse	Küchenmaschinen	Geschirrspüler	Summe
IST-Erlöse der Absatzmenge	€ 253.000,–	€ 383.400,–	€ 636.400,–
(Istmenge × Istpreis)	(550 Stk. × € 460,–)	(270 Stk. × € 1.420,–)	
SOLL-Erlöse der Absatzmenge	€ 261.250,–	€ 405.000,–	€ 666.250,–
(Istmenge × Sollpreis)	(550 Stk. × € 475,–)	(270 Stk. × € 1.500,–)	
Preisabweichung der Erlöse	**€ – 8.250,–**	**€ – 21.600,–**	**€ – 29.850,–**

Der Elektrogerätehändler musste im April aufgrund verminderter Preise bei den Erlösen insgesamt Einbußen i.H.v. € 29.850,– hinnehmen. Detailanalysen zeigen, dass davon € 21.600,– auf den Hauptumsatzträger Geschirrspüler entfallen und € 8.250,– auf die Küchenmaschinen.

Mengenabweichung der Erlöse	Küchenmaschinen	Geschirrspüler	Summe
SOLL-Erlöse der Absatzmenge	€ 261.250,–	€ 405.000,–	€ 666.250,–
(Istmenge × Sollpreis)	(550 Stk. × € 475,–)	(270 Stk. × € 1.500,–)	
SOLL-Erlöse der Planmenge	€ 285.000,–	€ 375.000,–	€ 660.000,–
(Sollmenge × Sollpreis)	(600 Stk. × € 475,–)	(250 Stk. × € 1.500,–)	
Mengenabweichung der Erlöse	**€ – 23.750,–**	**€ + 30.000,–**	**€ + 6.250,–**

Das Unternehmen hat bei den Küchenmaschinen € 23.750,– an Umsatz verloren, was auf die gesunkene Absatzmenge zurückzuführen ist. Es wurden nämlich um 50 Stück weniger verkauft, als ursprünglich geplant war. Anders ist die Entwicklung beim Geschirrspüler. Hier konnte nämlich die tatsächliche Absatzmenge gegenüber der geplanten um 20 Stück gesteigert werden, was sich natürlich auch in einer Umsatzsteigerung in Höhe von € 30.000,– niederschlägt.

Im **Soll-Ist-Vergleich** hat das Unternehmen im April in Oberösterreich insgesamt einen Erlösrückgang von € 23.600,– zu verzeichnen. Dieser setzt sich folgendermaßen zusammen:

Gesamtabweichung der Erlöse	Küchenmaschinen	Geschirrspüler	Summe
Preisabweichung der Erlöse	– 8.250,–	– 21.600,–	– 29.850,–
Mengenabweichung der Erlöse	– 23.750,–	+ 30.000,–	+ 6.250,–
Gesamtabweichung der Erlöse	**– 32.000,–**	**+ 8.400,–**	**– 23.600,–**

Probe: Tatsächlicher Umsatzerlös (Ist-Umsatz)   € 636.400,–   (€ 253.000,– + € 383.400,–)
    – Budgetierter Umsatzerlös (Plan-Umsatz)   € 660.000,–   (€ 285.000,– + € 375.000,–)
    = Gesamtabweichung der Erlöse   – € 23.600,–

2.4.2.2. Kostenabweichung

Die Kostenabweichungsanalyse betrifft die übrigen Unternehmensbereiche, wie Beschaffung, Produktion und Verwaltung. Aufgrund der differenzierten Darstellung im Leistungsbudget empfiehlt sich auch bei der Ermittlung der Abweichungen der einzelnen Bereiche eine Trennung in variable und fixe Kosten *(vgl. Coenenberg et al. (2009), S. 455)*. Auf Kostenstellenebene will man vor allem wissen, wie wirtschaftlich oder unwirtschaftlich eine Kostenstelle gearbeitet hat. Wichtig dabei ist, dass es einen verantwortlichen Kostenstellenleiter gibt, der die Verantwortung nur für jene Abweichungen zu tragen hat, die er auch tatsächlich beeinflussen kann *(vgl. Kropfberger/Winterheller (2003), S. 102)*.

Die Kostenabweichung zeigt die Gesamtabweichung zwischen den effektiven Ist-Kosten und den ursprünglich geplanten Kosten. Sie ergibt sich aus der Summe der variablen und der fixen Kostenabweichung.

(1) Variable Kostenabweichung

Diese entsteht durch Preis- und Mengendifferenzen zwischen den effektiven und den geplanten variablen Kosten einer Periode. Sie setzt sich zusammen aus:

- **Preisabweichungen**
Sie sind darauf zurückzuführen, dass Produktionsfaktoren teurer bzw. billiger eingekauft wurden, als dies bei der Budgetierung geplant war. Preisabweichungen gehen in voller Höhe in die Erfolgsrechnung der Planperiode ein und werden folgendermaßen ermittelt *(vgl. Egger/Winterheller (2007), S. 172 f.)*:

> **Preisabweichung** = Ist-Menge × (Planpreis – tatsächlicher Preis)

Preisabweichungen sind grundsätzlich für alle Produktionsfaktoren (wie Roh-, Hilfs- und Betriebsstoffe, Zulieferteile, Löhne usw.) möglich, für die es einen Planpreis (= Standardpreis) gibt. So könnte beispielsweise eine Preisabweichung bei den Löhnen auf allgemeine Tarifänderungen oder auf die Verwendung anders (besser oder schlechter) qualifizierter Mitarbeiter, die einer anderen Lohngruppe angehören, zurückzuführen sein.

- **Verbrauchsabweichungen**
Sie entstehen dann, wenn die planmäßigen und die tatsächlich eingesetzten Mengen nicht übereinstimmen, d.h. wenn im Zuge der Leistungserstellung mehr oder weniger an Produktionsfaktoren gebraucht wurden, um die geplante Leistung zu erbringen, als dies ursprünglich geplant war.
Verbrauchsabweichungen zeigen somit die **Kostendifferenz zwischen dem tatsächlichen Verbrauch und dem für die Ist-Beschäftigung geplanten Verbrauch**. Sie gehen in voller Höhe in die Erfolgsrechnung der Budgetperiode ein. Als Maßstab der innerbetrieblichen Wirtschaftlichkeit sind sie auch das eigentliche Untersuchungsobjekt der Kostenkontrolle. Verbrauchsabweichungen bei den variablen Kosten können beispielsweise zurückzuführen sein auf *(vgl. Egger/Winterheller (2007), S. 174)*:
  - unwirtschaftlichen Ressourceneinsatz
  - Veränderung des Fertigungsverfahrens, was zu einem geänderten Verhältnis der Produktionsfaktoren (z.B. Material und Arbeitszeit) führt,
  - Mehr- oder Minderverbrauch von Einsatzgütern
  - Ausschuss

(2) Fixkostenabweichung

Die Analyse des Fixkostenblocks kann nach unterschiedlichen Gesichtspunkten erfolgen. Zum einen können ergebniswirksame Abweichungen der Fixkosten festgestellt (Fixkostenabweichung) und zum anderen kann eine Auslastungsanalyse (Beschäftigungsabweichung) durchgeführt werden *(vgl. Coenenberg et al. (2009), S. 467 ff.)*:

- **Fixkostenabweichung**

  Die Fixkostenabweichung ist ergebniswirksam und zeigt die Kostendifferenz zwischen den tatsächlich in einer Periode angefallenen Ist-Fixkosten und den hierfür vorab budgetierten Plan-Fixkosten:

> **Fixkostenabweichung** = Ist-Fixkosten – Plan-Fixkosten

Diese Abweichung ist in der Praxis eher selten anzutreffen, weil es in den meisten Fällen keinen Unterschied zwischen den ursprünglich budgetierten und den tatsächlich angefallenen Fixkosten gibt.

- **Beschäftigungsabweichung**

  Unternehmen interessiert vielmehr eine Analyse der budgetierten Fixkosten im Hinblick auf die jeweilige Produktionshöhe der betrachteten Periode. Die Beschäftigungsabweichung beruht auf einer von der Planbeschäftigung abweichenden Kapazitätsauslastung und kann daher vom Kostenstellenverantwortlichen nicht beeinflusst werden. Bei ihrer Berechnung geht es um die Ermittlung der nicht gedeckten Fixkosten.

> **bei Überbeschäftigung** (Istbeschäftigung > Planbeschäftigung)
> → **Fixkostenüberdeckung**
>
> **bei Unterbeschäftigung** (Istbeschäftigung < Planbeschäftigung)
> → **Fixkostenunterdeckung**

So führt beispielsweise ein Unterschreiten der Planbeschäftigung dazu, dass die Fixkosten nicht vollständig auf die Kostenträger weiterverrechnet werden. Dieser nicht verrechnete Anteil der Fixkosten bildet die Beschäftigungsabweichung. Ihre Entstehungsursache liegt darin, dass man in der Vollkostenrechnung die Fixkosten proportionalisiert. Bei einem Beschäftigungsrückgang gehen aber nur die variablen Kosten und nicht die fixen Kosten zurück.

Lehrbeispiel: Kostenabweichung

Nachfolgende Übersicht enthält die für die Kostenstelle *Fertigung* für April geplanten Kosten (Sollkosten). Zur Berechnung der Istkosten stehen folgende Daten zur Verfügung:

Materialeinzelkosten:	Geplanter und tatsächlicher Materialverbrauch: 50.000 kg
	Planpreis: € 10,– je kg Istpreis: € 9,50 je kg
Lohneinzelkosten:	Da im April in der *Fertigung* besser qualifizierte Mitarbeiter eingesetzt wurden, die auch einer anderen Lohngruppe angehören, haben sich die Fertigungslöhne um 8 % erhöht.
Stromkosten:	Aufgrund unterlassener Wartungsarbeiten bei den Maschinen ist der Stromverbrauch im April um 10 % gestiegen.
Gehälter, Abschreibungen, Zinsen:	Budgetierte und effektive Fixkosten stimmen überein.

Aufgabenstellung:

Nehmen Sie für April bei den einzelnen Kostenarten einen **Soll-Ist-Vergleich** vor und ermitteln Sie die sich dabei ergebenden Einzelabweichungen (absolut und relativ) sowie die Gesamtabweichung.

Lösung:

Abweichungsanalyse der Kostenstelle *Fertigung* für April					
Kostenart	**SOLL** (in €)	**IST** (in €)	**Abweichungen**		
			absolut	**%**	**Ursache**
Materialeinzelkosten	500.000	475.000	– 25.000	– 5 %	Preisabweichung
Lohneinzelkosten	450.000	486.000	+ 36.000	+ 8 %	Preisabweichung
Gehälter	150.000	150.000	0	0 %	Keine Abweichung bei Fixkosten
Kalk. Abschreibung	300.000	300.000	0	0 %	
Kalk. Zinsen	200.000	200.000	0	0 %	
Stromkosten	120.000	132.000	+ 12.000	10 %	Verbrauchsabweichung
Gesamt	**1.720.000**	**1.743.000**	**+ 23.000**	**1,3 %**	

Der Kostenvergleich für April zeigt, dass in der Kostenstelle *Fertigung* die ursprünglich budgetierten Kosten um € 23.000,– überschritten wurden, was einer Kostenüberschreitung von insgesamt 1,3 % entspricht. Die Detailanalyse zeigt, dass diese Erhöhung zum einen auf die erhöhten Fertigungslöhne (€ + 36.000,–) und zum anderen auf die erhöhten Stromkosten (€ + 12.000,–) zurückzuführen ist. Bei den Materialeinzelkosten hingegen kam es wegen des gesunkenen Einkaufspreises zu einer Kostenunterschreitung i.H.v. € 25.000,–.

Im Rahmen der Abweichungsanalyse empfiehlt es sich, die Höhe der Abweichungen sowohl als Einzelwert als auch kumuliert (zeitraumbezogen) auszuweisen. Auf diese Weise kann nämlich die Entwicklung der Kostenabweichung bewertet werden. Die Pluswerte beim Kostenbudget zeigen eine Kostenüberschreitung, was für den Monat April – einzeln betrachtet – noch kein Grund ist, Alarm zu schlagen. Erst eine kumulierte Betrachtung macht deutlich, ob die Kostenüberschreitung im Zeitverlauf immer mehr zunimmt, sodass Gegenmaßnahmen einzuleiten sind.

2.5. Übungsaufgaben zur kurzfristigen Erfolgsrechnung

Multiple-Choice-Fragen

Kreuzen Sie an, ob folgende Aussagen richtig oder falsch sind!	richtig	falsch
Der direkte Finanzplan basiert auf einer langfristigen Betrachtung. Er ist sehr leicht verständlich und wird vor allem in Klein- und Mittelbetrieben eingesetzt.		X
Beim Gesamtkostenverfahren werden von den Periodenerlösen die gesamten Periodenkosten abgezogen, weshalb sich im Vergleich zum Umsatzkostenverfahren ein geringeres Betriebsergebnis ergibt.		X
Bei verborgenen Fehlbeträgen spielen neben Rationalisierungsmaßnahmen vor allem Liquiditätsreserven eine zentrale Rolle.		X
Im direkten Liquiditätsplan wird dem Cashflow aus operativer Tätigkeit der Cashflow aus dem Investitionsbereich und dem Finanzierungsbereich gegenübergestellt.		X
Bei der kurzfristigen Erfolgsrechnung zu Vollkosten werden bei Anwendung des Umsatzkostenverfahrens von den Periodenerlösen die gesamten Periodenkosten abgezogen und die Bestandsveränderungen berücksichtigt.		X
Beim Soll-Ist-Vergleich wird nur die Gesamtabweichung berechnet. Daher führt im nächsten Schritt das Controlling eine Abweichungsanalyse durch.	X	
Bei Vorliegen eines strukturellen Fehlbetrages soll vor allem langfristig an der Innenfinanzierungskraft des Unternehmens gearbeitet werden.	X	
Das Betriebsergebnis des GKV zu Teilkosten stimmt mit dem Ergebnis des GKV zu Vollkosten dann nicht überein, wenn es Bestandsveränderungen gibt.		X
Beim Soll-Ist-Vergleich stellen die Budgetwerte Planwerte dar, während die Ist-Werte beispielsweise durch eine kurzfristige Erfolgsrechnung ermittelt werden.	X	
Beim direkten Finanz- bzw. Liquiditätsplan kommen nur die Stromgrößen Einzahlungen und Auszahlungen zur Anwendung.	X	

Beispiel 25: Kurzfristige Erfolgsrechnung (Perückenhersteller Pepi)

Der *Perückenhersteller Pepi* (Einzelunternehmen) hat im Abrechnungsjahr genauso wie in der Vorperiode 1.600 Perücken hergestellt und davon 1.500 Stück zu einem Nettopreis von € 169,– je Perücke verkauft. Zu Jahresbeginn liegen noch 100 Perücken auf Lager.

Bei der Perückenherstellung entstanden bisher Fertigungsmaterialkosten von € 40,– und Fertigungslöhne von € 27,50 je Stück. Während die Fertigungslöhne in der Abrechnungsperiode unverändert blieben, haben sich die Kosten für das Fertigungsmaterial um 10 % erhöht.

Darüber hinaus entstanden im Abrechnungsjahr folgende **Gemeinkosten** (alle Beträge in €):

Kostenart	Betrag	Variable Kosten	Fixkosten
Hilfsmaterial	9.000,–	2.700,–	6.300,–
Hilfslöhne	16.000,–	6.400,–	9.600,–
Fremdleistungskosten	12.500,–	12.500,–	
Abschreibung der Maschinen	15.000,–		15.000,–
Fremdkapitalzinsen	2.600,–		2.600,–
Verwaltungskosten	32.000,–		32.000,–
Vertriebskosten	11.000,–		11.000,–
Summe	**98.100,–**	**21.600,–**	**76.500,–**

Aufgabenstellung:

Ermitteln Sie das Betriebsergebnis des *Perückenherstellers Pepi* für das Abrechnungsjahr, unter Anwendung des **Gesamtkostenverfahrens zu Teilkosten**. Berücksichtigen Sie in diesem Zusammenhang, dass die Lagerentnahmen nach dem FIFO-Verfahren erfolgen.

Beispiel 26: Kurzfristige Erfolgsrechnung (Naturkosmetik OG)

Die *Naturkosmetik OG* hat sich auf die Herstellung von Kosmetikprodukten, basierend auf Mühlviertler Mohnöl, spezialisiert und ihrer Produktpalette den Namen „Mohn Amour" verliehen. Für die betrachtete Periode hat sie folgende Daten aufgezeichnet:

Produktbezeichnung	Bruttoerlös je Stück (in €)	Erzeugte Stück	Abgesetzte Stück	Variable Herstellkosten je Stück (in €)
Seife mit Peelingeffekt	18,00	1.800	1.700	10,00
Massageöl mit Mohnöl	9,00	2.000	1.800	5,60
Mohnöl-**Hautcreme**	21,00	600	750	14,80
Duschbad mit Mohnöl	16,80	1.400	1.100	12,00

Die in der Tabelle ausgewiesenen Bruttoerlöse verstehen sich inklusive 20 % Umsatzsteuer. Darüber hinaus belaufen sich die gesamten **Periodenkosten** der erzeugten Artikel auf **€ 65.000,–**.

Von der Mohnöl-**Hautcreme** stammen die 150 Stück, die das Unternehmen mehr abgesetzt als produziert hat, aus dem Lager der Vorperiode. Deren Herstellkosten entsprechen jenen der laufenden Periode.

Aufgabenstellung:

Ermitteln Sie das Betriebsergebnis mittels **Gesamtkostenverfahren zu Teilkosten** für die „Mohn-Amour"-Serie.

Beispiel 27: Kurzfristige Erfolgsrechnung (Sport Zauner GmbH)

Der Sportartikelerzeuger *Zauner GmbH*, dessen Kapazität nicht voll ausgelastet ist, stellt im August insgesamt 4.000 Tennisschläger her. Allerdings konnten von den im August produzierten Schlägern nur 3.600 Stück verkauft werden.

Derzeit wird ein Tennisschläger zu einem **Bruttopreis** von € 132,– (inkl. 20 % USt) verkauft. Am Monatsende soll nun das Betriebsergebnis ermittelt werden. Diesbezüglich stehen folgende Daten aus der Kostenrechnung zur Verfügung:

Die **Einzelkosten** lassen sich produktbezogen aus der Fertigungsabteilung ermitteln. Demnach sind für einen Tennisschläger Materialeinzelkosten in Höhe von € 50,– je Stück und Fertigungseinzelkosten im Wert von € 15,– je Stück angefallen.

Die gesamten, im Abrechnungsjahr angefallenen **Gemeinkosten** sind dem Betriebsabrechnungsbogen (BAB) zu entnehmen:

Material	Fertigung	Verwaltung	Vertrieb
€ 720.000,–	€ 2.160.000,–	€ 150.000,–	€ 180.000,–
(Variator 4)	(Variator 5)	(Variator 0)	(Variator 0)

Aufgabenstellung:

Ermitteln Sie für **August** das Betriebsergebnis nach dem **Umsatzkostenverfahren zu Teilkosten**!

Beispiel 28: Kurzfristige Erfolgsrechnung (Java GmbH)

Der Computerhersteller *Java GmbH* erzeugt die beiden Modelle „Pascal" und „Delphi". Diesbezüglich sind für das **1. Quartal** folgende Informationen bekannt:

	„Pascal"	„Delphi"
Erzeugte Menge	4.000 Stück	1.500 Stück
Bestand am 1. Jänner	1.000 Stück	600 Stück
Bestand am 31. März	800 Stück	700 Stück
Fertigungsmaterial	€ 957.000,–	€ 478.250,–
Fertigungslöhne	€ 1.317.000,–	€ 658.000,–
Verwaltungs- und Vertriebsgemeinkosten-Zuschlagssatz	20 %	20 %
Bruttoverkaufspreis je Stück (inkl. 20 % USt)	€ 900,–	€ 1.218,–

Aufgabenstellung:

Errechnen Sie das Betriebsergebnis nach dem **Umsatzkostenverfahren zu Vollkosten** für das 1. Quartal, unter Anwendung des Verbrauchsfolgeverfahrens FIFO. Der Einfachheit halber ist anzunehmen, dass sowohl die Anfangs- als auch die Endbestände mit den gleichen Kosten bewertet werden.

12.11

Beispiel 29: Kurzfristige Erfolgsrechnung (Meat & Fish KG)

Das Produktionsunternehmen *Meat & Fish KG* fertigt zwei unterschiedliche Gewürzmischungen. Beide Produkte werden in Dosen zu je 1 kg an den Großhandel verkauft. Für die Abrechnungsperiode liegen folgende Daten vor:

		Bratgewürz	Fischgewürz
Lageranfangsbestand	(in Dosen)	450	1.000
Produktionsmenge	(in Dosen)	5.000	3.200
Umsatz	(in €)	53.000,–	56.000,–
Materialeinzelkosten	(in €)	12.000,–	15.200,–
Fertigungskosten	(in €)	5.000,– (variabel)	4.960,– (variabel)
		18.000,– (fix)	15.040,– (fix)
Vertriebskosten	(€ je Dose)	1,5	2,0
Nettoverkaufspreis	(€ je Dose)	10,0	16,0

Die *Meat & Fish KG* ist stolz darauf, dass sie entgegen dem allgemeinen Trend sowohl die Herstellkosten als auch die Selbstkosten in der Abrechnungsperiode konstant halten kann. Folglich ist davon auszugehen, dass die Herstellkosten des Lageranfangsbestandes den in der Abrechnungsperiode anfallenden Herstellkosten entsprechen. Abgesehen davon, belaufen sich die fixen Verwaltungs- und Vertriebsgemeinkosten des Unternehmens auf € 7.020,–.

Aufgabenstellung:

Berechnen Sie auf Basis der vorliegenden Daten das Betriebsergebnis nach dem **Umsatz- und Gesamtkostenverfahren zu Teilkosten**, unter Anwendung des Verbrauchsfolgeverfahrens FIFO.

Beispiel 30: Kurzfristige Erfolgsrechnung (Go-Kart AG)

Die *Go-Kart AG* produzierte im letzten Quartal insgesamt 6.000 Go-Karts, von denen bis zum Quartalsende 4.500 Stück zu einem Bruttopreis von € 360,– je Stück (inkl. 20 % USt) verkauft wurden. Sie erhalten nun von der Unternehmensleitung den Auftrag, anhand der Ihnen zur Verfügung gestellten Kalkulationsunterlagen die kurzfristige Erfolgsrechnung durchzuführen.

Für das **4. Quartal** sind, basierend auf einer Produktionsmenge von 6.000 Go-Karts, folgende **Stückkosten** angefallen:

Kostenart		Betrag (in €)
Materialkosten	einzeln zurechenbare Materialkosten	60,–
	nicht direkt zurechenbare Hilfs- und Betriebsstoffe	13,–
	direkt zurechenbare Werkzeugkosten für Go-Kart-Produktion	12,–
Personalkosten	Akkordlöhne	48,–
	Gehälter der Verwaltung	15,–
	Gehälter für die Vertriebsangestellten	12,–
	Sozialaufwendungen für Arbeiter der Produktion	10,–
Abschreibungen	Abschreibung auf Verwaltungsgebäude	16,–
	Abschreibung auf Fabrikationsanlagen	22,–
	Abschreibung auf Fuhrpark des Vertriebs	14,–
Sonstige Kosten	sonstige Kosten des Verwaltungsbereiches	28,–
	nicht direkt zurechenbare Miete für Lagerhalle zur Lagerung der Fertigprodukte	10,–
Summe		260,–

Aufgabenstellung:

a) Berechnen Sie die **Herstellkosten** für ein Go-Kart!

b) Ermitteln Sie, unter Berücksichtigung obiger Informationen und unter Anwendung des Verbrauchsfolgeverfahrens FIFO, den Periodenerfolg der *Go-Kart AG* für das **4. Quartal** sowohl nach dem **Gesamtkostenverfahren** als auch nach dem **Umsatzkostenverfahren zu Vollkosten**.

Stichwortverzeichnis